U0231650

汉溶
HAN RONG

No 87. PLATE CCCCXXXI

Drawn from Nature by J. J. Audubon, F.R.S. F.L.S.

Engraved, Printed and Coloured by Robt Havell. 1838.

1. Profile view of Bill at its greatest extension.
2. Superior front view of upper Mandible.
3. Interior front view of upper Mandible.
4. Inferior front view of lower Mandible.
5. Interior front view of lower Mandible with the Tongue in.

American Flamingo

PHOENICOPTERUS RUBER, Linn.

Old Male.

6. Profile view of Tongue.
7. Superior front view of Tongue.
8. Inferior front view of Tongue.
9. Perpendicular front view of the foot fully expanded.

博物学家的传世名作

来自伦敦自然博物馆的博物志典藏

约翰·詹姆斯·奥杜邦《美洲鸟类》

美洲红鹳（*Phoenicopterus ruber*）

汉溶

II
玄豹

博物学家的
传世名作

来自伦敦自然博物馆的
博物志典藏

卜弥格
《中国植物志》
豹子

汉溶
HAN RONG

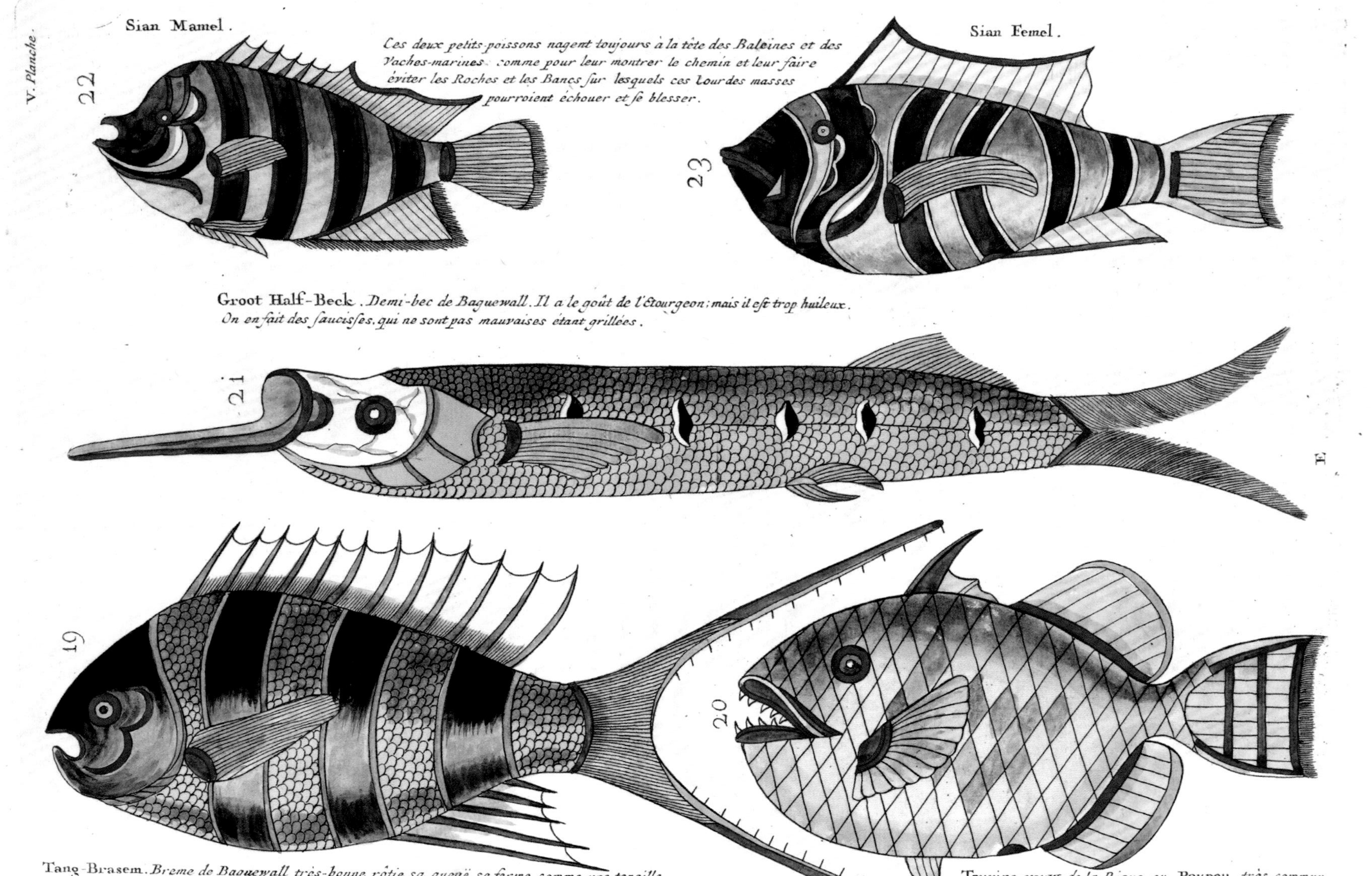
V. Planche.
22
Sian Mamel.
Ces deux petits-poissons nagent toujours à la tête des Baleines et des Vaches-marines. comme pour leur montrer le chemin et leur faire éviter les Roches et les Bancs sur lesquels ces Lourdes masses pourroient échouer et se blesser.
Sian Femel.
23
Groot Half-Beck. Demi-bec de Baguewall. Il a le goût de l'Etourgeon; mais il est trop huileux. On en fait des saucisses, qui ne sont pas mauvaises étant grillées.
21
E
19
20
Tang-Brasem. Breme de Baguewall très-bonne rôtie, sa queuë se ferme comme une tenaille. Elle lui sert de deffense contre les Brochets, et la piquoure en est dangereuse.
Touring-reuw. de la Rique, ou Poupou. très-commun et diversifié. On l'écorche, et après l'avoir sallé et feché au Soleil, on le mange crud comme des confitures. Voyez Nº. 103.

博物学家的传世名作

来自伦敦自然博物馆的博物志典藏

路易斯·里纳德

《多姿多彩的鱼虾蟹》

20 绿拟鳞鲀（*Balistoides viridescens*）

21 斑鱵（*Hemiramphus far*）

22 豆娘鱼（*Abudefduf saxatalis*）

Reinagle Sen.r R.A. pinx.t

The Queen Flower.

博物学家的传世名作

来自伦敦自然博物馆的博物志典藏

罗伯特·约翰·桑顿

《花之神殿》

鹤望兰（*Strelitzia reginae*）

传世名作 博物学家的

来自伦敦自然博物馆的博物志典藏

（英）朱迪思·马吉（Judith Magee）编
吴宝俊 舒庆艳 译

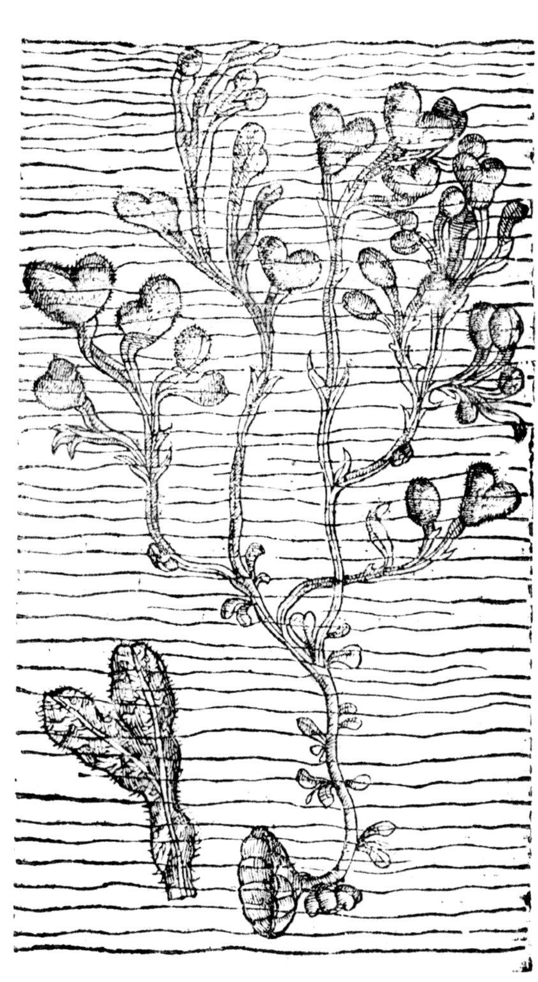

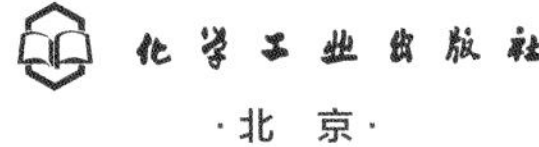

化学工业出版社
·北京·

图书在版编目（CIP）数据

博物学家的传世名作：来自伦敦自然博物馆的博物志典藏/（英）朱迪思·马吉（Judith Magee）编；吴宝俊，舒庆艳译. —北京：化学工业出版社，2018.5（2020.5重印）
书名原文：Rare Treasures from the Library of the Natural History Museum
ISBN 978-7-122-31777-3

Ⅰ.①博… Ⅱ.①朱…②吴…③舒… Ⅲ.①自然历史博物馆-馆藏-英国-文集 Ⅳ.①N285.61-53

中国版本图书馆CIP数据核字（2018）第053070号

责任编辑：宋　娟
装帧设计：尹琳琳
责任校对：宋　夏
特约审读：苏　靓

出版发行：化学工业出版社
（北京市东城区青年湖南街13号　邮政编码100011）
印　　装：北京华联印刷有限公司
787mm×1092mm　1/16　印张$19^1/_4$　字数400千字
2020年5月北京第1版第2次印刷

购书咨询：010-64518888
售后服务：010-64518899
网　　址：http://www.cip.com.cn
凡购买本书，如有缺损质量问题，本社销售中心负责调换。

定　　价：138.00元　

关于作者

安·达塔　伦敦自然博物馆的图书馆员助理，曾任职于图书馆。

莉萨·迪·托马索　达勒姆教堂收藏部负责人，曾担任伦敦自然博物馆特殊藏品图书馆员。

安德烈·哈特　伦敦自然博物馆图书及档案馆特殊藏品图书馆员。

罗伯特·赫胥黎　伦敦自然博物馆生命科学部正馆长。

罗纳德·詹纳　伦敦自然博物馆生命科学部研究组长。

泽琳娜·约翰逊　伦敦自然博物馆地球科学部早期脊椎动物研究员。

桑德拉·克纳普　伦敦自然博物馆生命科学部植物分部负责人、荣誉研究员。

保罗·马汀·库珀　伦敦自然博物馆图书及档案馆特殊藏品图书馆员。

朱迪思·马吉　伦敦自然博物馆图书及档案馆特殊藏品负责人。

维多利亚·皮克林　伦敦大学玛丽皇后学院攻读博士学位期间，与伦敦自然博物馆合作研究汉斯·斯隆爵士的植物学藏品“植物类物质”。

罗伯特·普瑞斯–琼斯　特灵自然博物馆生命科学部鸟类藏品负责人。

S. 格雷斯·托泽尔　伦敦自然博物馆图书及档案馆文献服务及昆虫学图书馆员。

凯西·韦伦　伦敦自然博物馆生命科学部软体动物资深馆长，伦敦林奈学会动物藏品名誉馆长。

大卫·威廉姆斯　伦敦自然博物馆生命科学部硅藻研究员。

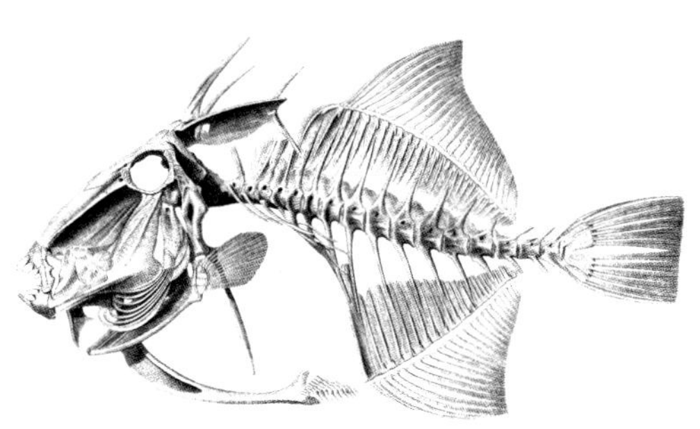

推荐序

科学招牌与博物招牌

摆在读者面前的这本书是伦敦自然博物馆图书馆负责艺术收藏的朱迪思·马吉（Judith Magee）女士编辑的一部图文并茂的文集，它概述了31部很特别的图书。马吉近十多年出版了多部艺术、博物、科学相结合的作品，如《大自然的艺术：全球300年博物艺术》《巴特拉姆的艺术与科学》《印度艺术》《中国艺术与里夫斯收藏》。

首先，《博物学家的传世名作》是一种什么性质的图书？据我所知，近些年跟它比较相似的是汤姆·巴约内（Tom Baione）编辑的 *Natural Histories: Extraordinary Rare Book Selections from the American Museum of Natural History Library*。副题虽然长，意思倒也清楚，大意是“来自美国自然博物馆图书馆的珍稀图书”。正题则相对麻烦，有一个中译本译作“自然的历史”。不够准确，因为其中的 histories 不是历史的意思（这涉及对一个古老词语的理解，我在其他场合已经讲过。也可以读 David Gilligan 刊于 *Journal of Natural History Education* 和 Barry Lopez 刊于 *Orion Magazine* 的文章），全书也不讨论大自然的历史演化。实际上巴约内的书通过 40 篇短文选择性地介绍了美国一家图书馆的博物类图书藏品，类似于我们讲的珍本甚至孤本。正标题取的是一阶博物成果中对“自然物的描述、绘画”这一层意思，可大致译作“自然描摹”或者“博物志”。“阶”是表示探究层级的相对概念，本身并没有高低贵贱之分。其中，一阶博物指直接对大自然进行探究，二阶博物指对一阶人物、一阶工作结果的再探究。

上述马吉的书与巴约内的书体例、风格相似之处颇多:（1）由多篇短文对相关博物类图书进行简明介绍。有多位撰稿人，最终由一人主编。（2）内容是关于馆藏博物类图书的，相关图书都比较珍贵，一般不外借，读者难得一见。（3）借用了所介绍图书中比较有特色的博物艺术插画，整部图书赏心悦目。近些年来，这类优美的博物画被频繁复制，到处装潢。其实，具有漂亮的插图并非优秀博物书的必要条件。历史上许多博物学作品并无动植物图片。（4）所论及图书的出版时间范围差不多，跨度大约 400 年。（5）相关图书从一开始就不是针对普通读者而制作的。工艺复杂，成本高，印数少，价格不菲，甚至有钱也未必购得到。某种意义上，它们是宫廷、贵族和极少数学者享用的“奢侈品”、艺术品，现在基本成了文物。但是这类图书在西方的直接和间接影响较大，几百年来在相当程度上影响了西方博物学的博雅呈现方式，给人的感觉是博物书都必须雅致（其实未必）。（6）中国读者对相关图书比较陌生，长期以来基本没有译本，也缺乏研究。中国人茶余饭后，关注一下这类书、这类事，绝对是好事情。

2018 年华东师范大学出版社推出了“西方博物学大系”大型西文影印文献丛书。拟收录西方博物学著作超过百种，时间跨度也差不多是 400 年。这期间是印刷术形塑人类知识载体的时代，当然也是西方博物学飞速发展并最终达成其现代形态的时代。

第二个问题涉及“科学招牌”和“博物招牌”。马吉的书中所论及的 31 部书，内容都是科学吗？或者从科学的角度审视这些作品是最佳视角吗？

人们有个习惯，想当然地以今日世界的“缺省配置”理解遥远的过去和不太遥远的过去。今日我们生活在科学技术主导的现代世界。凡是涉及认知、智力的事物、领域，人们都愿意从科学、科学史的眼光打量一番，测量一下它们与今日教科书表述或者最新进展的距离。距离越小，越显得优秀。而距离大或者距离没法准确测定的，被认为价值较低。“本书讨论了这些图书的创作过程以及图书与科学及其发展的相关性。书中文章揭示了插图是如何成为不可或缺的组成部分的，从而使人对自然科学的理解更加全面。在对自然世界的研究中，博物学插图与文字说明同等重要，希望本书能够对还原博物学插图这一正确地位有所帮助。”（见本书引言）全书经常提到博物学和自然科学，它们之间究竟是什么关系？这是个棘手的问题，一旦意识到它是一个问题，就已经表明当事人在观念上已经变得反正统。在现代性的整体洪流中，博物学偶尔会光鲜一下，但基本观念并没有变化。多数人仍然认为支撑现代性的近代科技，特别是数理科技、还原论科技，才是真知识，博物不过是花边装饰、饭后闲谈，可有可无。在绝大部分人（包括学者）看来，博物在认知上是分级的，好坏由它们与科技的距离来衡量：瞧瞧从博物杂货中能榨出多少干货，即有多少属于或者可转化为科技。

在这样的一种观念下，杂多的博物并无“自性”，并无独立价值。也就是说，博物从属于科学，它是某种前科学、潜科学、毛坯科学。本书内容的叙述当然不至于那么绝对，但从字里行间仍然能不时地感受到“从当今科学的角度看”的尺子。

那么，有没有另外一种叙述框架呢？有。不但存在，而且现在必须认真对待。

“科学”是人为建构出的一个大招牌，由掌握话语权的当代知识分子、权力阶层圈定哪些东西可以放到筐里或者随时剔除。在史学领域，用此观念整理近期（比如近 150 年）的事情得心应手，但是处理较远、较异质的事情时，就存在许多问题。现代意义上的科学在近代科学革命之后甚至到了 19 世纪才开始成熟起来，到了 20 世纪才融入普通百姓的日常生活。而在人类历史的大部分时间段中，所谓的科学是事后挑选、编撰出来的，中世纪科学、古希腊科学、中国古代科学，都是从文化母体中选择性摘取的、不能称为完整锦衣的金丝、银线、麻纤维。

换一种思维（有相当的难度），博物作为一种古老的认知传统和生活手段，它不可能特别适合“科学招牌”，用科学来规范、度量博物，不是不可以，而是太不充分，让人们远离过去的实际生活。毕竟，古人更多地靠博物而非靠科学来谋生。有人说了，博物与科学有交叉，必需强调这一点。我不否认这种交叉，也不反对此类强调。但是，宏观上看仍然可以有一种不同的大尺度图景：博物平行于科学（主要指自然科学）存在、演化着；过去、现在、将来都如此。这一论断是大胆的，远未得到清晰的证明，但是不可否认它是一种有趣、有启发性的想法。科学史可以向过去一直追溯，博物学史也可以这样追溯，不但可以而且更自然。越是远离今日，人们生活中的博物内容就越多，而能分离出现代科学的成分就越少。过去史学界的习惯做法是“好的归科学”，现在似乎可以更顺当地“好的归博物”。但是，几年前我们就反身性地思考过这样的问题，提醒自己不要走老套路。比如我们编的文集《好的归博物》首先是提醒自己的，带有自嘲性质。对于人类大部分历史时期，科学之外有东西、有真理，同样，博物之外也有东西、有真理。

对“博物招牌”也要反省，自我批判，虽然现在一切才刚刚开始，这个又古老又新颖的招牌还能激发人们的想象力，制作出不错的文化产品。

老普林尼的《博物志》、格斯纳的《动物志》、卜弥格的《中国植物志》、梅里安的《苏里南昆虫变态图谱》等有多少是科学？通过科学、科学史的视角当然能够解读相关的作品，得到有趣的信息。我们现在强调的是，从博物、生活史的视角，也能或更能解读出有趣的东西。与此相关的一个问题是中西博物的差异性有多大。有些学者认为差别非常大，大到根本不同。而我觉得虽有差异，但同属于一样的认知类型，并且都直接系附于乡土、日常生活。中西博物的差别好似中国东北的博物与中国西南纳西人的博物之间的差异，性质上无根本不同。否则，就没必要共同冠以博物之名。

另外，重要的一点是，博物学或者博物学文化不是过去式。此时博物虽然式微，但在社会的非主流生活中仍然有发展空间。它不可能再变成主流，但无疑可用来平衡主流、反省工业文明。出版界近期引进了一些历史上的博物学，很有必要，一方面是补补课，另一方面是着眼于未来，要重续那个古老的传统。

“博物招牌”下的博物也显然是建构的、变化的。这显而易见，但要交待清楚，避免朴素实在论式的理解。

刘华杰

北京大学哲学系教授，博物学文化倡导者

2018 年 8 月 4 日

图书馆珍贵藏本精选

伦敦 自然 博物馆

引言

图书的创造过程，它们与科学以及科学自身发展的相关性

插图如何成为更全面理解自然科学的组成部分

从1501年前的摇篮版到18和19世纪的手绘水彩着色的插图著作

插图文献的代表作

大型的彩色插图书

博物学图书

1881 年 4 月，伦敦南肯辛顿区的自然博物馆向公众开放。这座宏伟的自然大教堂陈列着一些刚从布鲁姆斯伯里（Bloomsbury）的大英博物馆迁移来的世上最伟大的博物学藏品。大英博物馆的图书馆依旧留在布鲁姆斯伯里，现为大英图书馆的一部分。南肯辛顿的图书馆员和后勤人员有了一项令人妒忌的任务：建一座新图书馆，为博物馆内开展的大量科学工作提供文献基础。在过去 137 年里，博物馆员们一直在建设这座图书馆，今天它已可匹敌世上任何馆藏。这里的馆藏涵盖自 15 世纪至今的所有博物学题材，拥有来自全世界正式出版的几乎所有的重要著作，其中包括许多伟大博物学艺术家的极具历史意义的代表作，从 1501 年前的摇篮版一直到 18、19 世纪的手绘水彩着色的插图著作。

本书精选了这个惊人馆藏中出版范围涵盖数世纪的插图代表作，从最早出版的著作——老普林尼（Pliny the elder）1469 年的《博物志》（*Naturalis Historiæ*），到恩斯特·海克尔（Ernst Haeckel）20 世纪的著作——《自然界的艺术形态》（*Kunstformen der Natur*）。书中还收录了像约翰·詹姆斯·奥杜邦（John James Audubon）的《美洲鸟类》（*The Birds of America*）这样的名著以及有关贝壳和昆虫的鲜为人知的著作，其中一些是同类别作品中的创世之作。这些书的共同特征在于书中美丽的插图——手绘彩色装饰画、木刻画、雕刻铜版画及蚀刻版画，还有石版画，全部在书中一一呈现。有的在科学上独树一帜，有的在历史上独一无二，还有的则在艺术上举世闻名。这些作品全都对科学的发展和认知贡献卓著，并已成为自然世界知识体系的组成部分。博物馆员和科学家们深入研究这些馆藏，从中重新发掘出精华，为更广泛的读者揭示大自然的奇妙之处。

15 世纪活字印刷术的出现为版本复制提供了可能性，使之拥有更为广泛的受众。早期人们的兴趣主要集中于植物学著作，并在其中对具有医药用途的植物进行研究。随着人类探索的脚印遍布世界各地，通过贸易从之前未曾探索过的地区带回新的植物和动物，全新的兴趣油然而生。

插图是博物学著作的一个极具价值的元素。许多人认为插图对传递物种以及自然界的知识不可或缺。配在文字旁的插图可以增强读者对文字内容的理解，经常被用于向读者展示无法用文字表达的那些特质。博物艺术作品依赖于良好的观察能力以及对所观察事物的透彻理解，从而有助于在一幅图画中揭示出一个物种的真谛。当且仅当一个人对大自然以及他要画的物种的形态和功能有着细致入微的理解时，他才能画得出像海克尔那样的作品，爱德华・利尔（Edward Lear）的鹦鹉图绘则远超出所画物种的表面特征。

博物学是 18 世纪中期和 19 世纪早期最大销量著作的题材。收藏来自遥远国度的新物种的奇趣屋（cabinets of curiosity）是当时吸引大众的流行娱乐项目，有关这方面题材的图书不但具有实用价值，还十分赏心悦目。19 世纪早期，对博物学感兴趣并非富裕阶层的特权，许多相关专业以及贸易地区的人也是狂热的爱好者。卡尔・林奈（Carl Linnaeus）的博物学分类系统在 18 世纪后半段占据了主流地位，引领了对物种进行描述、分类、命名的潮流，极大地加速了分类学著作的出版。人们对博物学全部分支的研究超出了医生研究的领域。对大自然的粗略研究被细化分类的研究取而代之。生物学和地质学成为在大学里讲授的课程，讲授内容还包含插图。伴随着这些进展，更多的出版物横空出世，一些在那个时代最具影响力的科学家也认识到了用图画来诠释其研究的重要性。理查德・欧文（Richard Owen）和路易斯・阿加西（Louis Agassiz）便是其中两位用视觉表达来对文字进行补充说明的科学家。

虽然插图作品曾经最受欢迎，但是由于制作成本很高，因而编辑出版的风险很大，彩图作品尤为如此。许多作者都得到了富人的支持，这些富人的名字会出现在图书开头的众筹用户或者赞助商名单里，他们时而会拥有令人惊叹的图书收藏，并时常向作者开放。马克・凯茨比（Mark Catesby）曾接触到汉斯・斯隆爵士（Sir Hans Sloane）的藏品，从而能够研究玛丽亚・西比拉・梅里安（Maria Sibylla Merian）的《苏里南昆虫变态图谱》（*Metamorphosis Insectorum Surinamensium*）的原画。对于那些想要描绘大自然中相互依赖过程的人来说，梅里安的这部著作影响深远。个别图版有时针对特定的客户，摩西・哈里斯（Moses Harris）的《奥里利安》（*The Aurelian*）的绝大部分图版就是这种类型。

出版成本高是一种风险，但对作者来说，

更大的潜在风险是图书被盗版和复制，尤其是插图。对早期的本草书来说，情况确实如此，当时没有涉及出版物版权的法规。然而很久以后，出版物却仍面临同样的困境。罗伯特·费伯（Robert Furber）的《十二月之花》（*Twelve Months of Flowers*）便是众多未经授权就被广泛复制的作品之一，尽管当时英国已有版权法案。

一些作者还亲自动手学习图版雕刻技术。马克·凯茨比的《卡罗来纳博物志》（*The Natural History of Carolina*）中所有的图版都是他亲手蚀刻的。雇佣着色师的开销会带来更大的风险，可能会毁掉作者。奥杜邦创作《美洲鸟类》时，雇佣一个着色师团队长达11年，图书成功大卖让奥杜邦小赚了一笔。其他作者可没他那么走运，例如罗伯特·约翰·桑顿（Robert John Thornton）创作《花之神殿》（*Temple of Flora*）时雇佣着色师的开销最终让他破了产。

大型彩色图版图书的市场脆弱性，在某种程度上可以通过在一段时间内以分辑出版的方式来弥补。除了前文提及的《美洲鸟类》，还有许多其他作品也以同样的方式出版，其中就有詹姆斯·贝特曼（James Bateman）的《墨西哥和危地马拉的兰科植物》（*The Orchidaceae of Mexico and Guatemala*）。这种将图书分辑出版的方式允许众筹用户分摊购买的开销，也允许出版商或印制商在图书销量不佳时暂缓或停止出版。石版印刷术和钢版雕刻的引进大大提高了图书印量。彩印技术的发展意味着图书上色不再需要手工着色师，于是彩色图书的印刷成本在19世纪末期大幅降低，印量大幅增加。手工着色图书中经常出现的书与书之间不一致的情况不再发生，但是现代印刷制品也缺乏了早期手绘作品所拥有的精细度和高品质。

本书讨论了这些图书的创作过程以及图书与科学及其发展的相关性。书中的文章揭示了插图是如何成为不可或缺的组成部分的，从而使人对自然科学的理解更加全面。在对自然世界的研究中，博物学插图与文字说明同等重要，希望本书能够对还原博物学插图这一正确地位有所帮助。

目录

CONTENTS

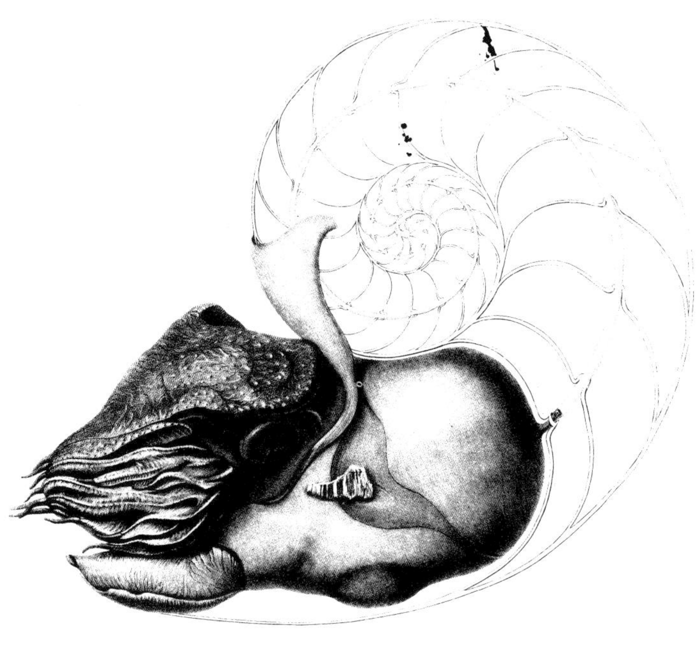

accepimus eodem in mari uisas semper folia retinentes fructum eaꝝ lupino similē Iuba tradit circa trogodytaꝝ insulas fruticem in altǫ uocari isidis Crinē Coralio similē sine foliis pręcisum mutato colore in nigrum durescere cũ cadat frangi. Itē aliũ qui uocetur chariton blefaron efficacem in amatoriis spatalia eo facere & monilia fęminas: sentire eum se capi durarique Cornus modo & hebetare aciem ferri: quod si fefellerint insidię in lapidē transfigurari.

EXTERNAE ARBORES INDOCILES QVE nasci alibi q̃ ubi cepere & quę in alienas non cōmeant terras hactenus fere sunt dictę: licetq; iam de cōmunibus loqui quaꝝ omnium peculiaris parēs uideri potest Italia. Noscentes tantũ meminerit naturas eaꝝ a nobis interim dici non culturas q̃q̃ & colendi maxime in natura portio est. Illud satis mirari nō queo interisse quarũdam memoriam atq; etiã nominũ quę auctores prodidere noticiam. Quis. N. non comunicato orbe terrarum maiestate Romani imperii profecisse uitam putet Comertio rerum ac sotietate feste pacis: omniaque etiã quę occulta ante fuerat in promiscuo usu facta. At hercule non reperiunť qui norit multa ab antiquis prodita. Tanto priscoꝝ Cura fertilior aut ĩdustria felicior fuit ãte milia annoꝝ inter principia litteraꝝ hesiodo pręcepta agricolis pandere orso subsecutisque non paucis hanc curam eius. Vnde nobis creuit labor quippe cum requirenda sint non solum postea inuẽta. Verũ etiam ea que inuenerant prisci desidia rerum internitione memorię indicta: cuius uicii causas quis alias q̃ publicas mundi inuenerit. Nimiꝝ alii subire ritus: circaque alia mentes hominũ detinenť & auaricię tantũ artes coluntˇ antea inclusis gentiũ imperiis intra ipsas. Ideoq; ingeniis q̃dã fortunę sterilitate necesse erat animi bona exercere regesq; innumeri honore artium colebant & in ostentatione has pręferebant opem & imortalitatę sibi per illas pręrogari arbitrantes: quare abũdant & pręmia & opera uitę. Posteris laxitas mũdi & reꝝ amplitudo damno fuit. Postq̃ senator censu legi ceptus iudex fieri censu. Magistratum ducẽq; nil magis exornare q̃ census. Postq̃ cepere orbitas in auctoritate summa et potentia esse captatio in questu fertilissimo ac sola gaudia in possidẽdo pessum iere uitę pręcia omnesque a maximo bono liberales dictę artes in contrariũ cecidere ac seruitute sola perfici cepte: alius hanc aliomodo & in aliis adorare eodẽ tamẽ habendi questu ad spes omniũ tendente uoto· passim uero etiam egregii aliena uicia q̃ bona sua colere malle. Ergo hercule uoluptas uiuere cepit. Vita ipsa desiit sed nos oblitterata quoq; scrutabimur nec deterrebat quarũdam rerum humilitas sicut nec in animalibus fecit q̃q̃ uirgilium uidemus pręcellentissimũ uatẽ eadẽ de causa ortorum dotes fugisse e tantisque retulit flores modo reꝝ decerpsisse beatum felicemq; gręcię xv. omnino generibus uuaꝝ nominatis tibure totidem prioꝝ· Malo uero tãtũ assyrio cęteris omnibus neglectis. Vnde autẽ potius incipiemus q̃ a uitibus q̃ꝝ principatus in tantum peculiaris italię est ut uel hoc uno omnia gentium uicisse q̃ odorifera possit uideri bona q̃q̃ ubicũque pubescentiũ odori nulla suauitas pręfert.

VItes iure apud priscos magnitudine quoq; inter arbores numerabantur Iouis simulacꝝ in urbe populonio ex una conspicimus uite tot ęuis incorruptum. Item massilię patheram: metaponti templum: iunonis uitigineis columnis stetit· Etiam num scalis tectum ephesię dianę scanditur uite una cypria ut ferunt quoniam ibi ad

老普林尼《博物志》

撰文/莉萨·迪·托马索

『活着就是醒着』(vita vigilia est)——老普林尼在《博物志》前言中道出了他的人生态度。

“我越探析大自然，越倾向于认为她不是不可被描述的。”盖乌斯·普林尼·塞坤杜斯(Gaius Plinius Secundus)，也就是人们熟知的老普林尼(Pliny the Elder)，在其里程碑式的著作《博物志》中这样写道。

经过普林尼花费数年心血的编撰，这部书作为博物学领域的第一部著作于1469年正式出版。伦敦自然博物馆图书馆收藏着一本1469年出版的《博物志》，它是这个图书馆馆藏中最古老的出版物。

第十三册的开头盘绕着一幅错综复杂的植物图，描述了不同种类的树以及它们的木质。金色的树叶用于突出字母。

普林尼在第二册中概述了他的理论与世界及宇宙的关系（左图）。页面上有后补的手写注释，为每个段落添加标题。

整卷书（右图）和第三十三册贯穿着各种各样的手写注释，讨论金属博物。这还引来了两位学者的评论。

几乎所有关于普林尼的生平事迹都来自他的外甥小普林尼（Pliny the Younger）在普林尼死后写给历史学家塔西佗（Publius Cornelius Tacitus）的两封信。普林尼出生在意大利北部的科摩（Como），他的家族是罗马骑士团（Equestrian Order）成员，属于罗马阶级体系中较低等级的贵族。依照惯例，他在 23 岁时作为下级军官参军，在现属德国和法国地区参加了多场战役。期间，他与一些未来成为罗马帝国重要领袖的人物相遇结交，其中就有后来成为皇帝的提图斯·弗拉维乌斯·维斯帕西安（Titus Flavius Vespasian）。在日耳曼尼亚（Germania，罗马帝国行省，现属德国与法国）的日子启发了普林尼，他通过观察马背上的骑兵如何使用标枪，写出了自己的第一部著作。普林尼一生作品不计其数，从德意志战争的历史到演说家的培训，题材颇为广泛，却只有《博物志》流传至今。

后来，普林尼担任罗马帝国那旁高卢行省（Gallia Narbonensis，现属法国）和伊比利亚半岛（Iberian Peninsula）的塔拉哥纳西班牙行省（Hispania Tarraconensis）的行政长官或执政官。和那个时代的大多数人一样，普林尼信奉斯多葛哲学——一种以自然法则为生存美德的信仰。斯多葛哲学的追随者们笃信用发扬自制力和决心来克服潜在破坏性情绪的重要性。据小普林尼所述，普林尼工作异常勤奋，全身心投入研究，智慧超群，睡眠很少却精力充沛。普林尼还是一个书痴，小普林尼这样描述舅舅的习惯：他在洗澡、吃饭和旅行时，会安排助手朗读给他听，以节省时间、吸收更多的知识。普林尼身旁常伴有负责记录的书记员。

公元 79 年，普林尼在意大利南部一个罗马海军舰队担任指挥官时，收到维苏威火山爆发的消息。普林尼起初被眼前看到的火山喷发景象所吸引，很快便发现很多人（包括他的朋友在内）正身处危险之中，于是他力图展开营救行动。或许因为被有毒烟雾熏到，或者因为心脏病发作，普林尼在庞贝古城南部的斯塔比伊（Stabiae）逝世，终年 56 岁。

《博物志》是一部宏大的著作，全书题材广泛，共 37 册。普林尼在前言里写道，他读过的上百位作家的著作，2000 多本书，最终都凝结在这部描述了 2 万多条信息的著作之中。普林尼过谦了，研究人员发现这部著作实际包含 3.7 万以上条目。《博物志》显然是史上最早的百科全书，是那个时代自然世界所有知识的汇编，也是已知的人类在这个研究领域的首次尝试。这部著作分 10 卷，每卷包含数册。

普林尼在第一册中概括了编纂这部著作的动机，并列出了所有的文献来源。尽管没在他著作的正文中添加注释，他还是强调了指明信息来源的重要性，并批评了没有这样做的同行。这本文献书目是普林尼最为重要的学术遗产之一，书目中列出的许多著作都未能幸存至今，若没有普林尼给出的参考文献列表，这些书就根本不可能有存在过的记录。普林尼将引用的源书分为罗马著作和外国著作（大多数是希腊著作），这也许是出于彰显罗马帝国荣耀的目的。

第一卷的第二册涉及宇宙学、天文学和气象学，还有神学，毕竟不谈及神，便无法讨论宇宙。第二卷的第五册涉及地理学和地球以及人类学和人种学。普林尼在这些书中给出了在非洲和亚洲这样遥远大陆的各人种的信息，但这些信息大多错得离谱。他说世上有一种人，脚向后长，有16个脚趾，通过发出狗叫声和别人交流；还有另一种人，没有脑袋，眼睛长在肩膀上。书中的数千条资料和学说极少是经过他本人亲自证实的。他最主要的目的是收集编纂他能接触到的那个时代的所有知识，这些知识都来自他所接触到的其他图书。

在第三卷中，普林尼介绍动物界，各册专题分别有关水生生物、蛇、昆虫、鸟类和陆生动物。他在书中主要讨论这些动物与人之间的相互作用或者关系，以及它们对人类有害还是有益。例如，他指出臭虫可以用来治疗蛇咬，还有大象的智力几乎与人相当。书中用大量篇幅介绍蜜蜂和蜜蜂养殖、牡蛎养殖以及琥珀的由来。普林尼还在书中加入了异域生物的荒诞故事，诸如印度蝎狮——一种吃人的动物，它长着狮子的身体、人的脸和耳朵、三排牙以及蝎子的尾巴。在较早的时期，人们追求的是知识的丰富性，而不是知识的分门别类，尽管普林尼确实仿效了亚里士多德（Aristotle）的做法，把动物按照大小和地理位置进行了划分。

普林尼在第四卷到第八卷中转而讨论植物学，这21册集中在农学、园艺学、医学、药理学领域，甚至还包括他多半鄙视的魔法。他在书中着重介绍罗马国内植物，诸如橄榄树，还针对种植农作物给出了大量建议。有一册几乎全书都在讲葡萄树和葡萄种植，并指出哪个品种能酿出最好的葡萄酒。在医学卷中，普林尼讨论了由植物提炼出的各种药物的医学价值。他创建了早期的草本志，列出了900种从

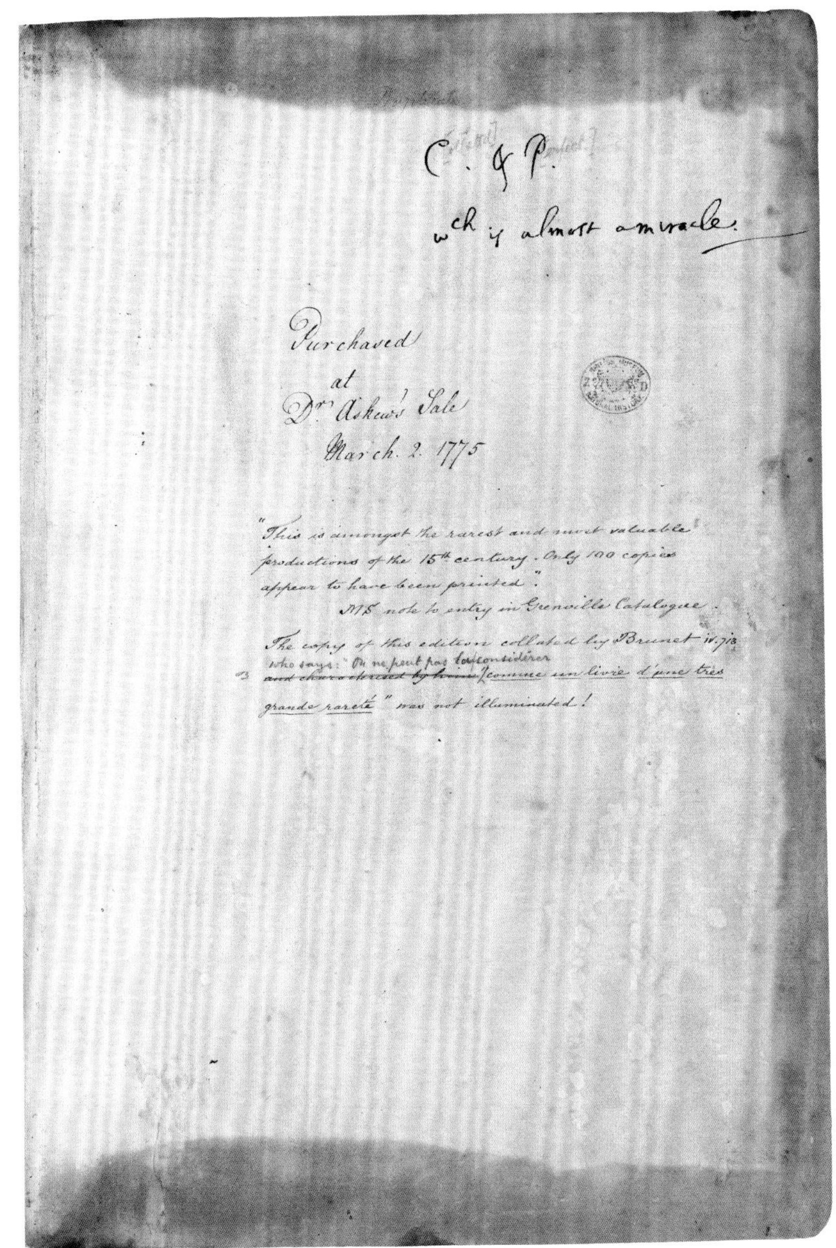
C. & P.
wch is almost a miracle.

Purchased
at
Dr. Askew's Sale
March. 2. 1775

"This is amongst the rarest and most valuable
productions of the 15th century. Only 100 copies
appear to have been printed".
MS note to entry in Grenville Catalogue.

The copy of this edition collated by Brunet iv.713
who says: "On ne peut pas considérer
comme un livre d'une très
grande rareté" was not illuminated!

这一页内容记录了《博物志》伦敦自然博物馆图书馆藏本的出处。书的所有权记录显示它在数年中一直被当作研究工具书来使用。

植物中提取的药物。书中还提到了罂粟和鸦片以及它对人类潜在的有害影响。

第九卷、第十卷，也就是第三十三册至第三十八册，介绍了金属、珠宝和石头，还有一眼看上去和前面三类不搭调的美术史。对这个时期著名美术作品的介绍意义重大，因为它被认为是此领域唯一一部从古典时期留存至今的著作。普林尼的写作角度限定于人与自然的相互作用以及用天然材料制造艺术品，所以他在讨论石头时强调雕塑是最终的产品。类似地，创造色彩所用的颜料是与绘画结合在一起讨论的。

普林尼会毫不忌讳地批评他的罗马同胞，这在当时是风气使然。例如，他嘲笑那些穿金戴银爱臭美的人和爱喷香水的人。他认为自然产品的价值在于实用性，反对把它们用于娱乐或奢靡。

如前文所述，普林尼是历史上第一个积累大量数据、观察资料和知识并把它们汇编在一起的人。他在前言里说，这并不是一部适合从头读到尾的著作：读者应当出入自如，酌情选读。他希望工匠、农民和骑士都能读懂他的书，而不是写一本曲高和寡的学术著作。为便于参考，书的开头就给出了目录。

1455 年，约翰 · 谷登堡（Johann Gutenberg）用活字印刷机出版了著名的《谷登堡圣经》。这种印刷技术让大量完全相同的作品能在同一时间广为传播，代表西方印刷史上的一次重大革命。威尼斯参议院非常热衷于应用这项技术，1469 年给施派尔的约翰(Johann of Speyer) 独家授予了 5 年的商业印刷许可证。约翰和兄弟文德林（Wendelin Gutenberg）来自德国的美因茨（Mainz），美因茨是早期印刷业的中心，约翰 · 谷登堡就是在那里印刷出版了他的《圣经》。这份商业许可法令的一个副本至今仍保留在威尼斯参议院档案馆里，它是史上第一个欧洲政府出具的印刷特殊授权许可的档案记录。耐人寻味的是，约翰来年（1470 年）就去世了，而这个垄断权却没有转给文德林或其他印刷商，这使得威尼斯成为重要的印刷业中心。15 世纪末在威尼斯运转的印刷机大约有 150 台，估计整个 15 世纪的印刷品的 14% ～ 15% 都诞生在 1469 年之后的威尼斯。约翰死前印刷了 4 部重要的作品——一部李维（Titus Livy）的作品、两部西塞罗（Marcus Tullius Cicero）的作品以及普林尼的这部《博物志》。约翰印刷版本的特色是一种新罗马式字体，这在当时是一种突破性创新。

《博物志》不仅是博物学领域第一部正式出版的著作，更是人类历史上第一批正式出版的著作之一。它的正式出版代表着人们对普林尼的著作在其死后数个世纪所产生的影响的反思。在1469年正式印刷出版前，这部著作至少存在着200份手抄稿。直到1492年尼科洛·莱尼切诺（Niccolò Leoniceno）在意大利的费拉拉（Ferrara）出版了一个小册子，批判了《博物志》中的错误和有问题的医学建议，普林尼对科学思维的影响才开始减弱。15世纪末代表着从依赖古典文献向探究严肃科学过渡的重要时期。

1469年出版的《博物志》只印刷了100套。伦敦自然博物馆图书馆收藏的摇篮版（指1501年以前印刷的古版书）是大英博物馆1775年在一次拍卖中购得的，1883年被转至南肯辛顿馆藏。此书曾属于阿斯丘医生（Dr. Askew），他是一位古典派学者（指研究古希腊与古罗马文学艺术的学者）和医生，收集了各种奇奇怪怪的手抄本和印刷图书。他的收藏如此庞大，以至于在他去世后卖掉藏书就用了19天。1750年，阿斯丘医生似乎就已从古董商和哲学家马丁·福克斯（Martin Folkes）手里买到了此书，马丁·福克斯是英国皇家学会（Royal Society）的一位前任会长，曾在艾萨克·牛顿（Isaac Newton）手下从事研究工作。博物馆藏本的来源只能追溯到这里。它共有355页，每页50行。此藏本已被翻阅无数次，书中到处都是来源不明的注释。原书中还有两页被稍晚版本的对应页所替换。首页边缘绘有宏大华丽的彩色装饰纹样，每册正文首字母都用浓重的金色进行华丽修饰，每段首字母都用红色或蓝色墨水交替勾勒。

1550年，已有46个欧洲各语言版本的《博物志》正式出版。20世纪初，这个数字已经超过了220。普林尼的这部宏伟巨著今天仍令学者着迷，它为人们了解古典时期和那个时代的科学知识提供了独一无二的重要的洞见，为科学史做出了不可或缺的贡献。

《健康之源》

雅各布·梅登巴赫

撰文 / 朱迪思·马吉

《健康之源》里画了两棵知识树，亚当和夏娃吃了其中一棵树上掉下来的苹果。

本草书是罗列植物名称，有时附带对植物的描述，更重要的是还包括植物药用性能介绍的书。有的本草书里还包括制药方法的介绍。早期的本草书至今仍令很多人痴迷。朴素而青涩的木刻画所拥有的吸引力，连同写实画面的巧妙构思，给本草书带来独特的魅力和美。更为重要的是，本草书向我们提供了那个时代科学知识水平的证据，让我们大致了解植物在当时是如何被利用和研究的。此外，它们让我们能够深入了解那个时期的栽培技术和医疗手段，以及迷信传说和人们的信仰。

动物专题开头的这幅满版画展示的是极少有读者见过或听说过的一些异域陆地动物，画中包括历史上最早的骆驼肖像。

Ca. xliij.

Arbor vel lignum vite paradisi

Operationes.

A Hanc naturaliter habet virtutem. vt qui ex eius fructu comederet perpetua soliditate firmaretur. et brã immortalitate vestiretur: nulla infirmitate vel anxietate vel senij lassitudine vel imbecillitate fatigaret. B Augustinus super Genesim. Arbor quidem vel lignum sciencie boni vel mali erat corporale sicut arbores alie in paradiso terre sunt nec cibo erat noxium: Sed dictum est lignum sciencie cognoscendi bonum et malum quia post prohibitionẽ erat in illo futura trãsgressio: qua homo experiẽdo disceret quid inter obedientie bonũ et inobediẽtie malum interesset: C Jeronimus super Leviticum. xxvij. facies (inquit dñs) altare de lignis sethim: etc. Ecce altaris ligna que de lignis paradisi sunt igne vicino non cremãtur sed puriora reddunt. Nec mirum cum etiam amithon genus ligni quanto plus arserit tanto mundius inveniatur. D Glosa super terciũ Regum decimo: Tina ligna imputribilia sunt et spinosa in similitudinẽ albe spine rotunda quoque sunt et candida: Ex eis fctã sunt fultra. s. ad fortitudinẽ templi sustentacula et oim̃ musicarum instrumenta:

Ca. xliiij.

Abies dicta eo quod pre ceteris arboribus longe abeat. et in excelsum promineat. Huius natura est expers terreni humoris ac proinde abilis habetur et levis: Est autẽ sine nodo. Et de hac fiũt naues: hanc propter candorem gallicam vocant quidam.

Operationes.

A Palladius. libro. xij. Abies quam vocãt gallicam vtilis est materiam. que nisi perpluatur. est levis rigida et in operibus siccis perhenne durabilis:

几乎所有早期的本草书都建立在公元1世纪希腊人和罗马人不多的著作之上。这些著作中最有影响力的是迪奥斯科里斯（Dioscorides）编著的《药物论》（*De Materia Medica*）。该书成书于1世纪，不过只有6世纪的版本留存至今。《药物论》是记载药用植物名称和功效的书目。这部著作基于更早时期的克拉居阿斯（Krateuas）手稿，克拉居阿斯是历史上第一个在书中加入植物插图的人。克拉居阿斯的植物插图经过数个世纪的不断复制，其清晰度和准确度有所缺失，并且经常出现植物无法辨识的情况。迪奥斯科里斯只对书中列出的植物给出中庸的描述，并没有还原本草书作者们最初对植物的描述，这个问题一直到1491年《健康之源》（*Ortus Sanitatis*）问世才得以真正解决。

随着活字印刷术的发明，印刷术的革命影响了研究植物及其性质的方法。印刷本草书的驱动力来自医药领域——医生或药剂师，这些人致力于研究植物的特性以及它们在治疗疾病方面的应用。印刷本草书在15世纪末至17世纪中期曾盛行一时，其主要目的是将所有药用植物的知识收集起来，以便向大众广为传播。此后多年，这个目的不断升级，以至于《健康之源》印刷出版时，危险的植物以及对人有其他用途的植物产品也被囊括其中。这部书中还包括了人们认为具有医用属性的其他天然产物，诸如动物和矿物。在那段时期，书中开始出现新形式的插图，这些插图不再是复制古籍，而是直接描绘大自然。这个转变是个缓慢的过程。直到1530年奥托·布伦费尔斯（Otto Brunfels）的《草木植物志》（*Herbarum Vivae Eiconeb*）正式出版，以及像阿尔布雷特·丢勒（Albrecht Dürer）这样的艺术家使用铜版雕刻的技艺，学者们才真正开始告别复制前人书中的插图，转而实地观察植物、直接描绘大自然。介绍植物用途和优点的文字也开始发生变化，更多地采用第一手的知识。

《健康之源》的别名又叫《花园》（*Hortus*），由雅各布·梅登巴赫（Jacob Meydenbach）于1491年在德国美因

谁吃了生命之树（也叫天堂之树）上结出的果子，谁就会长生不老。《健康之源》中画了两棵知识树，这是其中之一。亚当和夏娃则站在另一棵树下，吃了树上掉下来的苹果。

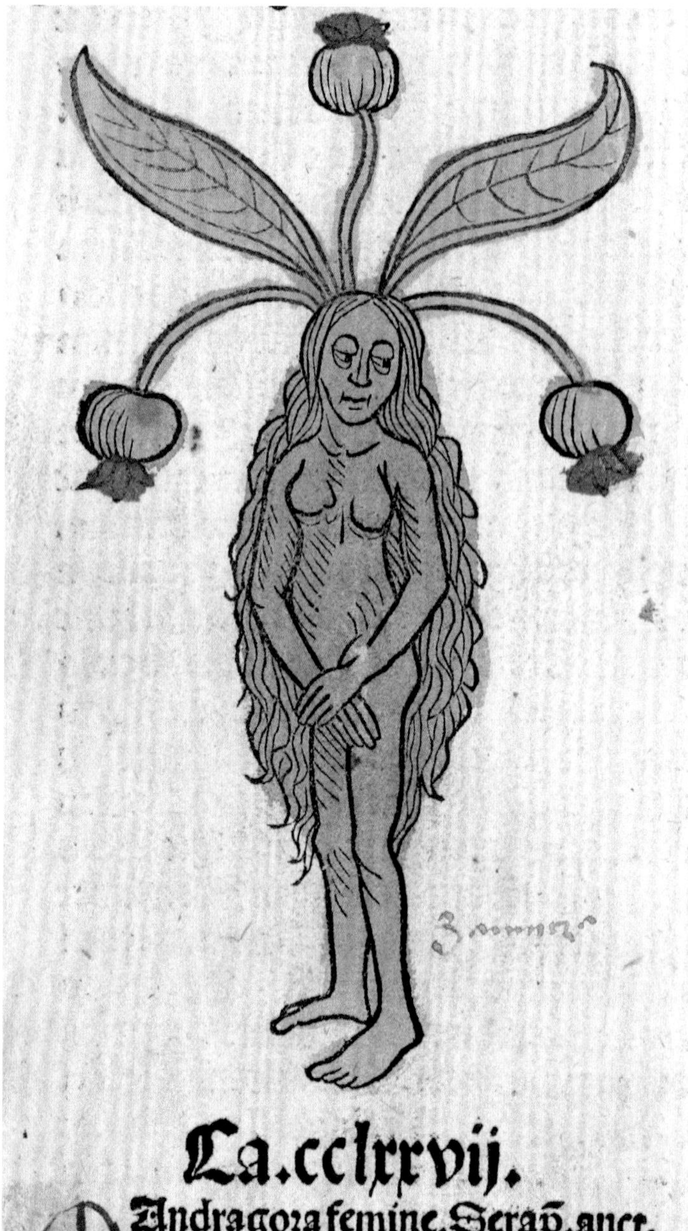

Ca.cclxxvij.
Mandragora femine. Serap. auct.
oyas. Et femie color est niger 7 no
minatur landachis siue bādachis
aut lactuca. Mā in folijs ei9 est similitudo
cū folijs lactuce: 7 sunt pinguia ḡuis odo
ris. 7 extendunt sup faciem terre. i medio

《健康之源》里既画了雄性曼德拉草，又画了雌性曼德拉草，因为当时人们认为它们属性不同。关于这种植物有许多迷信传说，其中一个传说就是当把这种植物从地里拔出来时，听到它喊叫的人不久将亡。

茨印刷出版。hortus 意为花园，ortus 意为起源，所以这部著作可译为“健康花园”或者“健康之源”。全书共有 6 个专题，涵盖了那个时期博物学的绝大部分领域。除了描述和绘制植物的传统内容，这部书还与众不同地设置了有关动物（鸟类、鱼类）以及矿物或宝石的章节。全书以当时的常规体检项目——尿样分析的章节作结尾。这部著作使用哥特字体印刷，每页排成双栏，内含 1000 多幅手绘的木刻画。每个词条的首字母不是印刷的，而是用红、蓝墨水手写的。动植物名称按字母表顺序排列，同时还配有字母索引和疾病索引。书中没有把植物按照相似的治疗功能或其他相近的属性分组归类；这样的归类在很久以后才出现。

《健康之源》在某种程度上以一部更早的著作为基础，那本书是彼得·舍弗（Peter Schöffer）于 1485 年在德国美因茨印刷出版的《健康花园》（*Gart der Gesundheit*）。《健康之源》一直被当作《健康花园》的纯拉丁译文版，但事实并非如此。《健康花园》并不包含其他博物学元素，它对植物的描述以及对植物属性的介绍也更为详尽。尽管《健康之源》中相当一部分插图是源于或复制于《健康花园》，根据学者阿格尼斯·阿尔伯（Agnes Arber）的研究，书中至少有 1/3 的草本植物图片是全新的。《健康之源》问世时是当时印刷出版的最大的本草书，同时也是内容最全面的本草书。和当时所有的本草书一样，这部书将大量早期的权威著作列为参考，一直追溯到希腊、罗马、波斯和阿拉伯药典。尽管正文是拉丁文，书中也依旧给出了许多特定对象的阿拉伯语名称。这部书非常像医生、艺术家以及木刻艺术家的合作产物，但他们当中没有一个人的名字被流传下来。

这部著作有 6 个不同的专题或章节，分别命名和描述植物、动物和矿物，同时解释其特质、危险性或危害性。书中还介绍了从这些对象身上获得的衍生品，以及这些对象的行为对人的影响，诸如在插图中展示了布料上被蛾类幼虫蛀的洞。书中每个专题标题页都有一幅满版的木版画，画着本专题中描述和图绘的博物学分支。草本植物的标题页以花园为背景，6 个人各手持一书在外圈围聚；内圈另有 3 人相对而坐，其中一人正在展示植物，似乎在介绍或讨论它的优点。鱼类专题的标题页描绘了两个人站在海峡的两岸，海峡里满是船舶和五花八门的海洋生物。画中除了各种各样的鱼类，还有美人鱼和长着人脑袋、打扮得像和尚的鮟鱇鱼。宝石或珍贵矿物专题的标题页以珠宝商店为背景，店里有男有女。收尾专题的标题页以药剂师商店为背景，画中出现了尿液检验试剂瓶，前面有两个孩子或学徒在互相打闹。全书最后一幅满版插图画的是医生与患者。

整部书贯穿着1074幅木刻画，其中大约50%是植物或草本植物画。在整部书中，普通常见的东西与异乎寻常的东西并肩出现。草本植物专题有两幅知识树的插图，一幅画里有长着女人头的蛇，另一幅画里有亚当和夏娃。雄性和雌性曼德拉草也被收录进书中，雌雄属性不同，能够治愈不同的疾病。书中还有农作物产品的插图，诸如面包和葡萄酒，甚至还有人工蜂箱饲养的蜜蜂的最终产物。

动物专题的第一页画有一个正在接受医生检查的男人。但这幅画只出现在1491年的第一版里。此后所有的版本，包括1495年、1497年、1500年相继出版的多个修订版都在满版木版画的背面画上了一具骷髅。中世纪动物寓言对书中动物条目的影响显而易见。神话中的生物，诸如龙、独角兽和九头蛇，都出现在了书中，此外还有大多数欧洲人从未见过的许多物种，例如骆驼、大象和豹子。虱子、跳蚤和蝇蛆都出现在特定场合，比如跳蚤在床上、虱子在孩子头发里、蝇蛆则从肉里滋生。鸟类专题中同样包括了神话中的鸟，比如浴火重生的凤凰和栖息在死人胸膛上的鹰身女妖。在人们能够认出来的海洋生物旁边画的是海妖、海龙和海兔。在宝石和矿物章节，从土地里提取矿物的方法与精炼、变形、研磨和抛光的程序出现在同一幅画中。最后的专题有关尿样分析，这是当时大部分医生的常规工作。检查尿样的颜色、密度和气味有助于确诊病情，以便之后通过查阅前面某一专题开出合适的药方。

《健康之源》与其他少数摇篮版本草书共同展示了植物作为药用的重要性，并被医生用于治病救人。为书中文字配上木版画插图，提升了人们对草药属性的理解，有助于人们辨识植物。正是这些医生、他们的草药以及他们本着医学目的对植物进行的研究，最终引出了植物科学这门学科以及针对植物系统的解剖式的研究。

Ca.cxix.

P Ediculus. Ysi. Pediculi sunt vermes
cutis a pedibus dicti. vnde pediculosi
dicti sunt quibus pediculi in corpore
efferuescunt. Ex li. de na. rerum. Pediculi di
cuntur a numerositate pedum. hoc malum

这幅插图展示的是动物对人造成的影响。图中画了令人奇痒难忍的虱子以及除虱的方法。

《艾希施泰特花园》

巴西利厄斯·贝斯莱尔

撰文／安德烈·哈特

《艾希施泰特花园》是有史以来正式出版的最精美的花卉集。

向日葵（*Helianthus annuus*）是《艾希施泰特花园》中名气最大、辨识度最高的图版。它通过完美的刻印展示出盛开花朵的头部。

鲜花之美丽外表、芬芳气味、象征意义及其经济价值和装饰品质，从古至今广受人们喜爱。希腊早期历史中便已有鲜花的身影，罗马人则通过修建极具观赏性的庭园来展示他们精心栽培的奇花异草。到了 16 世纪中期，随着人们对植物及其药性的研究日益增多，一种新式花园盛行开来。这股新花园的潮流受那个时代意大利一流大学引领，1543 年兴起于比萨大学。随着从世界各地带回新奇植物的全球探索活动的日趋频繁以及植物收藏和植物园的发展，这股潮流传遍了整个欧洲。

在德国阿尔特木尔（Altmuhl）河畔的艾希施泰特镇（Eichstatt），有一座可以俯瞰整个城镇的山，山上还坐落着主教宫殿建筑群——维利巴尔德堡（Willibaldsburg）。城堡修建于 14 世纪，直到 18 世纪中期一直是该教区主教的府邸，也是著名的艾希施泰特花园所在地。16 世纪后半期，亲王主教马丁·冯·绍姆堡（Martin von Schaumberg）对城堡做了翻新和扩建，艾希施泰特花园则在 1595 年当选亲王主教的约翰·康拉德·冯·盖明根（Johann Conrad von Gemmingen）辖下，由纽伦堡（Nurnberg）医生和植物学家乔基姆·卡梅拉留斯（Joachim Camerarius）进行了大规模升级改造。康拉德主教是一个狂热的博物工艺品收藏家，收集了数量惊人的博物藏品，其中包括珍稀名贵的珠宝玉石。他对植物也有极大兴趣。因此，在卡梅拉留斯以及后来的巴西利厄斯·贝斯莱尔（Basilius Besler，纽伦堡药剂师、植物学者）的管理下，主教宫里的 8 个花园里生长着数目惊人、甚至来自“天涯海角”的华丽植物、灌木和乔木，也就不足为奇了。

把宫殿花园中的植物之美记录保存在一个大对开画册内是康拉德主教长久以来的心愿，承担这项任务的正是贝斯莱尔。康拉德主教先将花园里的鲜花送到纽伦堡

IV.
Tulipa candida virgulis ex
purpura rube scentibus
II.
Tulipa alba circa calicem lute,
um. radis ru bente.
V.
Tulipa lutea, in medio conifor.
macula rubens.
III.
Tulipa lutea irrorata ex cinnaba,
ri rutilis maculis.
I.
Tulipa lutea virgulis oblon
ad latera, colore cinnabaris

的艺术家处并由他们绘制成画，再由艺术家将画刻在铜版上。为了让此事变得更简单，贝斯莱尔干脆在自己纽伦堡的花园里种了很多花，然后让那些艺术家前来参观和绘画。当时雕刻铜版画刚刚取代木刻画，木刻画简陋粗糙，而雕刻铜版画则能够提供更高的清晰度、对比度、阴影和色调，从而实现更精细的线条。这部著作由康拉德主教出资，他极为重视书的出版流程，但遗憾的是，他在书出版前 6 个月不幸去世，未能亲眼看到书问世。贝斯莱尔对康拉德主教肃然起敬，将此书献给他，后来又在献给继任亲王主教约翰·克里斯托夫·冯·韦

贝斯莱尔希望植物图画与实物等大。这株冠花贝母（*Fritillaria imperialis*，右图）的茎则应要求被画成适合图版的大小。

郁金香鳞茎（对页图）展示了贝斯莱尔图版的精美的艺术构图。它们的名字冗长，这是因为该书的出版早于 1753 年林奈双名体系的诞生。

斯特施泰滕（Johann Christoph von Westerstetten）的题词（日期为1613年8月23日）中，将康拉德这位前任亲王描述为“首屈一指、博学多才、慷慨大度、出类拔萃的植物学专家”。贝斯莱尔决心借此书实现个人价值，在韦斯特施泰滕的资助下继续完成这项工作。

贝斯莱尔是此书的幕后创意者，全权负责图书的策划和出版。尽管他最初声称自己“不堪重任”“再三推辞”，并向康拉德举荐植物学大家卡罗勒斯·克鲁修斯（Carolus Clusius）来承担此工作，但他最终还是同意肩负起创作“这部难度颇大、极度劳神的植物学著作”的重任。贝斯莱尔在给读者的话中讲述了他是如何策划并开展这项工作的，还提到了他和康拉德主教在书的规格和内容上的意见分歧。贝斯莱尔倾向于书中只收录植物的图像和名称；康拉德主教及其他“重要人物”则认为插图旁应配有文字，收录每种植物的所有知识，从而可以服务于其他学者。不用说，贝斯莱尔未能如愿，每张图版都配了一页文字介绍。

这部杰作取名为《艾希施泰特花园》（*Hortus Eystettensis*），最终于1613年问世。书中367张图版描绘了上千朵花，并按照花开的季节排序。这些图版的构图高贵典雅，郁金香图版尤为如此，书中共画有郁金香54种，完美展现出郁金香叶、茎、根及各花期的美妙风姿。贝斯莱尔非常重视开花的时节，希望展现出花的最美容颜，以增添书的和谐魅力。书中装饰精美的卷首插图由沃尔夫冈·基利恩（Wolfgang Kilian）雕刻而成，图中展示了这样的场景：在伊甸园中，上帝握着亚当的手，所罗门王的雕像和塞勒斯王（传说中塞勒斯花园的建立者）的雕像伫立在两侧。所罗门王和塞勒斯王在贝斯莱尔的序言中均有被提及。为了铭记贝斯莱尔的重要贡献，书中单有一页插图印着贝斯莱尔手持罗勒的肖像，画中还出现了他的纹章。

这部著作采用了当时最大的帝王开本来印刷，这种开本的尺寸为57厘米×46厘米，因为贝斯莱尔希望植物图画与实物等大。该书共出版了3个不同的版本：一个豪华的手工着色版和两个黑白版（其中一个配有文字，另一个没有）。首次印刷300册，耗资约8000弗罗林（当时的一种货币）。豪华版定价500弗罗林，因此成功赚回了成本——定价在一定程度上

取决于着色师的高超水平。黑白版本定价则很低，只有35弗罗林。

因为只有极个别图版印有姓名缩写或签名，所以最初参与其中的艺术家和雕版技师的身份都不清楚，但人们普遍认为至少有10人参加。其中有多位可能曾经生活在纽伦堡或奥格斯堡（Augsberg），这两座城市是德国文艺复兴时期的著名都市，也是参与该书制作的多位工匠的家乡。

有的彩绘图版上有着色师的名字：为大英图书馆藏本着色的小乔治·麦克（Georg Mack the Younger）、为维也纳国家图书馆（Viennese National Library）藏本着色的马格达莱纳·福斯丁（Magdalena Furstin）以及为都灵（Turin）、乌普萨拉（Uppsala）和纽伦堡藏本着色的乔治·雅各布·施耐德（Georg Jakob Schneider）。完成这些图版的着色耗时数月，具体取决于植物图画的绝对数量和对着色准确性的要求。尼古拉斯·巴克（Nicolas Barker）研究了各彩绘版之间的具体差异，研究结果发表于1994年。

看到这部杰作时，很难不被书的尺寸、重量、纸张

贝斯莱尔的印刻肖像画也出现在这部杰作之中，画中贝斯莱尔手上拿着的应该是一支罗勒。迄今为止，贝斯莱尔的《艾希施泰特花园》仍是植物学插图著作史上投入最大的出版物。

的质量和厚度以及精致绝美的构图所打动。尽管伦敦自然博物馆图书馆藏本并未着色，但它仍是一部让人叹为观止的巨著。这不只在于内容，还在于用经明矾鞣制的猪皮进行的手工装订、精妙的无色凹凸压印以及巨大的体形。这部书重达 18 千克，是自然博物馆馆藏中最沉的书。

书是人类文化的象征，书的价值远超过书中文字的价值。《艾希施泰特花园》是一个历史文物，是著名的艾希施泰特花园中曾出现过的植物的唯一见证者。它是有史以来正式出版的最精美的花卉集，也是独一无二的手工印刷、收集、折叠、缝制装订的艺术品，每一本都与众不同。它以活页装的形式出售，并且没有页码，所以个别书的图版和文字组合错位。贝斯莱尔将此书定位为高端设计装饰品，特意将其做成品质卓越、精致典雅、美妙绝伦的书，最终的成品在植物学出版界空前绝后。虽然贝斯莱尔说这部著作“鼓掌欢迎的很多，掏腰包买的很少”，其实它已经凭借着图版的华丽品质成为备受青睐的艺术品。

艾希施泰特的城堡留存至今，而促使此书问世的花园却已不复存在。花园在三十年战争期间及之后被建筑物彻底覆盖，三十年战争（1618—1648 年间爆发）是中欧历史上持续时间极长、极具破坏性的战争之一。不过，城堡里的花园于 1998 年在原址得以部分重建，首版书中描绘的部分花卉被重新种植并依四季排列在花坛之中。尽管制作这部巨著使用的原始铜版的相当一部分在 1796 年被洗劫毁坏，但仍有 329 块原始铜版又被重新挖掘出来，现在作为藏品陈列在维也纳的阿尔贝蒂那博物馆中。

这张图版来自书中“春”之章，描绘一年中最早开花的植物——獐耳细辛和红番花。画中植物的茎和根系美观细致，和书中其他球茎植物排布相同。

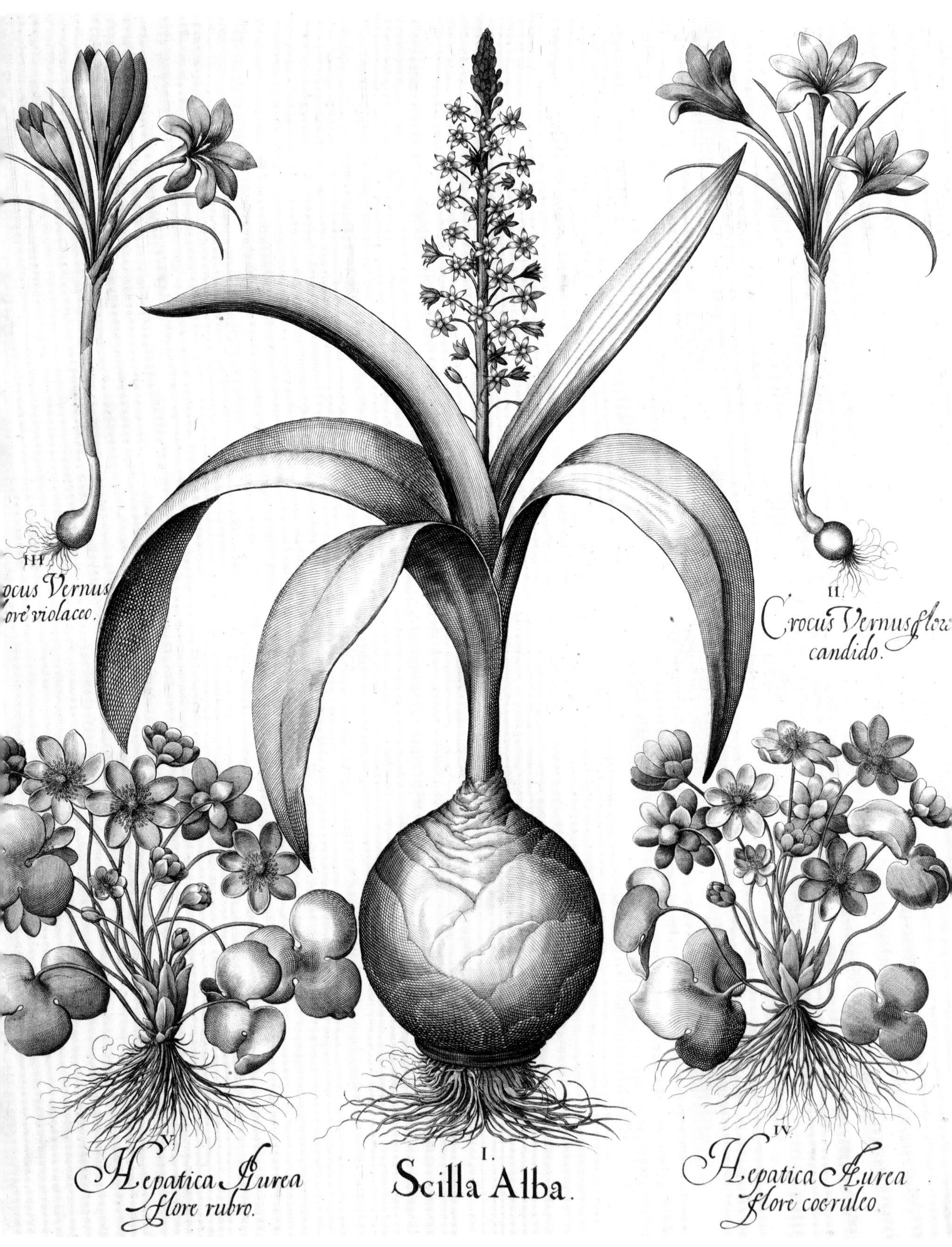
III
ocus Vernus
ore violaceo.
II.
Crocus Vernus flore
candido.
V.
Hepatica Aurea
flore rubro.
I.
Scilla Alba.
IV.
Hepatica Aurea
flore coeruleo.

约翰·杰拉德《草药通志》

撰文 / 罗伯特·赫胥黎

《草药通志》是杰拉德保存知识的途径，就算花园不复存在，也可为世人留下花园里曾拥有的一切。

自古以来，植物一直是医师和药师的日常工具。有关植物的知识起初依靠口口相传，后来有关植物的信息以文字的形式被记录下来，包括名称、发现地点以及更重要的这些植物针对的疾病和适用的条件。通常还配有插图来帮助识别植物，偶尔也会附上植物标本以供参考。这样的草药志可以追溯到华夏文明早期，在西方则可以追溯到古典医师迪奥斯科里斯时代。迪奥斯科里斯是一名在罗马军队服役的希腊医生，他在自己的 5 卷本著作《药物论》中对植物及其用途进行了详细的描述。这样的著作被反复誊写，并作为标准教材被人们使用了 1500 多年。印刷术的出现扩大了传播面、提高了复制准确度，尽管某些情况下，插画师的“艺术加工”会导致人们认错植物，开错处方，酿下悲剧。1542 年，德国医师、植物学家莱昂哈特·富克斯（Leonhart Fuchs）很好地解决了这个问题，他编写的《植物志图注》（*De Historia Stirpium Commentarii Insignes*）因品质出众而闻名于世，靠的就是对插画师的精挑细选、严格监督。

在 1636 年版的《杰拉德草药志》扉页上，图下方手拿马铃薯的是杰拉德，中间站着的是植物学泰斗泰奥弗拉斯托斯（Theophrastus）和迪奥斯科里斯。最上面端坐的是谷物女神克瑞斯（掌管农业）和果树女神波摩娜（掌管果实丰收）。

יהוה
Ceres
Pomona
Ecce dedi vobis omnes herbas sementantes semen, quæ sunt Gen. 1.29.
Excideret ne tibi diuini muneris Author
Præsentem monstrat quælibet herba Deum.
THE
HERBALL
OR GENERALL
Historie of
Plantes.
Gathered by John Gerarde
of London Master in
CHIRVRGERIE
Very much
Enlarged and Amended by
Thomas Johnson
Citizen and Apothecarye
of
LONDON
THEOPHRASTVS
DIOSCORIDES
London Printed by
Adam Islip Joice Norton
and Richard Whitakers
Anno 1636.
Io: Payne sculps.

16 世纪上半叶，从欧洲大陆登陆英国的第一部印制的草药志激发了像威廉·特纳（William Turner）这样的英国本土医生和博物学家撰写自己的草药志。他们经常在不同程度上借鉴和翻译欧洲古典草药志中的描述和插图。草药志的发展在 16 世纪达到了顶峰，但随着启蒙运动的兴起，更多学者开始采用现在看来更科学的方式研究植物。这些学者创作的植物志描述了随着人们视野扩大而映入眼帘的植物详细特征，并且推测植物之间的关联。在同一时期，化学和药理学的发展削弱了草药医术这个行业。

最后一部杰出的英国草药志可以说最为出名。这部颇受欢迎的著作就是《杰拉德草药志》（*Gerard's Herbal*），它的全称是《草药通志》（*The Herball*）或《植物通史》（*GenerallHistorie of Plantes*），它于 1597 年首次出版，并在 1633 年和 1636 年两次出版增补修订本。它是外科医生、草药师约翰·杰拉德（John Gerard）的主要作品。杰拉德 1545 年出生在英国柴郡（Chester）的楠特威奇（Nantwich），他在当地学校接受教育，从小就酷爱医学，1562 年搬到伦敦成为外科医生亚历山大·梅森（Alexander Mason）的学徒。梅森隶属于伦敦贸易行会之一——理发师 - 外科医生行会。7 年后，杰拉德被行会允许出师执业。此时，他已经成为一名技艺娴熟的草药师，受雇于英国女王伊丽莎白一世（Queen Elizabeth I）的首席顾问、政治家第一代伯利男爵（Baron of Burghley），成为伯利男爵花园的主管。杰拉德大约住在布利（Bueleigh）附近霍尔本区（Holborn）伯利男爵所有的一座花园洋房里。杰拉德在此度过余生，培育这座花园许多年。花园中曾种有 1000 多种植物，有不少是从欧洲的熟人朋友处获得的，其中包括像马铃薯这样罕见稀有的异域植物。杰拉德曾外出旅行过一阵子，可能去了俄罗斯和波罗的海地区。他还广泛收集英国本土植物，并对这些本土植物了如指掌。1595 年，他当选为理发师 - 外科医生行会的助理考特（the Court of Assistants，一种职业名称），获准以外科医生身份合法行医。

杰拉德是一个热衷于出书的人，他在 1596 年整理的花园植物详细名录可以看作一座“虚拟花园”，它让更多读者不必身临其境就能欣赏到这座花园里的植物。这是史上第一部正式出版的花园植物完整名录。1 年后（1597 年），杰拉德出版了他的巨著《草药通志》（或《植物通史》）。和植物名录一样，这部著作被杰拉德当作保存知识的途径，可以为世人留下花园里曾拥有的一切，就算花园会被人遗忘或不复存在。

虽然这部著作被称为《杰拉德草药志》，但它的绝大部分内容其实取材自佛兰德医师伦伯特·多东斯（Rembert Dodoens）的草药著作，多东斯则汲取了其他作者的精华。多东斯的草药志颇受欢迎、备受推崇，是那个时代世界范围内除《圣经》外被翻译次数最多的著作，且在 1597 年，印刷商约翰·诺顿（John Norton）委托普里斯特医生（Dr. Priest）将其由拉丁语翻译成英语。普里斯特尚未完成任务就去世了，诺顿便邀请约翰·杰拉德来接手翻译工作。因为当时的手稿已经遗失，所以普里斯特翻译了多少、杰拉德采用了多少普里斯特的翻译内容，均不得而知。这可能是杰拉德被当作剽窃者而蒙受不白之冤的开端。据说杰拉德书中的插图翻印自其他欧洲著作的木版画，插图排版与杰拉德的文字描述也极不搭配。杰拉德在书中加入自己观察到的植物细节，该书第一版于 1597 年问世。

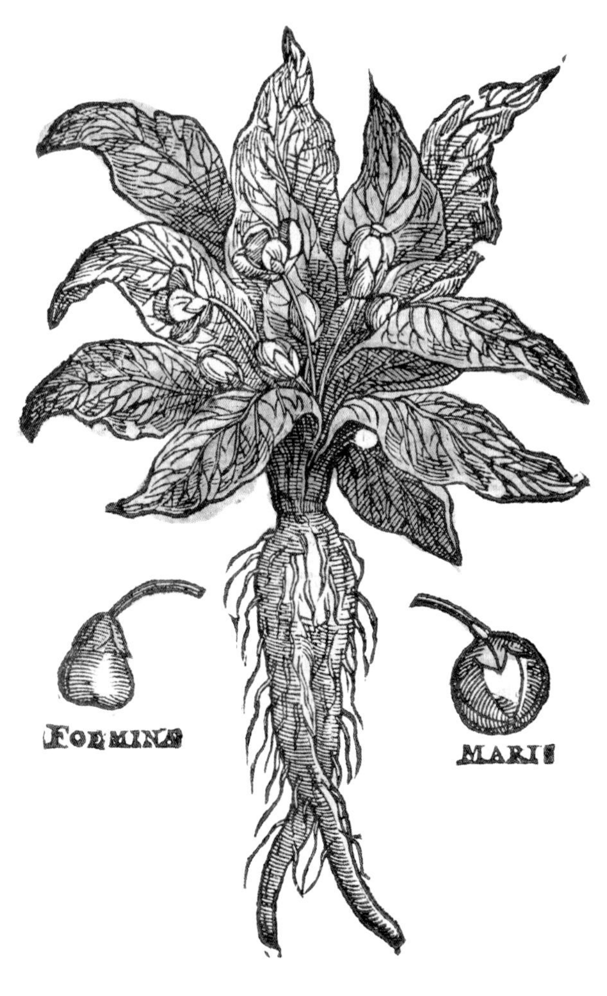

《杰拉德草药志》中的插图几乎全部来自前人的著作。这株曼德拉草——欧茄参（*Mandragora officinarum*）曾出现在杰拉德的朋友、佛兰德植物学家马蒂亚斯·洛贝尔（Mathias l'Obel）的草药志中，这本草药志由安特卫普著名的普朗坦家族印刷厂印刷。

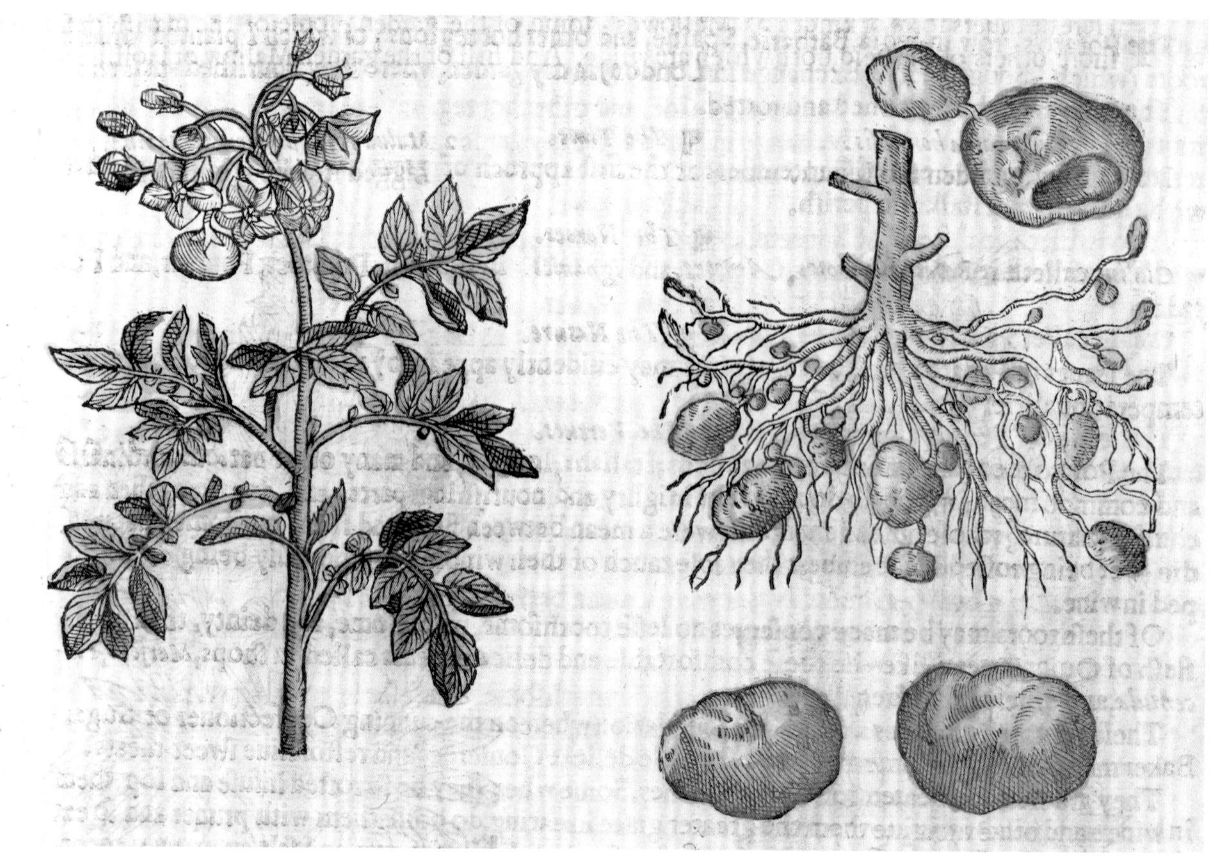

这是最早的马铃薯（*Solanum tuberosum*）图画之一，
也是《杰拉德草药志》中为数不多的原创插图之一。

批评者认为杰拉德的拉丁文水平很糟糕，指责他不采用普里斯特的译文，而是自己来翻译，并在这个过程中犯了许多低级错误。有人发现了杰拉德手稿中的翻译错误，接到举报的出版商邀请杰拉德的朋友——德高望重的佛兰德植物学家马蒂亚斯·洛贝尔来修正，半边莲属（*Lobelia*）就以洛贝尔的名字命名。杰拉德得知此事后，坚决反对修改，并打发走了洛贝尔。

杰拉德为全书 1800 幅植物插图配的文字，其中有些是错误的。他还错把一些外来植物当成不列颠本土植物。1597 年的最初版本很少被提及，1633 年和 1636 年的修订版才是流传最久、影响最广的。本书收录的彩色插图就来自

1636年版。1633年的修订版是接手《杰拉德草药志》改进任务的药剂师、植物学家、后来的保皇党上校托马斯·约翰逊（Thomas Johnson）的杰作。《杰拉德草药志》最初版本出版后的36年间，这个领域进步显著，约翰逊使用世界知名的安特卫普普朗坦印刷厂的印版，在书中补充了800个新物种和700幅插图。新的版本标题如下：该草药志由……约翰·杰拉德收集整理……并由来自伦敦的公民、药剂师托马斯·约翰逊大幅增扩和修订（The Herball,... gathered by John Gerarde,... very much enlarged and amended by Thomas Johnson, citizen and apothecary of London）。

这部草药志为每种植物或种子、果实等自然产物都划分出一系列章节。这些章节通常按照"描述""地点""时间""名称"以及"特性"来分段。"描述"段落会列举每种植物的主要特征，例如，对曼德拉草的描述是这样的："雄性曼德拉草拥有暗绿色的巨大光滑阔叶，在地面之上伸展开来。""地点"段落介绍植物的产地，杰拉德亲自见到或者收集到的植物还会包括植物发现地的详细信息。这些详细信息，从"痛并快乐地生长在潮湿地带，在沟、渠、河流、树篱中随处可见"到简单的一句"甜菜生长在花园"，有长有短，不拘一格。"时间"的段落给出了栽培植物时播种的具体时间以及书中所有植物展叶、开花的具体时间。"特性"段落介绍了药用和烹饪的各种细节。比如在介绍黄瓜的章节中，杰拉德描述了如何用黄瓜片煮羊肉……完美地治愈了各种酱色痰、铜色脸、亮红痘痘酒糟鼻（红得像玫瑰花一样）、粉刺、红宝石脸以及各种宝石脸。杰拉德在这里使用略带押韵、双声的句子"红得像玫瑰花一样"，展示他冷不丁的幽默和略显诡异的文风。

这部草药志中有多种索引供读者从不同角度查阅内容。书中有拉丁文名称索引和"英文名称表——从古代书籍出版物以及平原农村老百姓口中收集到的名称"。这部草药志还有将药物特性按字母排序的药性检索，强化了其担当医学教材的角色：例如，"治疗食欲缺乏"（to restore appetite decayed）条目的索引关键词"食欲"（appetite）位于字母A所在区域。

许多和动植物有关的神话一直流传到

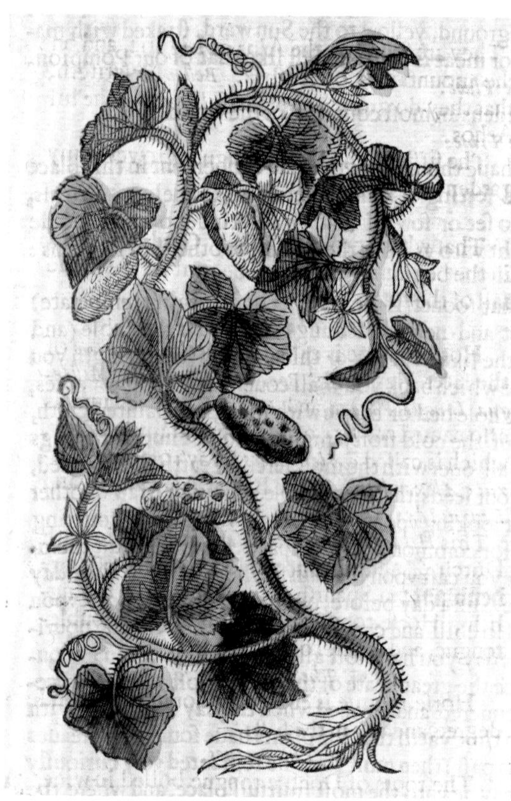

《杰拉德草药志》的修订版添加了多幅有关黄瓜的插图，其中包括当时栽培的多个种。图中左边的今天大概被人们叫作小黄瓜。《杰拉德草药志》的插图展示了各种杰拉德所在时代人们种植食用的水果与蔬菜。

16 世纪，例如与草药志地位相当的动物寓言集中就收录了独角兽的故事。杰拉德对绝大多数这样的传说不屑一顾。他在书中讲了一个有关曼德拉草的广为流传的故事。曼德拉草是马铃薯家族的一员，其根部形状有时像人腿。据说，曼德拉草被从地里拔出时发出的惊声尖叫，对挖掘者有致命危险。杰拉德接着说道："人们说得神乎其神，言之凿凿，如要拔出曼德拉草，就得在它上面拴一条狗，让狗去拔，这样它会对狗尖叫；否则，人直接去拔，不久必亡。"杰拉德亲眼见过曼德拉草，并正确地指出曼德拉草的根部形态万千，似人形状皆是巧合。他进而谴责那些把其他植物雕成人形来冒充昂贵曼德拉草的投机倒把分子："那些人游手好闲，不务正业，只知道吃喝玩乐，偶尔花些时间找些葫芦科泻根属植物的根，雕刻成男女模样拿去骗钱。"

与之相比，杰拉德对藤壶鹅 (Barnacle Goose，其名称是白颊黑雁，其英文中有藤壶一词）的传说就不太反对，据说这种鹅（雁）由树上的长颈藤壶生长而成。而“藤壶鹅”和“鹅藤壶”这样的英文名至今仍被用于描述白颊黑雁。杰拉德并没有找到明显证据可以反驳这种说法，他写道：“树上的确长着从白色渐变到赤褐色的甲壳，里面住着小生物；时机成熟时甲壳就会张开，里面的小生物落入水中会变成鸟，也就是我们所说的藤壶。在英国北部，称为黑雁；在兰开夏郡（Cancashire）则叫作树鹅。但是小生物若落在地上，就会灰飞烟灭，不留一丝痕迹。”杰拉德游历彼尔岛（大概在巴罗因弗内斯附近）时，在失事船只的腐木上见到了长颈鹅藤壶，于是把藤壶从壳里伸出来的毛绒触手描述成鸟的样子，也就一目了然了。这种情况下很难分辨哪些是杰拉德亲眼所见，哪些是根据当地传说做出的猜测。约翰逊在 1636 年版中增加了自己的见闻，他在一次探险中亲眼见到了这些所谓由藤壶长成的鹅，这种鸟显然会下蛋并且是由蛋孵化出来的。那些追溯到 13 世纪的知名作者也曾在书中对此有所记录，因此杰拉德轻信这样的传说令人匪夷所思。

CHAP. 171.
Of the Goose tree, Barnacle tree, or the tree bearing Geese.
Britanicæ Conchæ anatiferæ.
The breed of Barnacles.

杰拉德貌似接受了藤壶鹅是由鹅藤壶长成的说法。“证据”之一便是藤壶的壳中长出的“羽毛”。其实，这是藤壶用于捕获浮游生物的特化足，在插图的底部中央就可以看到这些结构。

这部草药志中还收录了一些对今天的我们来说司空见惯，但对16世纪末的欧洲人来说看起来、吃起来都很陌生的植物。例如，马铃薯的块茎，也就是卷首插图中杰拉德手里握着的东西，可能是沃尔特·雷利爵士（Sir Walter Raleigh）或助手从弗吉尼亚（Virginia）寄给他的，杰拉德把它种在自己的花园里。这幅插图是这部草药志中为数不多的原创插图之一，也是世界上最早的马铃薯图片。杰拉德肯定了马铃薯的诸多优点，并描述了如何烹饪和食用马铃薯——“要么放在余火里烘烤，要么煮熟后就着油、醋和胡椒粉一起吃”。

《杰拉德草药志》不局限于开花的陆生植物，甚至不局限于植物。书里还描述了真菌、苔藓和海藻，包括墨角藻（*Fucus* spp.）和其他藻类。位于英国南部的杰拉德故居现在对外开放，院子里仍保留着原有的物种。穿越400年光阴，将过去看到的植物与今天观察到的植物进行对比，对研究环境变化来说具有非凡价值。

虽然杰拉德在世之时直至去世多年后，都因拉丁文水平欠佳、翻译多有偏差以及抄袭他人而被人诟病，但他确实是一个出色的野外采集者，且深受英国国王詹姆斯一世（James I）的赏识，成为国王的御医和药剂师。杰拉德去世大概50年后，伟大的英国博物学家、自然分类学家约翰·雷（John Ray）在开始撰写自己的植物名录时，重新回顾了杰拉德和其他人的著作。约翰·雷将杰拉德视为草药学和园艺学先驱，而非植物学家。无所谓，杰拉德本来也没想过成为一名植物学家。他和约翰逊都是医生，他们的著作旨在为外科医生和药剂师提供实践指导，而不是试图进行科学分析。杰拉德对自己留给世界的这部不完美却很全面的作品一直都很谦逊。抛开那些非议不管，《杰拉德草药志》仍是整个17世纪极具价值的药用植物指南，甚至到19世纪仍被参考引用。尽管存在争议，《杰拉德草药志》仍是一部伟人巨著，激励着后人继续研究植物，瑞典植物学家卡尔·林奈甚至用杰拉德的名字来命名假毛地黄属植物（*Gerardia*），以纪念其不朽之名。

4 *Quercus marina.*
Sea Oke or Wrack.

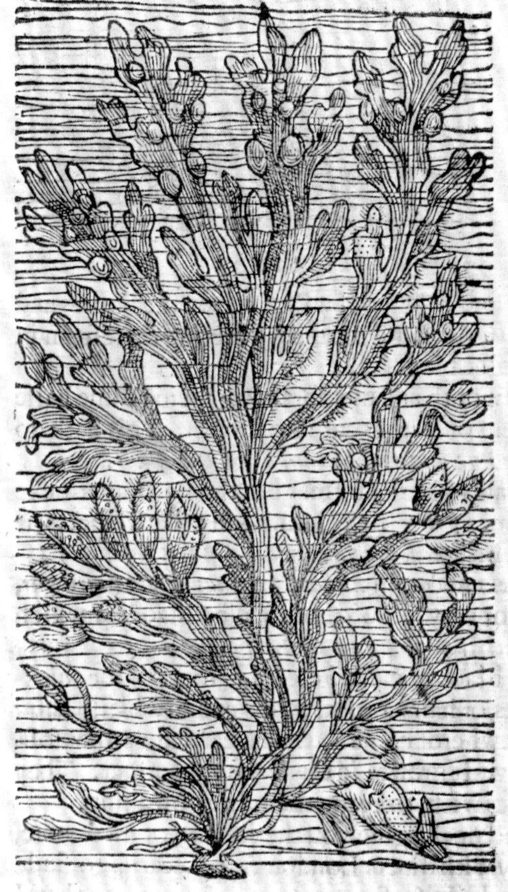

‡ 4 *Quercus marina varietas.*
A varietie of the ſea Oke or Wrack.

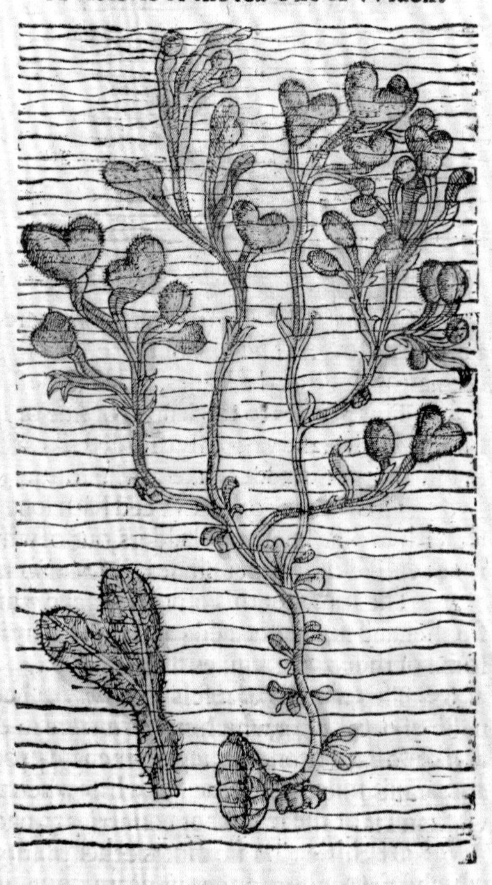

《杰拉德草药志》以及后来约翰逊的1636年修订版都没有局限于描述陆地植物。书中还介绍了大量包括图中这些海藻在内的藻类，左图为墨角藻（*Fucus vesiculosus*），右图为岩藻（*Fucus spiralis*）。来自于英国南海岸特定地点的杰拉德记录，为了解过去英国海藻种类分布提供了极具价值的信息。

美人鱼、连体人、恶龙、多足怪、矮人、独眼巨人、鹰身女妖、独角兽，这是一部史上最精彩的怪物大集合。

乌利塞·阿尔德罗万迪《怪物志与动物志》

撰文／莉萨·迪·托马索

16 世纪，科学的认知与发展发生了显著的根本性转变，那个时期的博物学家试图从单纯观察和记录周围事物，转向解释、鉴定和分类自然界。乌利塞·阿尔德罗万迪（Ulisses Aldrovandi）正是其中的翘楚。1522 年，阿尔德罗万迪出生于博洛尼亚（Bologna）。他是真正的通才，17 岁进入当地的大学，学习法学、逻辑学、哲学、数学和医学，1554 年成为那所大学的逻辑学讲师，1561 年学校专门为他设置了哲学教授的席位。1574 年，阿尔德罗万迪被任命为博洛尼亚的首席医师，尽管他在这一时期没有行医，但他仍是改进公共医疗服务和利用科学促进医学事业进步的坚定支持者。

阿尔德罗万迪年轻时被指控为反基督三位一体说的异端分子，于 1549 年 6 月在罗马被关押入狱。虽然同年 9 月他声明放弃原有的宗教主张，但直到 1550 年 4 月才重获自由。正是在这段日子里，他结交了大批博物学家，对这个学科产生了浓厚兴

《怪物志与动物志》的扉页证实：巴尔托洛梅奥·安布罗西尼（Bartolomeo Ambrosini）在阿尔德罗万迪死后编辑完成这部著作。小天使托着的盘子上描绘的图像正是对书中内容的提示。

DIVINITATIS NOTA
VLYSSIS ALDROVANDI
PATRICII BONONIENSIS
MONSTRORVM HISTORIA.
CVM PARALIPOMENIS HISTORIÆ
OMNIVM ANIMALIVM.
BARTHOLOMÆVS AMBROSINVS
in patrio Bonon. Archigymnasio Simpl. Med.
Professor Ordinarius, Musęi Illustriss. Senatus
Bonon., et Horti publici Pręfectus Labore, et
Studio uolumen composuit.
MARCVS ANTONIVS BERNIA
in lucem edidit Proprijs sumptibus.
AD SERENISS. ET INVICTVM
FERDINANDVM II
MAGNVM HETRVRIÆ DVCEM.
cum Indice copiosissimo
SAPIENTIAE SYMBOLUM
FERTILITATIS INDICIUM
FAMÆ HIEROGLYPHICA
AEVI PERENNITAS
Io. Bapt.ª Coriolanus F. Bonon.
BONONIÆ Typis Nicolai Tebaldini MDCXLII.
Superiorum permissu.

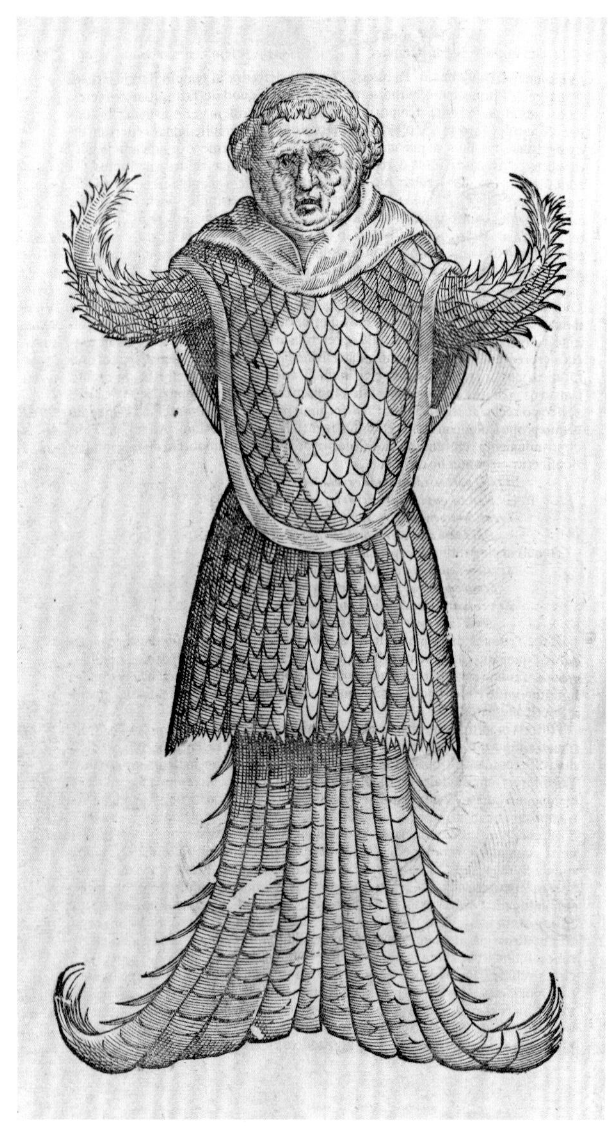

这是一幅海中僧侣怪物的图绘，大概基于船员们对鮟鱇鱼（*Luphius*）的描述绘制而成。类似的图绘在16、17世纪的其他文字中也曾出现。

趣。此后，阿尔德罗万迪全身心投入科学研究工作，积累收藏了大约1万8千件标本和8000多幅图绘。他去世后，他的全部收藏被捐献给了博洛尼亚市。虽然其部分藏品被分散于四处，但现在仍有大量藏品在博洛尼亚市波吉宫博物馆（Museo di Palazzo Poggi）展出。

阿尔德罗万迪游遍了意大利，开展了广泛的植物田野调查，这在欧洲实属首次。他建立了欧洲最早向公众开放的植物花园——博洛尼亚大学植物园，并成为该植物园的首任负责人。阿尔德罗万迪还与世界各地的同僚建立了关系网，将世界各地发现的动植物的新种带回欧洲进行研究，其中许多被送至他个人的奇趣屋中。阿尔德罗万迪是史上第一个使用“地质学”这个词汇的人，他感兴趣的具体科学领域由此显而易见。

阿尔德罗万迪撰写了大约400部著作及论文，将这些作品出版印刷却是难上加难，在他有生之年得以公开出版的著作屈指可数。其最著名、最具权威性的作品是那部13卷的《广义博物志》（*Opera Omnia, or General Natural History*），在他1605年去世前只出版了4卷。为了悼念阿尔德罗万迪以及感谢他为这座城市的科学文化做出的贡献，博洛尼亚参议院在他死后将剩余9卷交由他的同事和学生编辑并且公开出版。这套书是阿尔德罗万迪为记录16世纪末的人对动物、植物、矿物自然界三大王国所了解的一切信息而进行的尝试，是十分全面的珍贵史料。

阿尔德罗万迪雇佣了数名画师和雕版技师将他收集到的标本描绘在纸上，并对画师和雕版技师进行训练，要求他们按照他喜欢的风格作画。这些艺术家中的两位为我们所熟知：阿尔德罗万迪的画上出现了乔万尼·路易吉·瓦雷西奥（Giovanni Luigi Valesio）和其学生乔万尼·巴蒂斯塔·科廖拉诺（Giovanni Battista Coriolano）的签名。二人都是那个时代的著名艺术家和雕版技师，可能还都参与了阿尔德罗万迪《广义博物志》的木刻画的准备工作。

阿尔德罗万迪强烈主张直接观察——记录自己亲眼所见的事物，自始至终追求科学的准确性。《广义博物志》的第十一卷——《怪物志与动物志》（*Monstrorum Historia cum Paralipomenis Historiae Omnium Animalium*）看上去却与其主张明显相悖。此卷于阿尔德罗万迪去世后的1642年出版，由阿尔德罗万迪博物馆的负责人巴尔托洛梅奥·安布罗西尼编辑整理，旨在记录真实和虚构的生物以及人和动物的畸形或变异。美人鱼、连体人、龙、多足动物、矮人、独眼巨人、鹰身女妖、独角兽以及人和动物的各种杂交生物都出现在此卷中，并由阿尔德罗万迪给出了相应的分析和描述。他通过研究人类胎儿及胎儿在孕期所受影响，给出了各种变异生物的解释。阿尔德罗万迪还描绘出他对当时世界上各物种不同特征的看法，并试图理解这些生物的畸形。严肃的科学就蕴含在这个过程中，例如，他对梭鱼和鲤鱼进行的解剖研究便代表了重要的科学进步。他用通过解剖得到的信息来演示这两种生物与众不同的特征：梭鱼有鱼鳔和肝脏，鲤鱼则有双鱼鳔。

我们要记住："怪物"在过去拥有更宽泛的含义，它们被用于区分善与恶、驯服与未驯服以及未知的生物。在众多的定义中，牛津英语字典对"怪物"的解释如下："非同寻常或非自然的某物；惊人的事件或遭遇；神童，奇迹。"在这个语义下，

《怪物志与动物志》中描绘，长颈人此前曾在整个欧洲以多种变异人的形式出现。长颈人据说居住在非洲最遥远的地方，是最凶猛的战士。

阿尔德罗万迪的作品定义准确，与他所处时代吻合。当博物学家试图将自然界系统化分类时，他们会对不正常物种同样抱有浓厚的兴趣，并且还会认真回顾这部著作。

同样在那个时代，人们依旧尊重古典作家和他们的作品，老普林尼格外受推崇，他将古希腊和古罗马神话故事中形形色色的奇异生物都收进了自己的巨著《博物志》。在自己的书中引用前人著作是一项学术传统，这既是致谢早期学者为这个学科所做的贡献，又是尽可能地确保了解到的自然界知识全面且没有缺口。

那个时期的博物学家经常依靠同行给出的描述进行研究。阿尔德罗万迪则靠与

阿尔德罗万迪试图记录并解释那个时代无法理解的反常情况。现代人可以诊断出安东涅塔·冈萨雷斯为多毛症患者，画中是她 12 岁时的模样。

世界各地同僚建立的关系网来为自己提供奇异生物的描述。他经常需要把描述动物的文字画成图像或者试着根据一些尸骨残骸构想出动物的样子。

《怪物志与动物志》中画了一些真实的畸形患者。例如，阿尔德罗万迪曾研究过安东涅塔·冈萨雷斯（Antonietta Gonzales）。安东涅塔死后被诊断为患有多毛症，这种疾病会导致头发生长异常。安东涅塔的父亲佩德罗·冈萨雷斯（Pedro Gonzales）也患有相同疾病，他年幼时被人从加纳利群岛（Canary Islands）带到法国，作为礼物被献给法国国王亨利二世（Henry Ⅱ）。佩德罗凭借奇异的外貌娶了一位宫廷贵人并生下 7 个孩子，其中有 3 个孩子遗传了父亲的多毛症基因。阿尔德罗万迪的书中记载如下：安东涅塔全身无毛，脸上却长满胡子。

那个时代，人们相信怪物与神之间存在某种联系。来自遥远大陆的异域人种虽被当作怪物，但是他们仍然值得基督救赎。有些怪物是恶魔般的生物，代表邪恶和来自地狱的力量。阿尔德罗万迪在书中描绘了被称为拉文纳怪物（Monster of Ravenna）的奇怪生物。1512 年，一位药剂师首次提到这种怪物：头长独角，身上有翅，腰生双蛇，左脚似鹰，膝有独眼。后来，教皇与西班牙和法国的联合部队攻陷了拉文纳这座（意大利北部）城市，于是这种怪物就变成战争恐怖、神职腐败的象征以及不祥之兆。这种怪物是修女和修士幽会恶果的说法流传甚广，它的畸形体态和不祥之兆也随之被不断夸大。十有八九，这种怪物只是先天残疾的孩童。这便是有关怪物的信仰文化及其寓意。

《广义博物志》的后 12 卷由博洛尼亚参议院安排出版，涵盖了 16 世纪人们已知博物学领域的方方面面。前 4 卷中的 3 卷集中于鸟类学，其余部分则专注于昆虫、软体动物和甲壳动物，矿物，树木学以及巨蟒和龙。有关鱼的那卷是史上第一本专门讲鱼这个类群的出版物。另有 3 卷涉及四足动物，被具体划分为硬蹄动物、偶蹄动物以及卵生动物，这其中就包含了蜥蜴、蛙类以及哺乳动物。在阿尔德罗万迪的著作中，从严肃科学研究和观察到神话般经典故事和寓言，过渡轻松自然。阿尔德罗万迪在鸟类那卷，既提到了鸟类，又谈到了“其他有翅膀的动物”，其中有诸如鹰身女妖和狮鹫此类神话动物。阿尔德罗万迪在第二卷用大篇幅介绍了他对鸡的研究以及对鸡胚胎孵化的日常观察。他还与佛兰德科学家沃切尔·科伊特（Volcher Coiter，日后成为胚胎学创始人之一）合作：在鸡孵化期的每一天，阿尔德罗万迪都打开蛋壳，记录描绘胚胎的变化和发育。他证明鸡胚的心脏在卵黄囊内发育成型，并非早期学者主张的那样在蛋清里发育。他还揭示了鸡胚中心脏的发育成型早于肝脏，从而证实了亚里士多德在公元 4 世纪提出的理论。

阿尔德罗万迪毫无疑问受到了康拉德·格斯纳（Conrad Gesner）作品的影响。格斯纳是一位重要的瑞士博物学家，曾出版名为《动物志》（*Historia Animalium*）的 5 卷简编。《动物志》出版于 1551—1558 年之间，这部里程

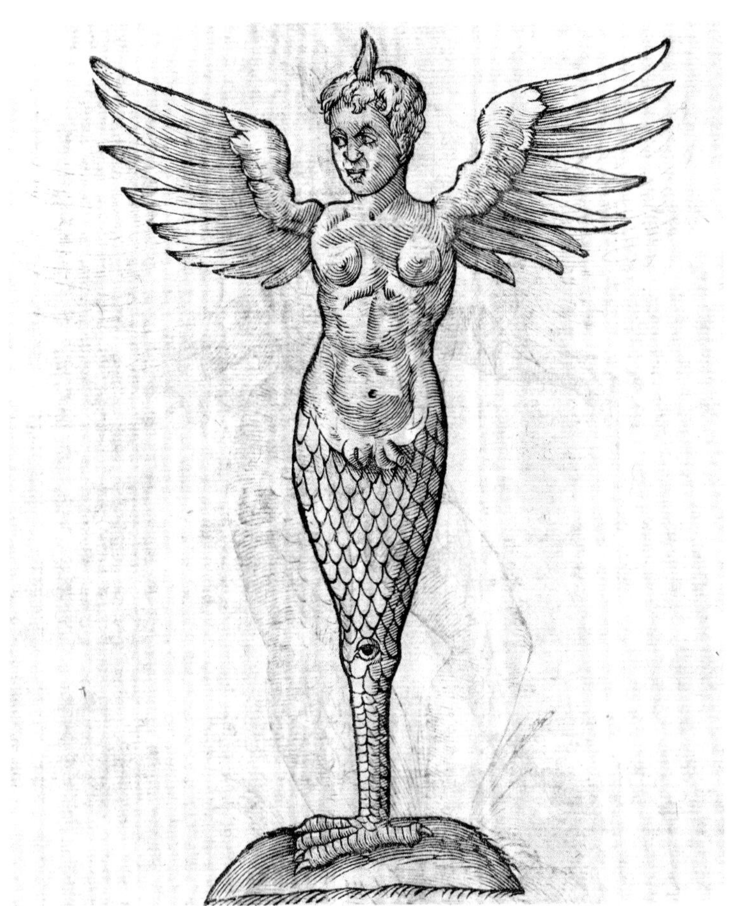

阿尔德罗万迪的著作还描绘了带有寓意的生物，比如这幅画中的拉文纳怪物。随着有关这种生物的流言传遍欧洲，它的畸变被描绘得越来越夸张。

碑式的著作被认为是现代动物学的起源。阿尔德罗万迪模仿格斯纳的做法，尝试自己对动物界进行编目归类。格斯纳和阿尔德罗万迪可能有过会面，或者至少通过书信交流过彼此的研究和想法。多幅格斯纳书中的图画被复制收进《广义博物志》。《广义博物志》各卷之间联系紧密，是继老普林尼的《博物志》（公元 79 年撰写成书，1469 年首次出版）之后的又一部博物学新作。

阿尔德罗万迪为博洛尼亚这座城市留下了一座公共植物园、大量独特的标本和艺术藏品以及更为广阔的思路和研究方法，从而促进科学思想的发展，他的这些遗产意义深远。尽管这部《怪物志与动物志》在今天看来有些古怪，但它作为阿尔德罗万迪遗产的一部分，对大自然中的变异体进行正当有效的研究有着深远的影响。

卜弥格《中国植物志》

撰文/安德烈·哈特

《中国植物志》是有关亚洲的最古老、最罕见的博物学著作。

弥额尔·伯多禄·博伊姆（Michal Piotri Boym）出生于波兰的利沃夫（Lwów），是家中 7 个孩子之一。他在中国还有一名更响亮的名字——卜弥格。他的祖父——匈牙利人耶日·博伊姆（Jerzy Boym）作为国王斯蒂芬·巴托（Stephen Bathory）的王室大臣，曾跟随国王游历波兰，并定居在利沃夫。卜弥格的父亲是一位富商，也是当地的市长，由于在科学和医学方面受过良好训练，他还是波兰国王齐格蒙德三世（Sigismund Ⅲ）的私人医生。因而，卜弥格所受家庭教育包括医学和自然科学也就不足为奇了。卜弥格曾以传教士和外交官的身份远航东亚，沿途做了大量的科学研究，这使得他成为西方汉学研究的先锋。他亲手创制了诸多文稿、地图和医学纲要，为西方世界与中国的文化交流研究提供了重要素材。尽管卜弥格论著颇多，在他有生之年正式出版的著作却只有《中国植物志》（*Flora Sinensis*）一部。

卜弥格对荔枝树的描述是西方对这种水果最早的描述。他评价道：荔枝味道似草莓。根据中文资料记载，荔枝（*Litchi chinensis*）在东南亚广泛种植，其栽培历史可以追溯到公元前 2000 年。

D
E
茘 Li'
枝 Ci
菓 Fruct'
樹 Arbor

卜弥格用拟人的风格绘下这只中国豹，其脸部尤其体现特点。这是此卷中唯一一幅为主角提供了背景的图版，断裂的树枝被趣味性地画在了背景中。

1656年在维也纳正式出版的《中国植物志》被认为是在欧洲出版的第一部系统的有关远东和中国动植物的插图著作。该书谈不上是一部完整的动植物著作，它只是一部卜弥格心目中的“中国、印度主要水果、树木及动物”精选集。《中国植物志》概述了卜弥格旅行途中遇到的最为有趣、最为重要的异域植物和动物，并展示了他将这些动植物记载下来、为当时欧洲科学知识做出贡献的雄心壮志。卜弥格在书中用拉丁文准确记述下了每个物种的主要特征，还给出了中文名称以及经济和药用价值。

卜弥格在波兰克拉科夫（Kraków）的耶稣会学校和修道院接受教育，17岁时加入耶稣会（Society of Jesus）。耶稣会是天主教会下属的一个基督教男性宗教团体，由罗耀拉的伊格纳丢于1540年创立。这个教会的耶稣会士在六大洲传播基督教义，促进社会公平，推广宗教职务。16、17世纪是欧洲科学革命和东亚传教殖民并行的时代。耶稣会的传教士通过教学的过程，将西方科学传到中国，把东方知识带到欧洲，并受到了明朝政府的高度重视。早期耶稣会的活动为地震学、实验物理学、天文学，特别是为制图学等科学领域的发展做出了显著贡献。他们在收集地理数据方面的倾力投入拓展了其神职领域的知识，并为提高地理认知和改进地图的精度做出了巨大贡献。

卜弥格在耶稣会受到的精神上和学术上的训练让他在继续自己哲学研究的同时，还能承担一线传教工作，包括对儿童进行宗教教育。卜弥格受到其他传教士（特别是去过远东的传教士）的影响，在阅读了远东工作的传教士寄来的信件和报道内容后，像许多年轻的波兰耶稣会士那样申请了出洋任务。在被拒绝9次后，他终于在1641年11月获得了渴望已久的批准，并于同年被任命为教士。随后，他前往里斯本，1643年3月30日与9位牧师和神职人员一同启程，前往葡萄牙占领的果阿（Goa）。这标志着卜弥格开始了在那个政治和宗教极度动乱时代的十六年之旅。在中国，明朝即将没落，被新兴的清朝取代——在中国工作的耶稣会士的忠诚之心也因此产生了裂痕。

前往远东的航行路线通常沿着非洲海岸到达果阿，船队携带的物资能够支撑几个月到一年，航行时间长短取决于天气条件。航行期间，卜弥格途径马德

卜弥格极有可能1664年冬天在莫桑比克见到了河马（*Hippopotamus amphibius*）。河马出现在《中国植物志》之中的原因不详。亚洲没有河马，只有非洲才有河马，且其个体数量正日益减少。

拉岛、孟加拉湾、泰国、佛得角群岛和莫桑比克，并被迫在莫桑比克逗留了一个冬天。1644年1月，他在这个地方开始了自己的研究，并最终撰写成手稿，题为《卡菲尔：莫桑比克，1644年1月11日，波兰人博伊姆的下午弥撒》（*Cafraria, a P.M. Boym Polono Missa Mozambico 1644 Januario 11.*）。这部手稿包含5幅水彩画和2幅素描插图，是波兰人描述非洲的最为历史悠久、妙趣横生的著作，书中还包含了卜弥格对该地区种族、经济、农业和宗教信仰的观察。卜弥格还提到了莫桑比克的植物和动物，毫无疑问他曾在那里见到了后来被画入《中国植物志》的河马。卜弥格的《卡菲尔》手稿和他申请去中国执行任务的诸多请愿信现存于罗马耶稣会档案馆（Archivum Romanum Societatis Iesu）。

随着葡萄牙1557年占领澳门，耶稣会第一次通过澳门进入中国。澳门当时被租借给葡萄牙而发展成贸易港口，是日本、中国及欧洲之间唯一的交易中心。1594年，耶稣会在澳门创办了澳门圣保罗学院（也称为马德里德神学院），以作传教士向东旅行的中转站。卜弥格与许多著名学者以及第一批西方汉学家在此从事教学工作，其中包括卓有建树的数学家、天文学家南怀仁（Ferdinand Verbiest），以及第一批研究中国和汉语语言的欧洲学者之一，同时也是首部葡汉字典的合著者利玛窦（Matteo Rici）。除了哲学和科学，这个学院的核心学科还包括汉语研究。读、写和说的能力，特别针对许多中国方言，成为传播基督教和科学文化知识的关键。将西方科学著作翻译成汉语的能力对于中国学者而言同样至关重要。卜弥格凭借自身的语言能力，撰写了第一部汉拉词典（1667年）和汉法词典（1667年），不过这两部词典在他去世后才出版。

在离开圣保罗学院后，卜弥格搬到海南岛，在那里成立了一个小型天主教会，并开始撰写他那部有关中国植物、动物、医学和社会组织的划时代之作。1647年，清军征占海南岛，卜弥格被迫逃往东京（越南北部一地区的旧称）。此后，他接到南明永历皇帝下达的外交任务：返回罗马向教皇报告中国皇帝的近况。卜弥格的返程并非一帆风顺：他徒步穿越波斯和土耳其之间的未知国度；在果阿被逮捕，之后越狱；为避免暴露耶稣会神父的身份，还要伪装成中国朝廷官员。

卜弥格在1652年回到威尼斯，从那时起，他着手用收集到的材料准备包括地图在内的7本书的出版工作。其中一本名为《中国地图册》（*Fondo Borgia Cinese*）的地图集由18幅地图组成，现存于梵蒂冈图书馆（Vatican Library），这本地图集中还有一幅未公开出版的中国通用地图。这幅《中国通用地图》

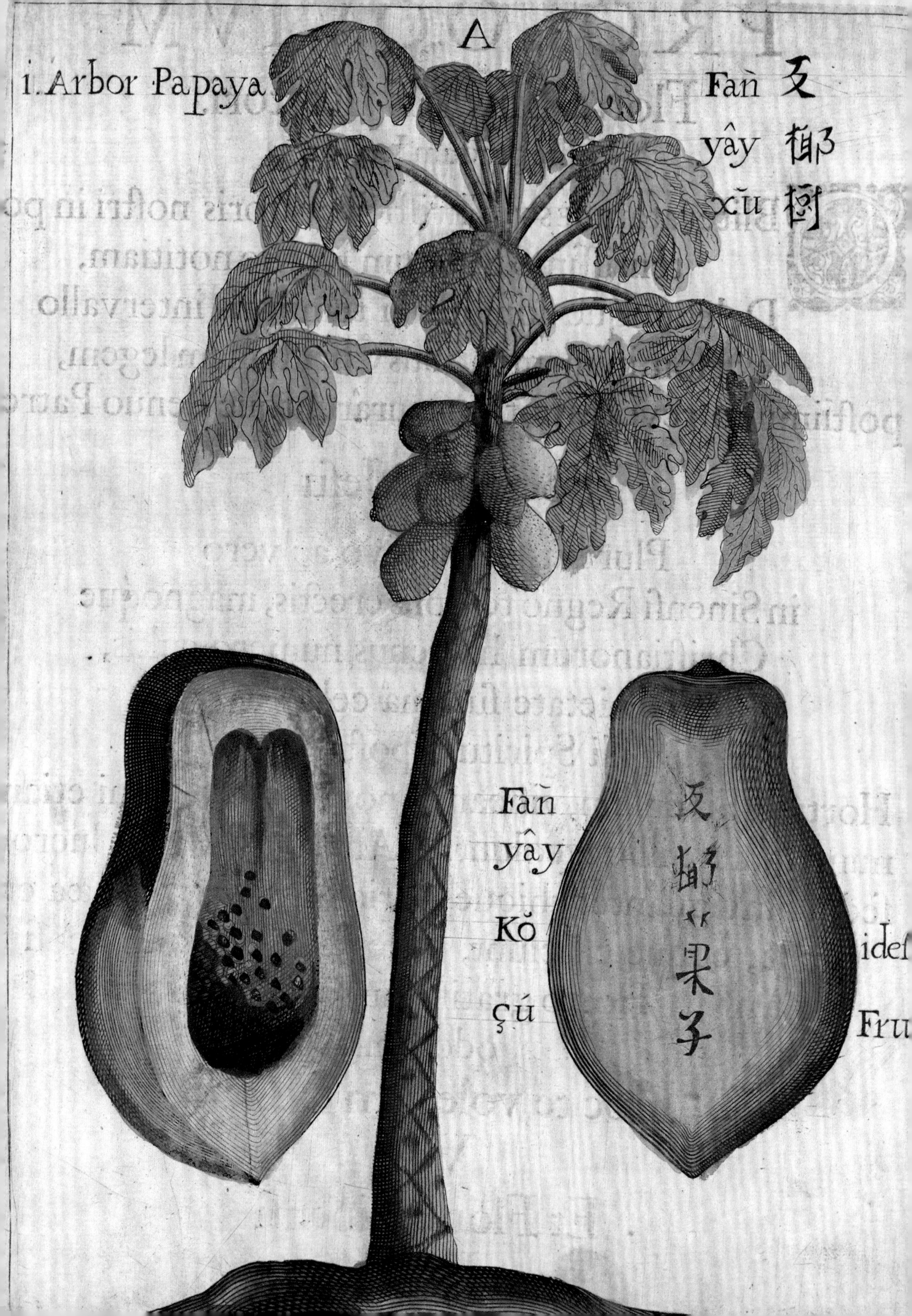
A
i. Arbor Papaya
Fàn yây xŭ 反椰樹
Fàn yây Kŏ çú 反椰果子
ides
Fru

（*Sinarum Universalis Mappa*）是中国早期地形图的来源，也是中国首例正宗本土地图。卜弥格在他的地图上用汉字和罗马音译文标注地名，这成为近代汉学著作的一大特征。

4年后（1656年），卜弥格的《中国植物志》在维也纳正式出版，同年他在葡萄牙国王约翰四世（John IV）提供的军事保护之下最后一次前往中国。虽然旅程依旧不顺利，但是意志坚定的卜弥格还是于1658年抵达了暹罗（今泰国）。他从海盗手里租了一艘船，与唯一的忠实同伴张（Chang）被迫航行至广西。卜弥格未能到达南明永历皇帝的宫廷，1659年8月22日死在中越北部边境，埋葬地点无人知晓。

博伊姆因其作品《中国植物志》而广为人知，不过他不是第一个观察和记录远东动植物的人。德国耶稣会士约翰·施雷克（Johann Schreck，中文名邓玉函）此前根据自己对在亚洲发现的植物和动物的研究和观察，尝试过撰写植物和动物百科全书。施雷克名为《印度的普林尼》（*Plinius Indicus*）的那部百科书最终没能完成出版。

《中国植物志》用拉丁文写成，内含17幅植物插图和5幅动物插图。抛开书名不管，它是一部真正的多学科交叉的科学著作，而非纯粹的植物学著作。书名选择了“植物志”这个词，意义非凡。之后，瑞士植物学家奥古斯丁·彼拉姆斯（Augustin Pyramus）发现：“植物志”的现代语义指描述在特定地区发现的植物，而卜弥格正是历史上第一个在书中使用现代语义的“植物志”这个词的人。

番木瓜（*Carica papaya*）是一种类似甜瓜的热带水果。这种植物有三种性别：雌性、雄性和双性，只有双性和雌性（在授粉后）才能结出果实。

卜弥格针对每幅图中植物或动物都给出了相应的描述以及各种名称、地理分布和体态特征。他还介绍了某些植物在不同地域的药性、优点、颜色、味道以及结果的季节。许多书中描述的植物对于欧洲读者来说并不陌生。虽然有些植物原产于中国，但有些是16世纪已从美洲引进栽培的，其中包括木瓜、野生腰果、番石榴和凤梨。卜弥格撰写的植物介绍并非全部都配有插图，他说有些植物“在标本集里随处可见”。

植物和动物的木版画插图简单明了，而卜弥格为某些动物赋予的拟人化特征则妙趣横生，特别是模式化的豹子以及正在追逐黄喉拟水龟的松鼠。更重要的是版式设计，每张图版都配有原始的汉字名称，汉字旁边还有音译拉丁字母——他在地图上采用了同样的版式。卜弥格的观察精度展示了他在科学方面的能力，这种风格和内容也引起了人们对国学和古典语言学的广泛兴趣。

《中国植物志》举足轻重、独一无二，由科学家梅尔奇斯·德奇特维诺（Melchisédech Thévenot）翻译成法语，书中部分内容成为其他作者有关远东地区这片神秘大陆的论著的主要信息来源。这部著作与卜弥格的其他手稿被有关中国话题的出版物频繁引用，引用者中有17世纪荷兰的医生、作家奥尔福尔特·达佩尔（Olfert Dapper），他在描写中国时大量引用了卜弥格书中的内容，自己却从未到过中国。引用更为明显的是另一位17世纪的作家阿塔纳斯·珂雪（Athanasius Kircher），他受到博伊姆书中插图和文字的启发，在自己所著的百科全书《中国插图》（*China Illustrata*）中大量借鉴了卜弥格书中的内容。西安《大秦景教流行中国碑》以及一些植物和动物插图都在引用之列。

《中国植物志》首版是未着色版本，手工着色的版本极为罕见。这部著作是有关亚洲的博物学著作中最古老、最罕见的作品。

人们至今不清楚卜弥格画中正在追逐乌龟的貌似松鼠的动物到底是什么。大家普遍认为卜弥格误把黄喉拟水龟（*Mauremys mutica*）腿上的藻类画成了“绿色翅膀”。

松 Sum

鼠 Xú

綠 Lo Viridium

毛 mâo alarum

龜 quey testudo

罗伯特·胡克《显微图谱》

撰文 / 罗伯特·赫胥黎

不轻信任何人之言——印在《显微图谱》封面上的胡克座右铭。

17 世纪晚期，改良优化的船舶和航海设备将欧洲人的视野拓展到遥远的地域，令人耳目一新的异域植物和动物源源不断地涌入英国。与此同时，人们对自然界的研究骤然猛增，从受宗教制约、理论一片空白迈入观察和实验的自由新时代。17 世纪 20 年代，英国哲学家、政治家弗朗西斯·培根爵士（Sir Francis Bacon）就鼓励大自然的研究者同古希腊、罗马作家那些不容置疑的著作一刀两断，重新审视这个日益扩张的世界，如他所说的“要向大自然提出质疑”。17 世纪 40 年代，一群喜欢刨根问底的人聚在一起，探讨用观察和实验的方式来探索世界的新理念。1660 年，这群人成立了“伦敦自然知识拓展皇家学会”（Royal Society of London for Improving Natural Knowledge），就是今天众所周知的英国皇家学会。在这些创始人中，许多名字都耳熟能详：圣保罗大教堂的设计师克里斯托

这是史上第一幅正式发表的微生物插图。上图是胡克在一本羊皮书封面上观察到的“毛霉菌丝体”，这种真菌是诸多毛霉菌属（*Mucor* sp.）中的一个种。下图是导致玫瑰花叶片枯萎的锈病。

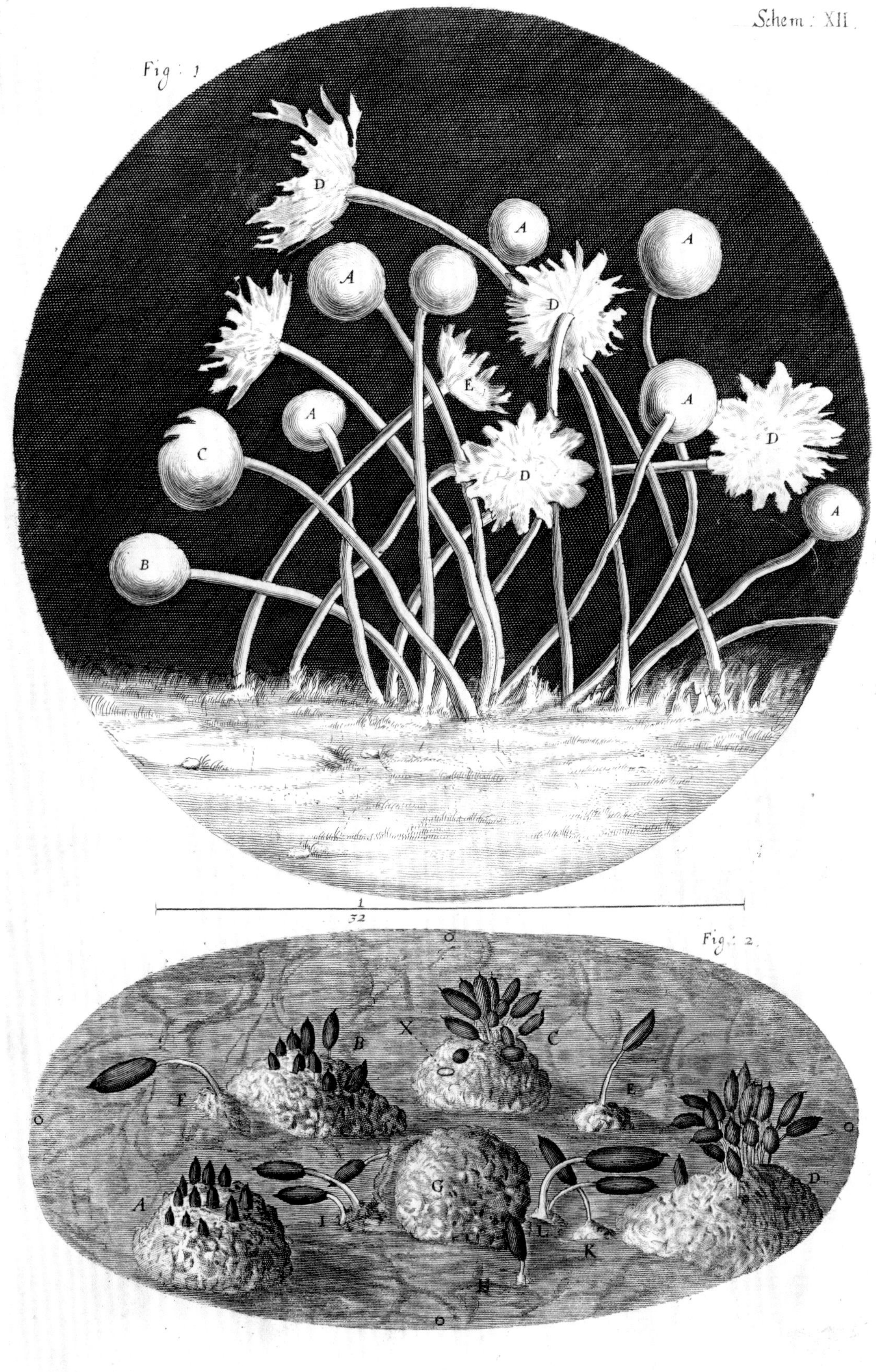

Schem : XII
Fig : 1
D
A
A
A
D
E
A
D
C
D
A
A
B
1
32
Fig : 2
X
B
C
F
E
A
G
I
L
K
D
H

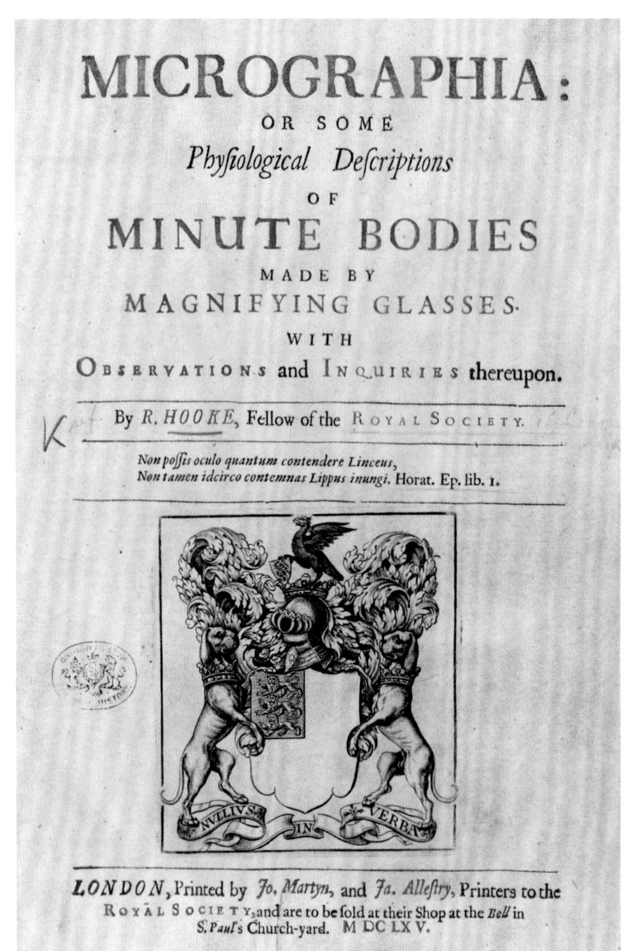
MICROGRAPHIA:
OR SOME
Physiological Descriptions
OF
MINUTE BODIES
MADE BY
MAGNIFYING GLASSES.
WITH
OBSERVATIONS and INQUIRIES thereupon.

By *R. HOOKE*, Fellow of the ROYAL SOCIETY.

Non possis oculo quantum contendere Linceus,
Non tamen idcirco contemnas Lippus inungi. Horat. Ep. lib. 1.

LONDON, Printed by *Jo. Martyn*, and *Ja. Allestry*, Printers to the ROYAL SOCIETY, and are to be sold at their Shop at the *Bell* in S. *Paul's* Church-yard. M DC LXV.

《显微图谱》扉页展示了书名全称，还印着英国皇家学会的纹章。无名氏的座右铭——“不轻信任何人之言”，反映了胡克和皇家学会的庄严承诺：通过实验验证观点，绝不盲目听信任何权威。

弗·雷恩爵士（Sir Christopher Wren）；理想气体波义耳定律的提出者罗伯特·波义耳（Robert Boyle）；知名度略低，却可与上述伟人平起平坐的罗伯特·胡克（Robert Hooke）。胡克是怀特岛（Isle of Wight）一位牧师的儿子，他在 1665 年出版了备受瞩目、影响深远的名著《显微图谱》（*Micrographia*）。书中分享了他对人们熟悉的生物的肉眼看不到的微小细节进行的观察。胡克是一位极具天赋的仪器制造家和科学家，他用自己制造的显微镜将公众带进一个全新、未知、奇异又精彩的世界。《显微图谱》

扉页展示了这部著作的修长完整名称，不仅为那四个字。

胡克出生在英国史上最动荡的时期。他年少时，国王被处决，宗教和政治争端演变成内战。他是一个体弱多病的男孩，父母本打算让他进入教会，但在1645年，他的父亲去世，父亲留下的一笔财产让他能够进入伦敦威斯敏斯特公学学习。他以这所中学为起点，投身于学风严谨的牛津大学。胡克在牛津遇到了波义耳，深深打动了这位伟人，还促使波义耳指定年轻的胡克来担任自己的助手。1662年，胡克被任命为英国皇家学会的实验室主任，负责在学会会议上准备三四个实验，供会员观察或讨论。胡克起先是义务劳动，后来得到带薪的职位。他在这个岗位工作了40年，成为第一个职业科学家。

好奇、勤勉和热情引领胡克在多个领域同时进行探索，从建筑学（他与雷恩共同领导了伦敦火灾后的重建工作）到天文学（他发现了木星红斑），以及其他学科。为创作《显微图谱》奠定基础的是他磨制镜片和绘制插图方面的高超技艺。高效透镜的研制曾让望远镜为伽利略等伟大的天文学家们打开了广阔的宇宙，现在则可以向内，为世人揭示肉眼难以看见的物体。胡克激情澎湃地说：“在显微镜的帮助下，多小的东西都逃脱不了我们的火眼金睛；于是我们发现了一个肉眼看不见的新世界……对于各种生物体身上的细微粒子，我们现在都一览无余，就如同我们此先能用望远镜摸清宇宙的底细一样。”

尽管《显微图谱》不是第一部包含显微图像的著作（早在17世纪初，就有人使用过原始的显微镜），但早期显微镜的观察结果和绘图却鲜有出版，它们主要以手稿形式留存。

《显微图谱》远不只是微观世界的展示，它是胡克把自己对自然现象进行的实验观察与人分享的纸质媒介。而胡克的远见卓识和严谨的创作理念更是令后人叹为观止。书中的插图由胡克亲手绘制，随后交由雕版技师和印刷商印制成书。

《显微图谱》题材广泛，从水晶的结构到尿液中的碎石，从化石到真菌，共设置66个观察专题。引言中相当一部分内容有关科学与观察的哲学，以及人类的感官如何做到既能揭示事物自然特性（特别是在显微镜的帮助下），又能欺骗未经训

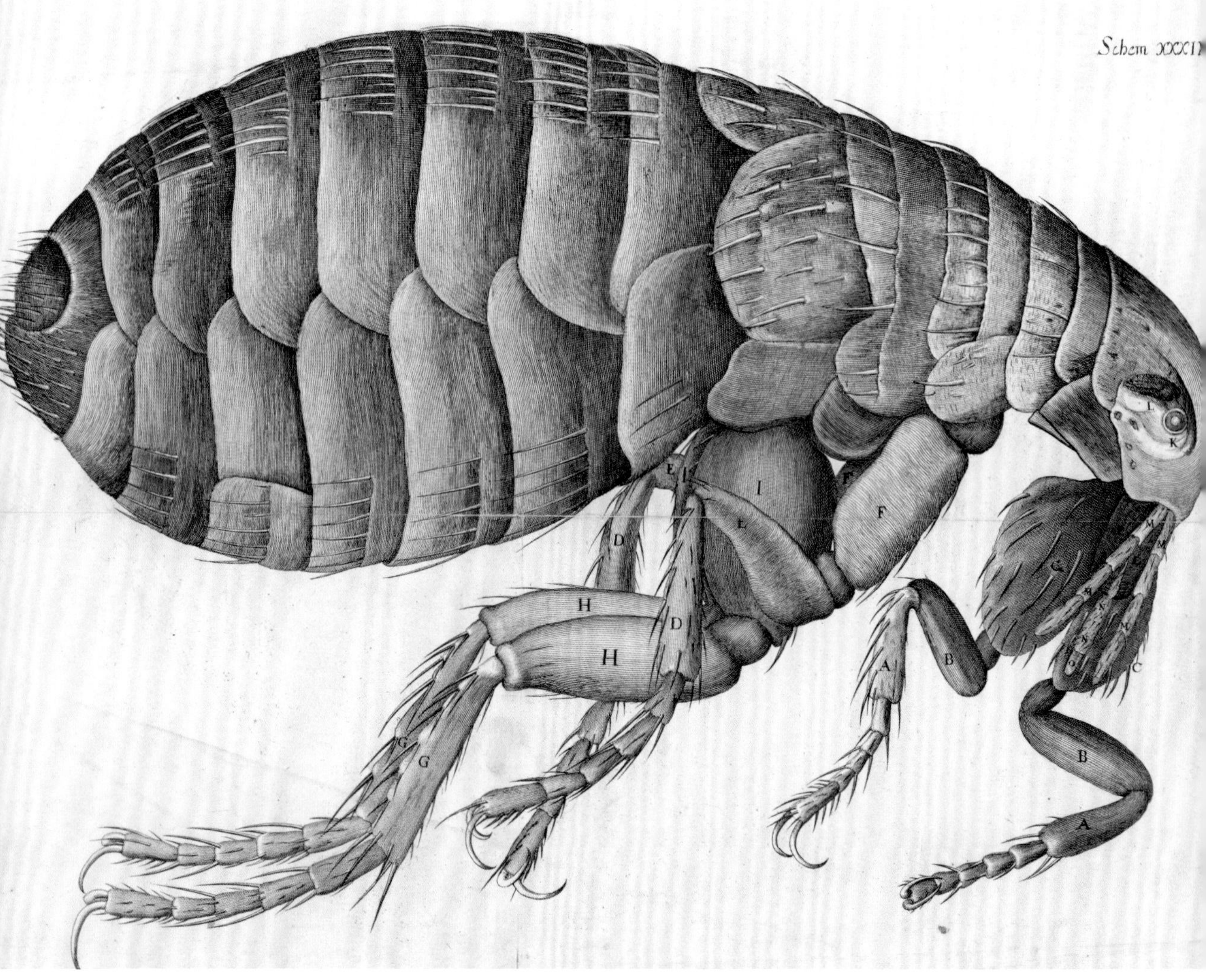

这幅人蚤（*Pulex irritans*，上图）是《显微图谱》中最大的插图。

练的观测者。书中插图精致、准确，所画物体可供读者观察、研究、阐释和欣赏。书中有 6 幅插图为折页图，最大的一幅画的是一只人蚤。

胡克在《显微图谱》开头章节中介绍了他使用的仪器。这是一个复合显微镜，包含两个镜片，其中之一是目镜片，

胡克的复合显微镜和这组巧夺天工的实验装置（对页图）确保了标本样品的光照均匀持久。一个注满盐水的玻璃球（G）将可调光灯（K）的光线进行聚焦。盐水用来提供最佳的折射率并抑制球中生出藻类。

另一个“物镜片（objective）”则聚焦于被研究的物体。那个时代的其他显微镜都还是只有一个球形透镜、结构简单的装置。胡克瞧不上这样的仪器设备，认为这样的仪器不能汇聚足够光线到物体上，构造成像也偏得离谱。胡克很怕被仪器自身的虚假效应或误差所误导。他在书中指出，光线照射物体的方式不同，成像结构看上去会千差万别。他竭尽全力确保自己的仪器光线充足，自始至终保持一致。

胡克对显微镜观察结果的讨论总能引出更广阔层面的理论学说。例如，他观察了一片现在被称作木化石的东西，发现它与近期得到的腐烂橡木标本长得很像。他对这种物质进行了系统研究，包括称量

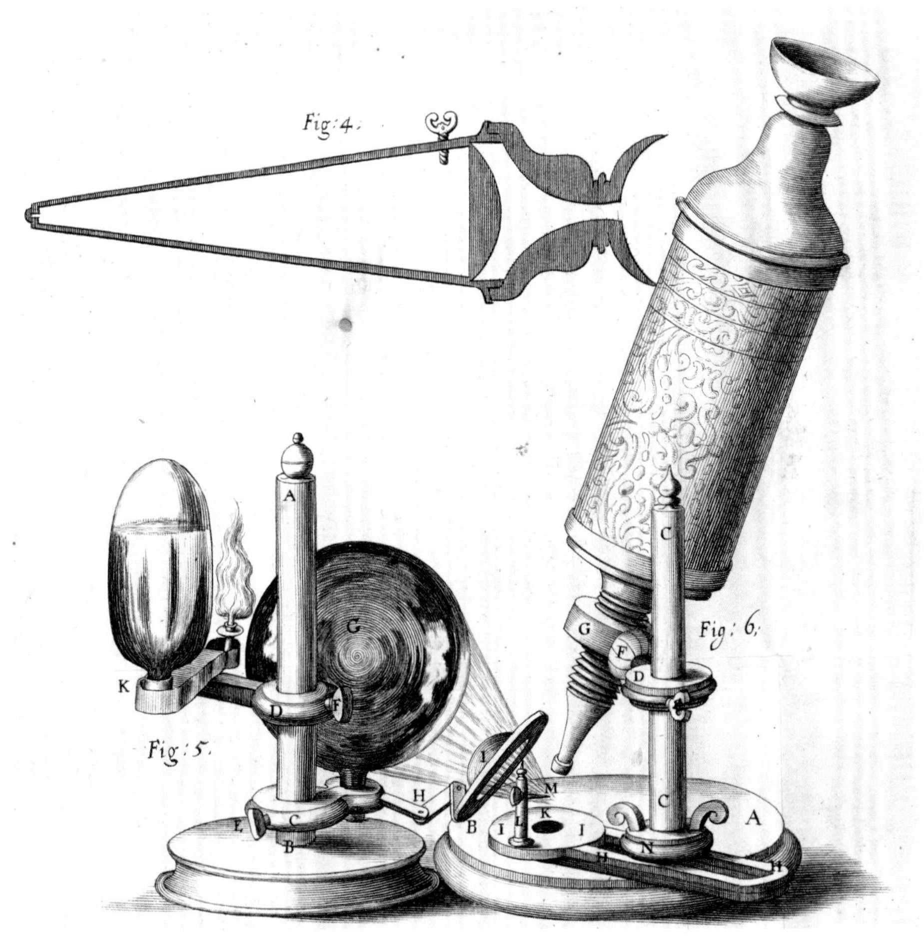

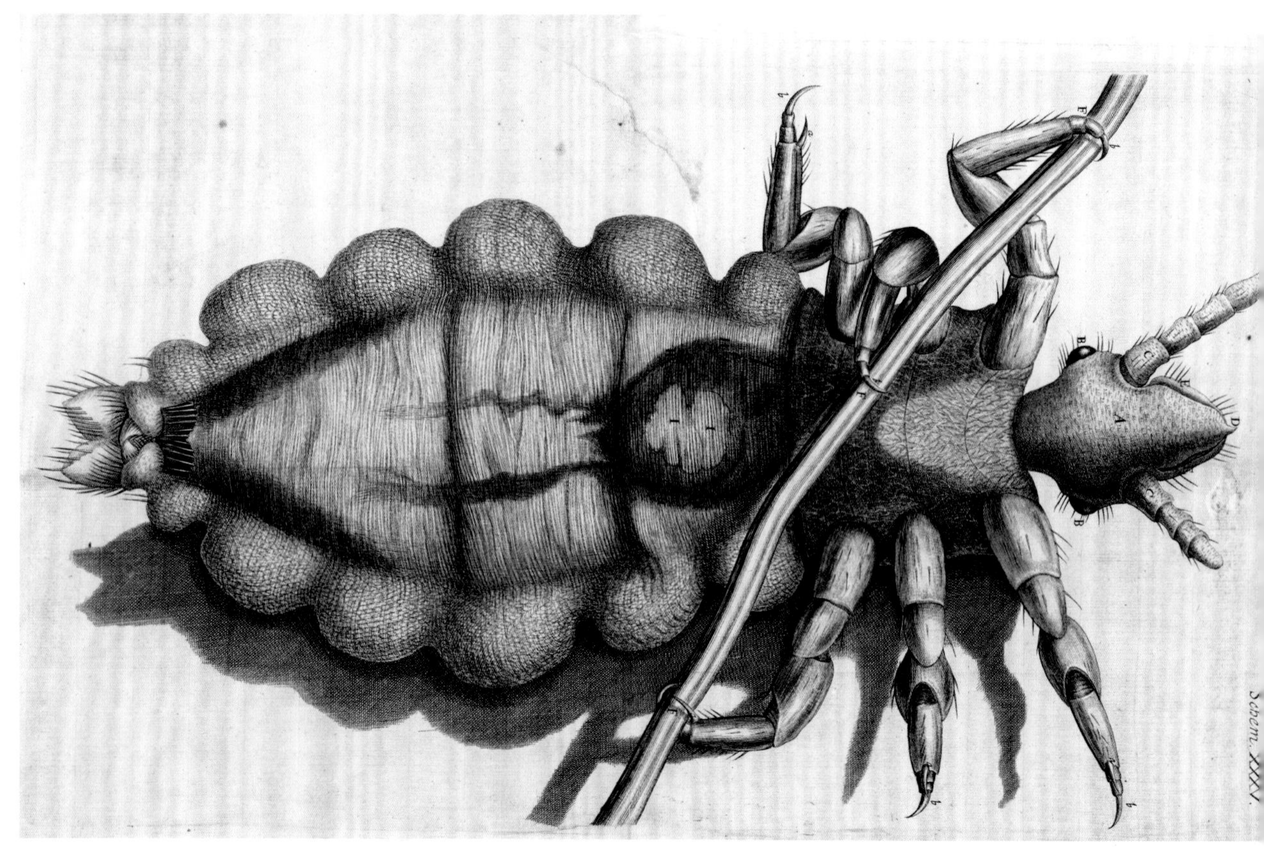

上图为依附在人头发上的头虱（*Pediculus humanus capitis*）。

重量、测试硬度，将酸倒于表面，并与他对腐烂橡木的测量结果做比较。他推测，那个材料曾经是一片“腐烂的木头”（putrefied wood），随着时间的推移，微小的石块填充木头的孔洞，进而取代了木质结构，使其被“石化”（petrified）。当时人们普遍认为化石在地球内部产生，胡克提出的化石形成理论则与现代理论十分接近。他观察了一种生物（我们现在知道它是已灭绝的菊石的化石）的外壳，通过实验验证观察结果，给出如下结论：这些生物螺旋壳内“小房间”之间的隔墙溶解于酸，很可能曾经也是壳。随着壳的流离转徙，“小房间”的空隙被不同物质填充并最终硬化。胡克比较了菊石化石与现生的鹦鹉螺，准确推断出它们存在亲缘关系。

《显微图谱》书中还第一次在生物意义上使用了“细胞”这个词。胡克用锋利的剃刀从软木上刮下薄薄的截片，并用他的显微镜进行观察。他看到许多小的孔隙或“房间”（他认为这些孔隙是密封的），这意味着软木既可以浮在水上又可以压缩体积，正好可以拿来当瓶塞。他的观点基本准确，但不完全正确。这些“小房间”其实不是真的生物细胞，而是细胞死后留下的非活性细胞壁，那些细胞壁已变得十分厚实并且蜡化，从而丧失了基本的吸水能力。

真菌也是被胡克置于镜片之下仔细观察的对象。在胡克生活的那个时代，真菌被认为自发生长而成。直到 19 世纪，真菌才被揭示出通过孢子进行繁殖。胡克注意到一本皮革装订的书上长了白毛，就用显微镜仔细观察，发现了皮革上长出的小菌丝（就是我们现在熟知的真菌子实体），并推测这些菌丝是皮革自己长出来的。他在书中准确地指出了这些菌丝与蘑菇菌丝的相似性。此前，胡克描述过玫瑰植物叶片凋落时经常出现的锈病（P53 图），他认为真菌是感染和破坏玫瑰植物叶片的“元凶”。胡克从观察中提出一个普适性的理论：植物或动物腐烂时会产生“一些低等、不太复杂”的生物。在玫瑰叶片的案例中，这些小真菌就是腐烂时产生的生物。同理，他认为，感染人类和其他动物的内脏的蠕虫也产生于腐烂食物。胡克还评论，其他作者认为有的蠕虫产生于血液和牛奶，这与胡克所有的观察结果都不相符。尽管现在看胡克的理论并不适用于水，但他的研究方法仍然适用。

除了观察这些不常见、不熟悉的东西，胡克更多时候用显微镜放大观察常见的生物，以揭示以前没有看到和没有理解的细节。胡克放大观察了普通大荨麻（*Urtica dioica*）的叶和茎，并展示了不幸蹭到这种植物时会扎破人皮肤的尖锐硅刺。胡克乐于以身试险，通过按压这些硅刺（他称它为锥子），他能看到一股液体被这些针注入自己的皮肤。这种皮下注射器就是将致人疼痛的酸传给受害者的罪魁祸首。胡克用同样的方式观察了蜜蜂的螫针，并解释了蜜蜂的行为。

《显微图谱》中收录的许多观察结果还有关大家熟悉的昆虫，例如苍蝇、蜜蜂、跳蚤、蚂蚁和虱子。蚜蝇的复眼本身就令人吃惊，胡克更进一步，注意到了组成复眼的小半球，甚至还以蚜蝇眼中反射出的

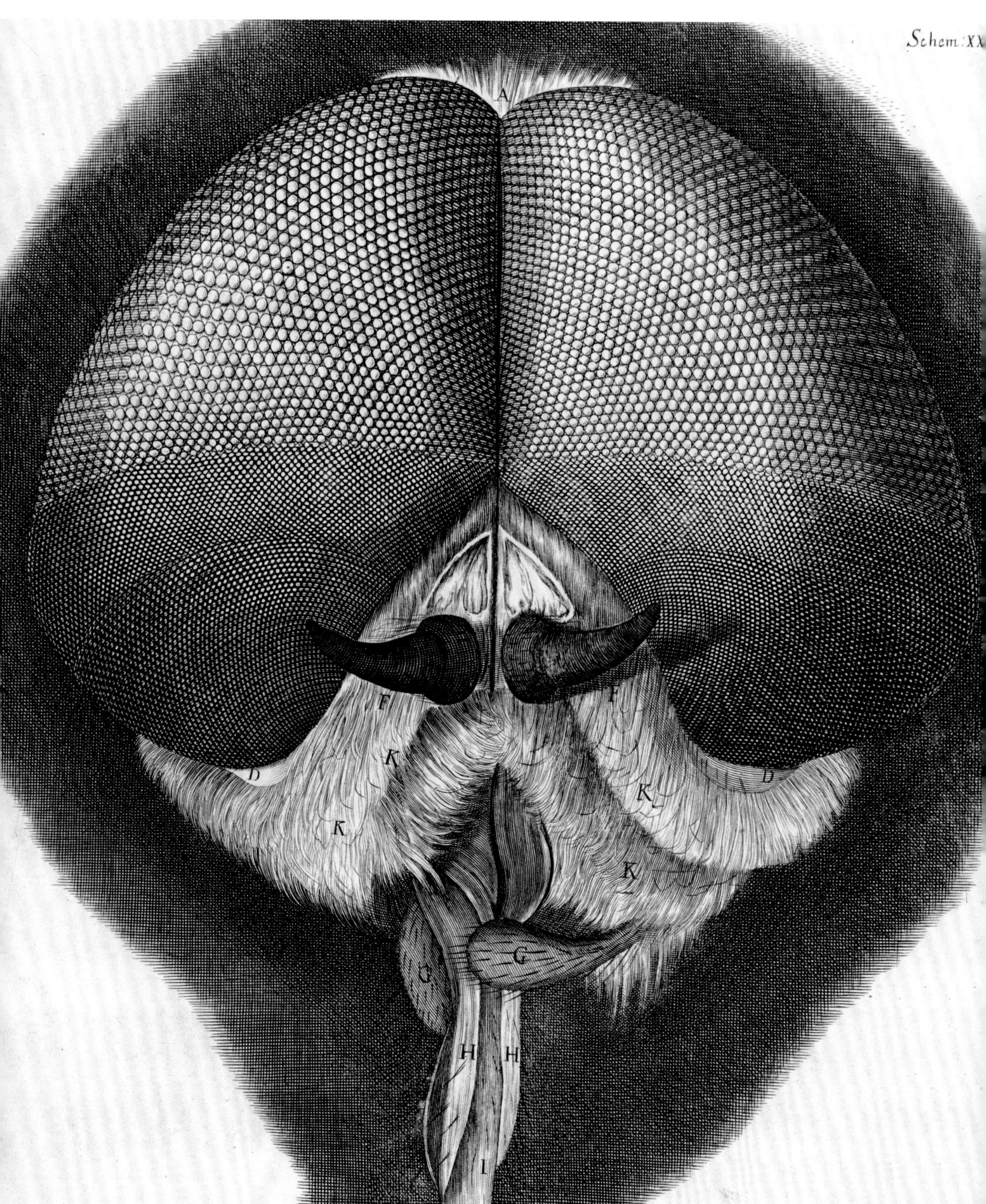
Schem:XX
A
F
F
K
D
D
K
K
K
G
G
H
H
I

自己房间的图像为基础，画了一幅“蚜蝇视角的图画”。我们可以看到，复眼上包含许多小窗口。

在胡克对人蚤的观察中，虽然所有特征均可以用肉眼看到，但其绘画的宏大视角着重突出了这种生物强有力的腿和盔甲，并在书中文字描述部分做了重点介绍。对人虱的描述展示了胡克时有的幽默风趣：“这东西如此令人厌恶，躲之不及；如此肆意妄为，横行霸道；如此趾高气扬，藐视一切；它居于紫禁之巅，行事简单粗暴，不会放过一个路人的耳朵，不吸到血绝不善罢甘休。”

胡克或许没有同时代的雷恩、波义耳和牛顿那种世界级的形象和影响力，大概因为他同时从事多个领域的研究，没有在单一领域聚焦深入。尽管如此，他在改良显微镜和显微技术方面的突出贡献和对后人的启迪仍不可小觑。

《显微图谱》的一位特别的读者将显微技术推上了另一个台阶。荷兰商人、科学家安东尼·范·列文虎克（Antonie van Leeuwenhoek）受《显微图谱》的启发，开始自己研制镜片。他使用高倍单透镜显微镜，更加深入地投身于微观世界，观察、描述和绘制诸如原生动物和细菌这样的单细胞生物。

胡克为人出了名的难以相处，这很大程度上源于他和几位知名度更高的科学家之间的系列争端，其中就有伟大的艾萨克·牛顿。有证据表明，相当一部分有关万有引力的基础工作是实验家胡克完成的，但是杰出的理论家牛顿对此并不承认。胡克 1703 年去世之后，牛顿依旧对他十分鄙视。尽管如此，《显微图谱》中令人震撼的插图和引人入胜的文字风格为广大观众开启了一扇通往新世界的大门。《显微图谱》的网络在线版向读者开放，对现代读者而言，它依旧“备受青睐”。胡克有关化石和其他生物的理论在今天看来也并非异想天开。

图为长尾管蚜蝇（*Eristalis tenax*）的头和复眼。胡克解剖了复眼，辨识出复眼中小半球将光线聚焦为平行光束，从而创建图像。

《苏里南昆虫变态图谱》

玛丽亚·西比拉·梅里安

撰文/S. 格雷斯·托泽尔

从梅里安去世至今，至少有6种植物、11种昆虫、1种蜘蛛和1种蜥蜴以她的名字命名，这足以证明人们对她的肯定与尊敬。

德国博物学家玛丽亚·西比拉·梅里安是最早描画昆虫生命周期以及昆虫所食植物的科学家之一。作为早期昆虫学发展的关键人物和技艺精湛的艺术家，她因果敢的天性以及对科学超凡脱俗般的热爱而备受崇敬。尽管她的作品知识的准确性偶尔被科学界质疑，但其艺术美感却无可争议。

梅里安出生在美茵（Main）河畔的法兰克福（Frankfurt），是老马特乌斯·梅里安（Matthaeus Merian, the elder）和约翰娜·卡特琳娜·海姆（Johanna Catharina Heim）之女。父亲老马特乌斯是一位远近闻名的蚀刻技师，1650年去世。母亲约翰娜1651年再婚，继父雅各布·马瑞尔（Jacob Marrell）对她艺术天赋的发展起到了举足轻重的作用。马瑞尔是乔治·弗莱格尔（Georg Flegel）的学生，凭借自身努力成为著名的植物画家，他在梅里安11岁时教她掌握了铜版雕刻。梅里安13岁时撰写了养蚕日志，详细记录蚕变态的

梅里安的刺绣技巧补贴了她的家庭收入，同时也展示了她非凡的艺术天赋。对页图为《新花卉图鉴》（*Neues Blumenbuch*）的扉页，清晰地展示出梅里安的刺绣设计如何影响其早期作品的风格。

M. S. Gräffin,
M. Merians des Eltern seel: Tochter.
Neues
Blumen Buch
Allen Kunstverständiger
Liebhabern zu Lust, Nutz und Dienst,
mit fleisz verfertiget.
Zu finden bey
Joh. Andrea Graffen,
Mahlern in Nürnberg.
im Jahr 1680.

左图中的天蚕蛾成虫搭配了错误的宿主植物和毫无关系的幼虫。虽然漂亮，但梅里安的艺术作品经常因科学上的不准确而被人诟病。

右图中的凤梨（*Ananas comosus*）是梅里安最喜欢的水果，其四周还围绕着很多蟑螂。这又是一张画面美感优先于刻画生命周期准确性的图版，画中的昆虫和植物关系微弱。

过程。这两方面的兴趣改变了梅里安的生活。

梅里安1665年与艺术家约翰·安德烈斯·格拉夫（Johan Andreas Graff）结婚，1668年在法兰克福生下大女儿约翰娜·海伦娜·赫罗特（Johanna Helena Herolt）。这对夫妇1670年全家搬到纽伦堡后，1678年生下二女儿多萝西·玛丽亚·格拉夫（Dorothea Maria Graff）。在两个女儿出生前后那段时间，梅里安一直坚持用自己调制的颜料和染料在犊皮纸、纸和亚麻布上绘画。两个女儿遗传了母亲的艺术天赋，母女三人后来一同工作多年。梅里安的创业思维时常在其传记作品中被提及，她所掌握的混合颜料的知识既能给她带来额外收入，又能确保她自己的作品色泽一致。她的另一个经济来源是将花卉的绘画与刺绣教授给纽伦堡的富家女孩，这让梅里安有机会进入这座城市里最漂亮的花园。这些花园中既有本地的植物和昆虫，又有外来的植物和昆虫，这为梅里安观察和描述本地物种与外来物种之间的自然关系提供了便利。

梅里安除了是一位技艺高超的刺绣师，还为她教学的刺绣作品和自己创作的刺绣作品设计花式图案。她首部出版的著作名为《最美的花》（*Florum Fasciculus Primus*），旨在成为刺绣设计的图书范本。书的功能暂且不提，书中12张精细的图版充分展现了一个技艺精湛的艺术家的天赋。这部作品受到广泛的欢迎，以至于她的丈夫于1677年和1680年相继出版了第二组和第三组图版。1680年，三部分合并出版，重命名为《新花卉图鉴》，作者署名为玛丽亚·西比拉·格拉夫（Maria Sibylla Graff）。这是为数不多的用梅里安婚后名署名的作品之一。伦敦自然博物馆的植物学图书馆里收藏了一部组合套装，这个套装很可能由梅里安亲手着色。

1679年，也就是二女儿出生一年后，梅里安的《毛毛虫的精彩转型与奇特的花卉食物》（*Der Raupen Wunderbare Verwandelung und Sonderbare Blumen-nahrung*）第一部正式出版。该书关注的重点不是植物学，而是通过直接观察昆虫生命周期及其宿主植物绘出昆虫形态的变化。对着活物作画而非对着干标本作画，这在当时并不寻常，不过梅里安从小就在喂养昆虫，她并不是第一位通过画来展示昆虫整个生命周期的艺术家。扬·古达特（Jan Goedaert）在其著作《自然变态》（*Metamorphosis Naturalis*）中做过类似工作。她也不是第一位将昆虫和植物画在一起的艺术家，像乔治·弗莱格尔和巴尔萨泽·范·德·阿斯特（Balthasar van der Ast）这样的植物艺术家的作品中均有过这样的做法。但梅里安在画中将昆虫与栖息进食的特定宿主植物联系起来，却是一种全新的做法。

梅里安口中的这部《毛毛虫之书》还展示了她对转印技术所进行的改良。此前绝大多数通过雕版工艺制作出的插图都是原画的镜像图。梅里安在这个工艺中增加了一个额外的步骤：将一张新纸压在来自于铜版的未干的图像上。这样可去除成品上的铜版物理压痕，只留下最后用于手工着色的轮廓。这种技术似乎只是偶尔应用于现存卷册，印出的图版时反时正。梅里安经常亲手为版画着色，这对于那个时代的作者和艺术家来说略显激进。

继父兼启蒙导师马瑞尔1681去世后，梅里安回到了法兰克福的娘家。1683年，她出版了《毛毛虫之书》第二部，发表了50张配上文字的图版。1685年，梅里安加入荷兰北部弗里斯兰省魏窝特市（Wieuwerd）沃尔塔城堡（Waltha Castle）当地的拉巴第教会组织，她的哥哥卡斯帕·格拉夫（Caspar Graff）此前已是该教会会员。梅里安的母亲和女儿们随她搬到了荷兰，她的丈夫却没有来。沃尔塔城堡归范·艾瑞森·范·索末斯蒂亚家族所有，该家族是荷兰黄金时代极其富有的家族之一。这个家族的长兄科尼利厄斯·范·艾瑞森·范·索末斯蒂亚（Cornelius van Aerssen van Sommelsdijck）是苏里南（Surinam）首任总督，他鼓励拉巴第派在苏里南建立基地。城堡里收藏着精美的博物学标本，其中许多是来自像苏里南这样热带地区的奇异之物。令梅里安这样的科学家感到沮丧的是，这些标本除了出处有明确文档记录，其他情况都一无所知。如此美丽而神秘的藏品，毫无疑问会令一个女人对科学与艺术都迸发激情。1688年，科尼利厄斯在苏里南被叛变的士兵谋杀。梅里安的哥哥和母亲随后相继去世。科尼利厄斯之死对教会的影响不得而知，但至亲的去世

这张图版描绘的是天蛾（*Cocytius antacus*）的成虫和幼虫，它展示了梅里安在构图方面独到眼光。红叶麻疯树（*Jatropha gosspifolia*，因有毒而得名）的弯曲尖端，与天蛾与众不同的喙在构图上形成了良好的平衡。

J. Mulder Sculp

P. Sluyter Sculp
12

一定对梅里安影响很大。她和两个女儿继续留在教会，直到1691年才前往阿姆斯特丹定居。

那时的荷兰正处于科学、贸易和艺术的最前沿。作为荷兰主要的港口，阿姆斯特丹对要开始新生活的母女三人而言无疑是一个完美的地方。和英国东印度公司一样，荷兰东印度公司的国际影响力给所有商业贸易都带来了便利。梅里安运用自己的前沿知识和创业天赋，将自己打造成一个博物学标本商人。梅里安一家三位博物画家的名气越来越大，这给她们带来了不少额外收益。作为一个受人尊敬的艺术家和作家，梅里安与许多阿姆斯特丹的精英人士建立了联系。她的技艺和商人的身份使她能接触到一些当时最精美的奇趣屋，为她提供了源源不断的智力和艺术灵感。和在沃尔塔城堡时一样，尽管被这些博物藏品深深震撼，梅里安却发现藏品的生物学数据和样本采集的相关信息是一片空白，这使得它们在某种程度上缺乏科学上的价值。

1692年，梅里安的大女儿约翰娜·海伦娜嫁给了雅各布·亨利克·赫罗特（Jacob Henrik Herolt）。同梅里安母女一样，赫罗特曾是拉巴第教会成员，也是一个与苏里南有联系的贸易商人。之后数年，梅里安继续通过买卖标本和出售自己的艺术作品赚钱。随着17世纪临近尾声，她卖掉了自己的博物藏品和艺术藏品，于1699年带着这笔卖藏品所得的钱和二女儿多萝西前往苏里南。那个时代，女性在没有男性陪同的情况下很少会外出旅行，更别说前往如此遥远的未知地带。梅里安当时已经52岁了，她写下遗嘱，毅然踏上旅途。经过了两个月的航行，梅里安母女终于抵达苏里南。在今天，这样的旅程也就是9小时的飞机航程。船舶停靠帕拉马里博（Paramaribo）后，她们发现了一片糖业贸易发达、依赖奴隶制糖的殖民区域。尽管当地的荷兰糖作物种植商讥笑她们不对经济感兴趣而对昆虫感兴趣，梅里安和女儿还是开始收集、饲养昆虫，描绘当地的植物和动物。梅

令人震撼的构图和颜色使得这张芭蕉属（*Musa*）植物图版深受大众喜爱。梅里安在图版的注释中描述了这种当时在欧洲还鲜为人知的食材的味道和质地。

里安母女不仅亲自收集标本，还尝试记录标本的生物学数据。另外，她们对收集品的经济和药用性能的了解让她们与荷兰精英和当地居民都保持了良好的工作关系。梅里安对当地物种的传统知识深信不疑，还被多种多样的当地土法所深深吸引。

一场大病之后，梅里安于1701年带着广泛收集而来的植物、昆虫和艺术藏品回到了阿姆斯特丹。1705年，以这三部分藏品为基础、备受好评的著作《苏里南昆虫变态图谱》在阿姆斯特丹首次问世。这部拉丁荷兰语著作的部分出版经费来自于梅里安从事艺术和雕刻工作的收入所得。欧洲科学家对这部著作中描绘的诸多昆虫和植物知之甚少，诸如凤梨、多刺释迦凤梨、鸡蛋花、石榴、香蕉、西瓜、番石榴和腰果等植物在书中全数亮相。因为书中所选的是昆虫寄生的植物，所以插图里画的植物既有野生的，又有人工栽培的。

梅里安去世后不久，《毛毛虫之书》第三部于1717年由她的女儿多萝西正式出版。随后《苏里南昆虫变态图谱》第二版于1719年出版，和1705年版一样是拉丁荷兰语版。第二版额外增加了12张图版，其中10张由梅里安创作，2张则模仿阿尔贝图斯·萨巴（Albertus Seba）的藏品风格。1726年，《苏里南昆虫变态图谱》第三版以拉丁法语版的形式在海牙问世；第四版是荷兰语版，1730年在阿姆斯特丹出版；第五版是拉丁法语版，1771年在巴黎出版。《苏里南昆虫变态图谱》的诸多版本由和梅里安同样出色的女儿们着色。尽管这部出版物使用的是梅里安的水彩原作，却只有3幅版画是她亲自创作的。

第二版额外增加的图版由于一些莫名其妙的错误招致了科学界的批评：一张图版展示的美洲蛙变成蝌蚪与欧洲蝌蚪长成青蛙相悖。伦敦自然博物馆图书馆的《苏里南昆虫变态图谱》藏本上，写有一位前任主人毫不留情的评论：有的昆虫“凭空虚构”，构图“绝无可能”，图版“谬误百出”。尽管1753年以前还没有诞生我们今天使用的林奈双名法，但把观察到的物种进行分类在当时依旧是人们十分看重的科学研究步骤。梅里安的作品聚焦于生物学而非分类学，并通过对昆虫－宿主植物之间的关系进行艺术加工来展现美感，因而招致诸多批评。

梅里安在捕捉标本和收集数据上对苏里南当地人的依赖有时会导致事与愿违。梅里安认为图版底部的物种是蜡蝉渐变态的中期状态。其实，这只是当地商人把蜡蝉的头粘在知了的身体上，再将它卖给梅里安。

相比之下，我们发现梅里安作品的收藏者可作为其作品受人推崇的显著标志。1711 年，詹姆斯·佩蒂夫（James Petiver）代表汉斯·斯隆爵士买下了一些梅里安的艺术作品；卡尔·林奈也曾引用了她的百余幅植物和动物插图。1715 年，梅里安因中风而无法继续工作。1717 年，就在沙皇彼得大帝（Peter the Great）购买其画作几天前，梅里安在阿姆斯特丹去世，享年 70 岁。从梅里安去世至今，至少有 6 种植物、11 种昆虫、1 种蜘蛛和 1 种蜥蜴以她的名字命名。在她的激励下，诞生了像克里斯蒂安·塞普（Christiaan Sepp）和扬·克里斯蒂安·塞普（Jan Christiaan Sepp）的《荷兰昆虫学》（*De Nederlandsche Insecten*）以及约翰·柯蒂斯（John Curtis）的《不列颠昆虫学》（*British Entomology*）这样的重要博物学著作。在创作《苏里南昆虫变态图谱》的过程中，梅里安对细节的关注、对直接观察的兴趣以及探索未知世界的驱动力，为昆虫学做出了重大贡献。梅里安使用高超的艺术技巧把她的科学发现描绘成图画，使她的作品广为流传、经久不衰，在科学界内外备受推崇。

《多姿多彩的鱼虾蟹》

路易斯·里纳德

撰文／朱迪思·马吉

这部著作是用绚烂色彩描绘东印度群岛海洋生物的创世之作，至今仍对18世纪东印度热带鱼类的研究有着重要的作用。

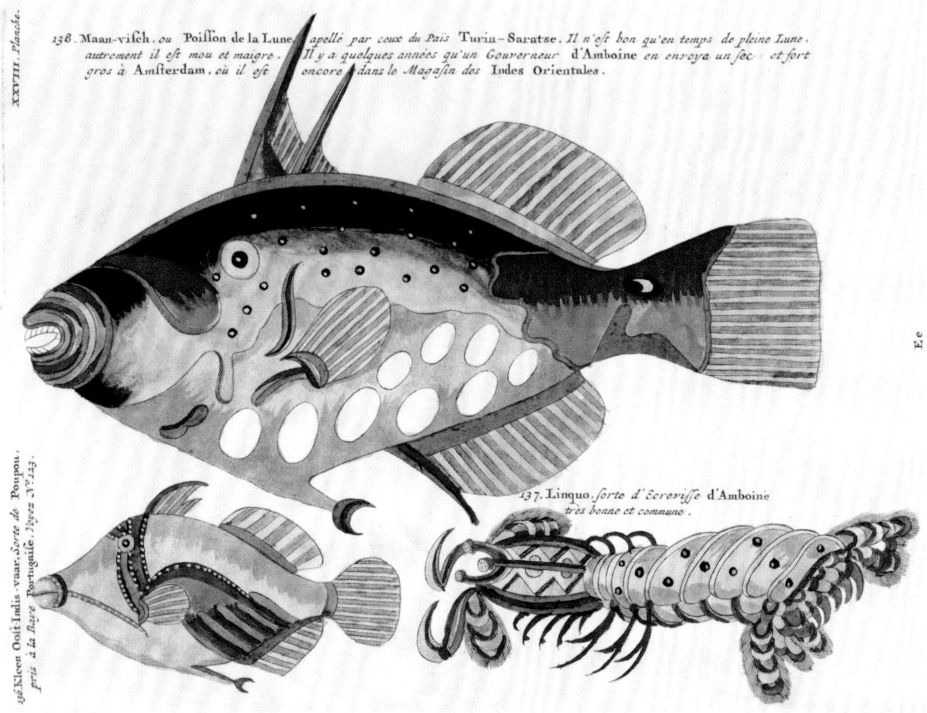

这幅插图画有叉斑锉鳞鲀（*Rhinecanthus aculeatus*）、花斑拟鳞鲀（*Balistoides conspicillum*）以及一种无法辨认的虾蛄。全书两卷共画了40种甲壳类动物；甲壳类动物被形容为既美味又常见。全书描绘了415种鱼类，其中60%以上如今已被成功定种。

“自有文献以来博物学领域最为杰出的作品之一”，这是路易斯·里纳德（Louis Renard）为自己1719年在阿姆斯特丹出版的著作《摩鹿加群岛周围与南部岛屿海岸发现的多姿多彩的鱼虾蟹》（*Poissons, Écrevisses et Crabs, de Diverses Couleurs et Figures Extraordinaires, que l'on Trouve Autour des Isles Moluques, et sur les Côtes des Terres Australes*，以下简称《鱼虾蟹》）所写的评论。这句评论告诉我们，这部著作是一部用绚烂的颜色描绘东印度群岛海洋生物的创世之作。该书出版初期就已声名远播，至今仍对人们关于18世纪东印度热带鱼类的研究贡献突出。

人类对鱼类的研究（即鱼类学）已有数千年的历史。并非只有依靠大海维持生计的渔夫才会对鱼类产生兴趣，那些想要了解大自然的哲人贤者同样对鱼类充满好奇。在许多早期的著作中都能找到鱼类插图的身影，这些插图通常是木刻画，画中部分鱼类还依稀可辨。活字印刷术的发明以及版本复制为知识向更广阔的群体传播分享打开了机遇之门。文艺复兴时期，鱼类词条和画作出现在多部博物学著作之中。康拉德·格斯纳和乌利塞·阿尔德罗万迪分别在1558年和1638年出版的作品中加入了鱼类词条和插图，并选用了比木刻画更为清晰细致的雕刻铜版画。

第一部试对鱼类进行系统划分归类的著作是弗朗西斯·维路格比（Francis Willughby）和约翰·雷1686年出版的《鱼类志》（*Historia Piscium*）。这部著作的图版采用黑白版画，这是因为当时在书中使用彩色图版成本高昂且再现鱼身色彩困难重重：准确获取鱼身结构色近乎不可能，鱼身在鱼死后数小时内便会褪色，天气炎热时褪色更快，这让复制鱼身颜色

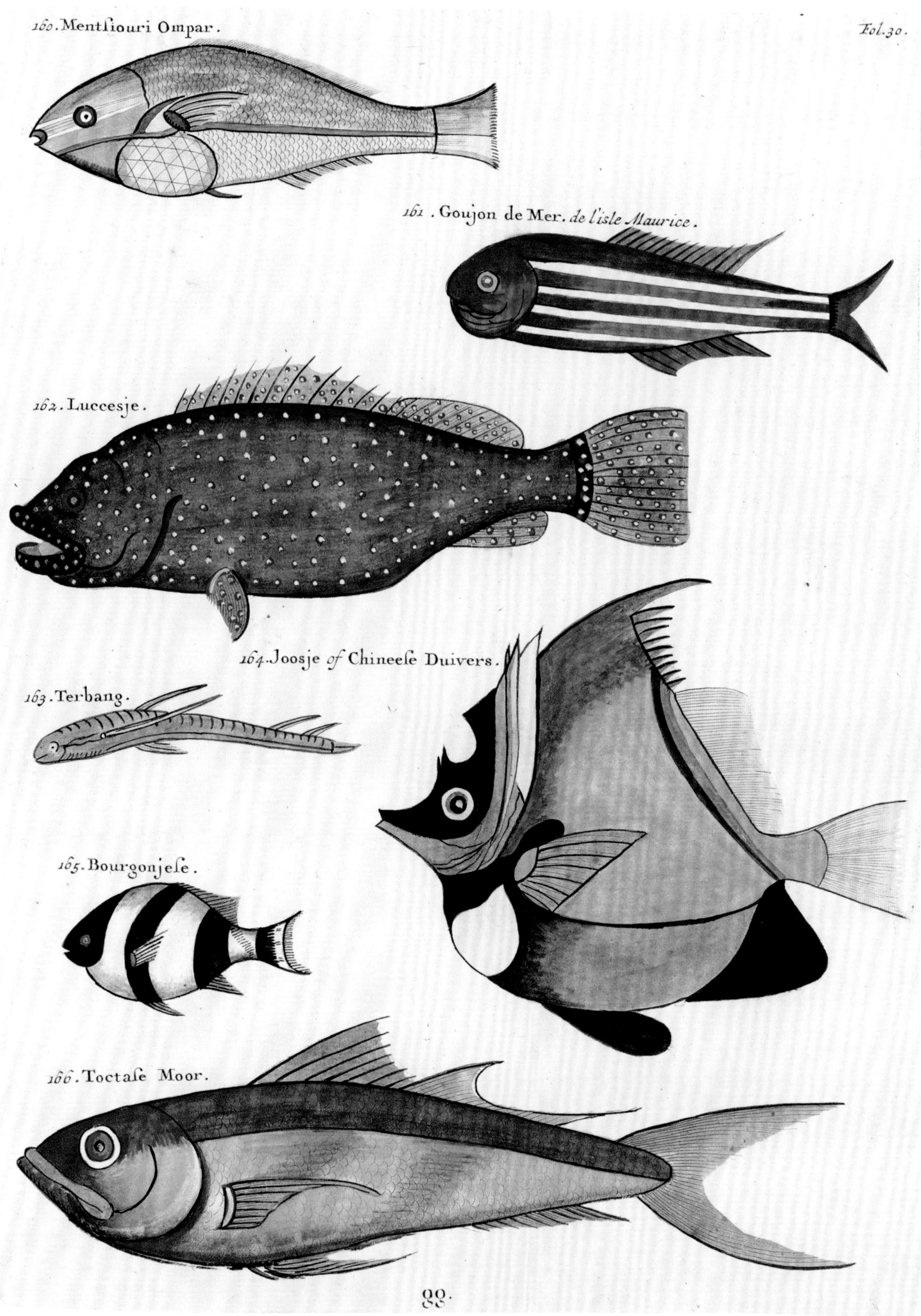
160. Mentſiouri Ompar.
Tab. 30.
161. Goujon de Mer. de l'isle Maurice.
162. Luccesje.
164. Joosje of Chineeſe Duivers.
163. Terbang.
165. Bourgonjeſe.
166. Toctaſe Moor.
98.

这件事变得难上加难。博物艺术旨在通过复制形态相同、颜色逼真的标本来传播知识，从而协助辨识和分类。黑白版画能够提供有关结构和解剖的信息，对辨识特性形貌也十分有用。对于某些鱼类来说，鱼身的彩色斑纹是辨识其种类的唯一方法。《鱼虾蟹》一书出版的重要意义在于它是鱼类著作中最早的彩色插图作品。就鱼类学研究而言，该书的珍贵之处就在于它收录了来自未知领域的鱼类新种。我们能够想象读者第一次见到这些异域生物时的那种兴致勃勃与迷惑不解。

里纳德的鱼类学著作被分成两卷出版，其副标题《印度洋珍稀物种》（*Historie Naturelle des Rares Curiositez de la mer des Indes*）更为著名。据了解，虽然扉页没有注明日期，但这两卷确实是在同一年印刷出版的。书上还有献给乔治一世（George Ⅰ）的两页题词以及里纳德等人对书中物种真实性的声明。书中还给出了按字母排序的物种名录。全书共有 100 张图版，描绘了 460 种海洋生物，其中有 41 种是甲壳类动物。该书印数为 100 册，雕刻铜版画全部用水彩手工着色。仅有 16 册现存于世，实属稀有之作。这部著作的两个版本在里纳德去世后相继出版。1754 年在阿姆斯特丹出版的第二版以第一版的散装为基础，那部散装书连同铜版画由出版商赖纳·奥腾斯（Reiner Ottens）和约书亚·奥腾斯（Josué Ottens）一并购得。他们给散装图版再着色，并印制了更多的副本以弥补首印仅有 100 册的遗憾。该版本的绝大部分内容都与第一版相

《鱼虾蟹》中只有插图附近配有文字，有的鱼类仅给出荷兰语、法语或马来语的名称。

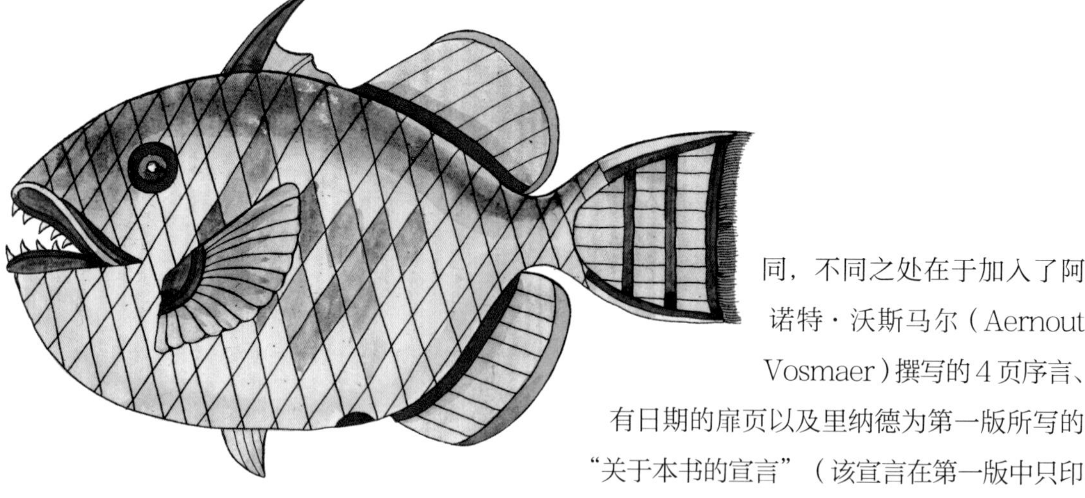

同，不同之处在于加入了阿诺特·沃斯马尔（Aernout Vosmaer）撰写的4页序言、有日期的扉页以及里纳德为第一版所写的“关于本书的宣言”（该宣言在第一版中只印了1册）。第三版出版于1782年，实际上不能算是出版完整，版式几乎都不统一，装订还各不相同。这个版本看起来似乎是以10张图版为一组成套出版的，每组图版都配有文字说明。

1678年，路易斯·里纳德出生在法国北部的一个胡格诺教徒家庭。随着当地对法国新教徒的迫害愈演愈烈，1685年之后，里纳德全家为寻求安全而逃往荷兰。1703年，里纳德已是一名阿姆斯特丹的书商和出版商，直到1746年去世他都没有离开那里。里纳德还在扉页中声称，他是“英国女王陛下的代表”。女王代表的主要工作涉及排查驶离阿姆斯特丹的船只，查出天主教徒为反对英国的新教汉诺威君主向英国运送的军火。

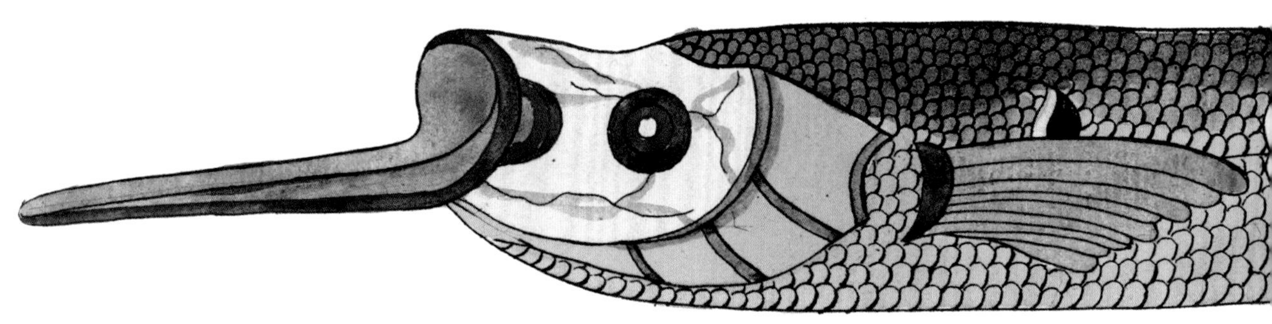

里纳德声称，编写该著作耗时30年。第一卷以巴尔塔扎尔·揆一（Baltazar Coyett）藏品的原画为基础，第二卷以阿德里安·范·德·斯特尔（Adriaen van der Stel）收藏的荷兰艺术家塞缪尔·法鲁尔斯（Samuel Fallours）的原画为基础。揆一和范·德·斯特尔曾分别担任安汶和班达群岛（Ambon and Banda Islands）以及摩鹿加群岛（Moluccas Islands）的行政长官，两位都受雇于1602年成立的荷兰东印度公司。荷兰东印度公司是一个势力庞大的组织，其主要职能是商业贸易，不过很快它就在控制区域内扮演起了政府的角色。当时摩鹿加群岛（香料群岛）是荷兰日进斗金令人垂涎三尺的地区，群岛的行政长官自然举足轻重且家财万贯。揆一和范·德·斯特尔都对博物学如痴如醉。和那个时代同阶层的大多数人一样，博物学兴趣促使他们去收集自然藏品，建造奇趣屋。鱼类标本几乎不可能长期保存，因此最合适的方法就是雇人将鱼画下来。法鲁尔斯也是东印度公司的雇员，他起初是

绿拟鳞鲀（*Balistoides viridescens*，对页上图）剥皮、用盐腌制、晒干后可以生吃。本页上图的鱼是豆娘鱼（*Abudefduf saxatalis*）。跨页下图斑鱵（*Hemiramphus far*）吃起来和鲟的味道差不多，不过稍油腻些。

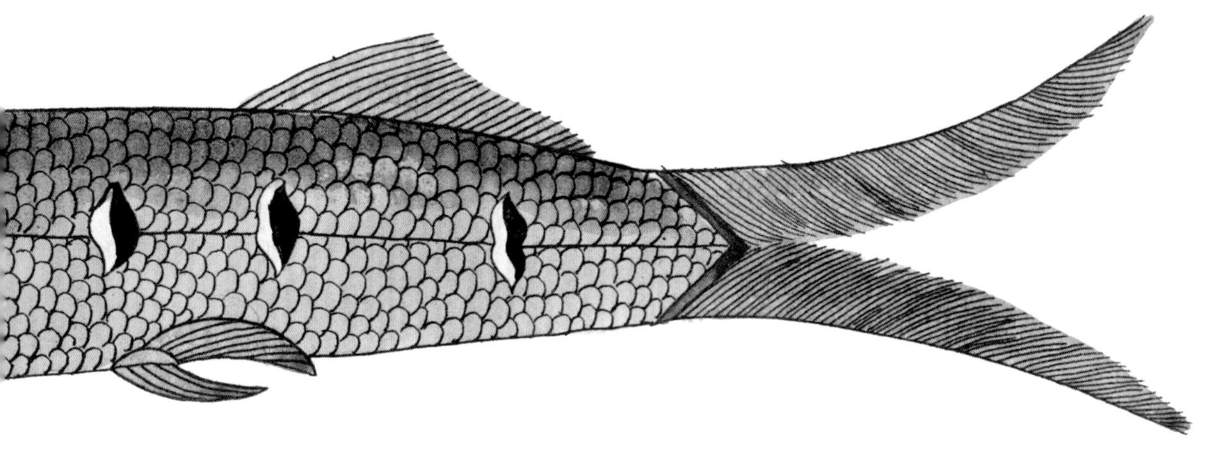

一名士兵，后来以教区牧师的身份在安汶岛照料病患。里纳德在引言中提到，法鲁尔斯把自己的藏品带给里纳德，于是被尊称为艺术家。我们并不知晓揆一的藏品出自哪位艺术家之手，那位艺术家可能就是法鲁尔斯。毕竟法鲁尔斯和揆一 1706 年都在安汶岛，而且揆一收藏的画和法鲁尔斯的并没有太大差别。至于里纳德如何获得揆一收藏的画，依旧是一个谜。

帕特里克·罗素（Patrick Russell）在 1781—1789 年间受雇于英国东印度公司，以植物学家的身份在印度工作。尽管罗素 1803 年出版了《在维萨卡帕特南科罗曼德尔海岸收集到的 200 条鱼的图文详解》（*Descriptions and Figures of Two Hundred Fishes Collected at Vizagapatam on the Coast of Coromandel*）一书，他却因为有关印度蛇的著作而广为人知。罗素曾经拿到 1754 年出版的《鱼虾蟹》第二版，他也很可能见过第一版中的图，但没意识到二者其实是同一著作。他评论道："绘画风格足以表明它出自印度艺术大师之手。"其实就算这部作品出自法鲁尔斯或其他欧洲大师之手，最终成品也差不多就是这个样子。

《鱼虾蟹》中的每幅图版都刻有文字描述，除此之外无其他文字。图版上的文字，从鱼的名称（偶尔还有俗名），对鱼食用味道的阐释、吃法及佐料的建议到对某种鱼类生活习性的评述，各不相同，大部分缺乏事实依据。第二卷的注释条目更为繁多，由法鲁尔斯撰写。这部著作早于林奈分类系统诞生，且无将任何鱼进行分类的意图。科学的准确度在与时俱进。虽然画中许多种类的鱼都可以辨识出来，但仍有许多鱼居然在现实世界中找不到，第二卷尤为如此，有些鱼纯属虚构。这些图画色彩诡异、构图离奇，最后一幅画的是美人鱼。关于它的奇怪色彩，帕特里克·罗素解释道：因为鱼身颜色转瞬即逝，所以只有在印度当地才有可能将鱼的色彩准确表达出来。欧洲人试图根据文字描述或填充标本以及浸制标本来表达色彩，结果难免有偏差。罗素觉得《鱼虾蟹》中插画的色彩有些不可靠，他指出："对于第二卷，编辑承认画师在着色方面有些任性；这种任就还可以追溯到第一卷。"谈到物种的真实性时，罗素承认："长期存在于幻想中的生物最近被惟妙惟肖地画了出来。这印证了著名博物学家彼得·西蒙·帕拉斯（Peter Simon Pallas）的大胆猜想，万物之源终将被发现。"在当今读者的眼中，正是这些美妙的色彩使得这部著作如此引人入胜，即使它无法成为科研方面的巨著。

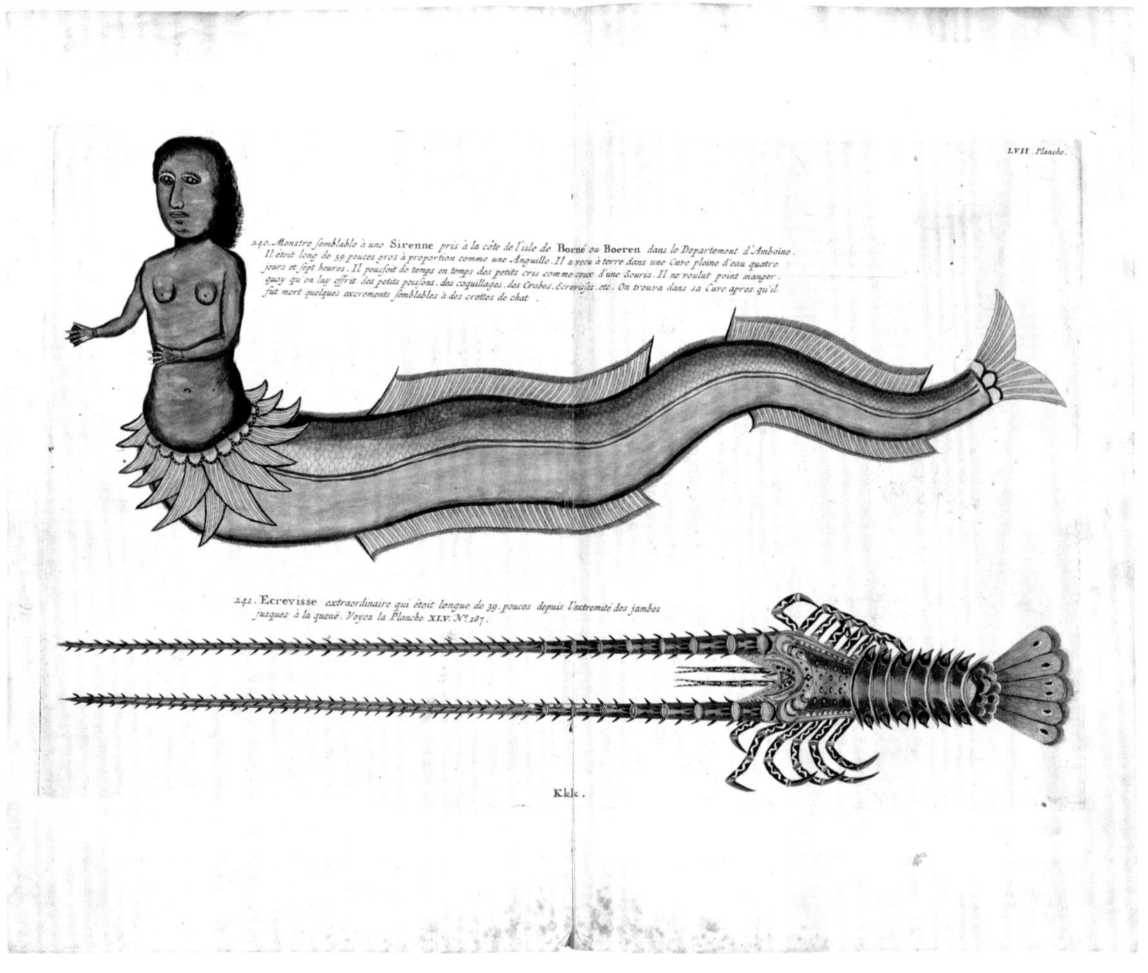

LVII. Planche.
240. Monstre ſemblable à une Sirenne pris à la côte de l'isle de Borné ou Boeren dans le Departement d'Amboïne.
Il étoit long de 59. pouces gros à proportion comme une Anguille. Il a vecu à terre dans une Cuve pleine d'eau quatre
jours et ſept heures. Il pouſsoit de temps en temps des petits cris comme ceux d'une Souris. Il ne voulut point manger,
quoy qu'on luy offrit des petits poiſsons, des coquillages, des Crabes, Ecreviſses, etc. On trouva dans sa Cuve apres qu'il
fut mort quelques excrements ſemblables à des crottes de chat.
241. Ecrevisse extraordinaire qui étoit longue de 39. pouces depuis l'extremité des jambes
jusques à la queuë. Voyez la Planche XLV. N°. 187.
Kkk.

法鲁尔斯把图中的海洋哺乳动物儒艮（*Dugong dugon*）称作人鱼，并将它置于容器中。这种可怜的生物在容器中存活了 4 天零 7 小时，最终绝食而死。

在18世纪，寻找博物学标本并不是最难的，更难的是把标本送过大西洋。

撰文 / 维多利亚 · R.M. 皮克林

马克·凯茨比《卡罗来纳、佛罗里达和巴哈马群岛博物志》

第一部有关英国在美洲殖民地的插图博物著作是《卡罗来纳、佛罗里达和巴哈马群岛博物志》（*The Natural History of Carolina, Florida and the Bahama Islands*，简称《卡罗来纳博物志》）。全书由英国博物学家马克·凯茨比独立撰写、蚀刻和着色而成，它内含220张配有文字的图版，于1729—1747年间分辑出版。这部极具视觉震撼效果的著作画有各种植物、鸟类、鱼类、爬行动物和昆虫，它是一部精美绝伦的作品，为18世纪的博物学研究做出了重要的贡献。

虽然凯茨比没有接受过绘画方面的职业训练，但这幅描绘着雪松太平鸟（*Bombycilla cedrorum*）栖息在美国夏腊梅（*Calycanthus floridus*）灌木丛里的华丽画作，展示了他在展现美洲大自然方面不可思议的艺术造诣。

T. 46
Frutex Corni foliis &c.
Garrulus Carolinensis.
The Chatterer.

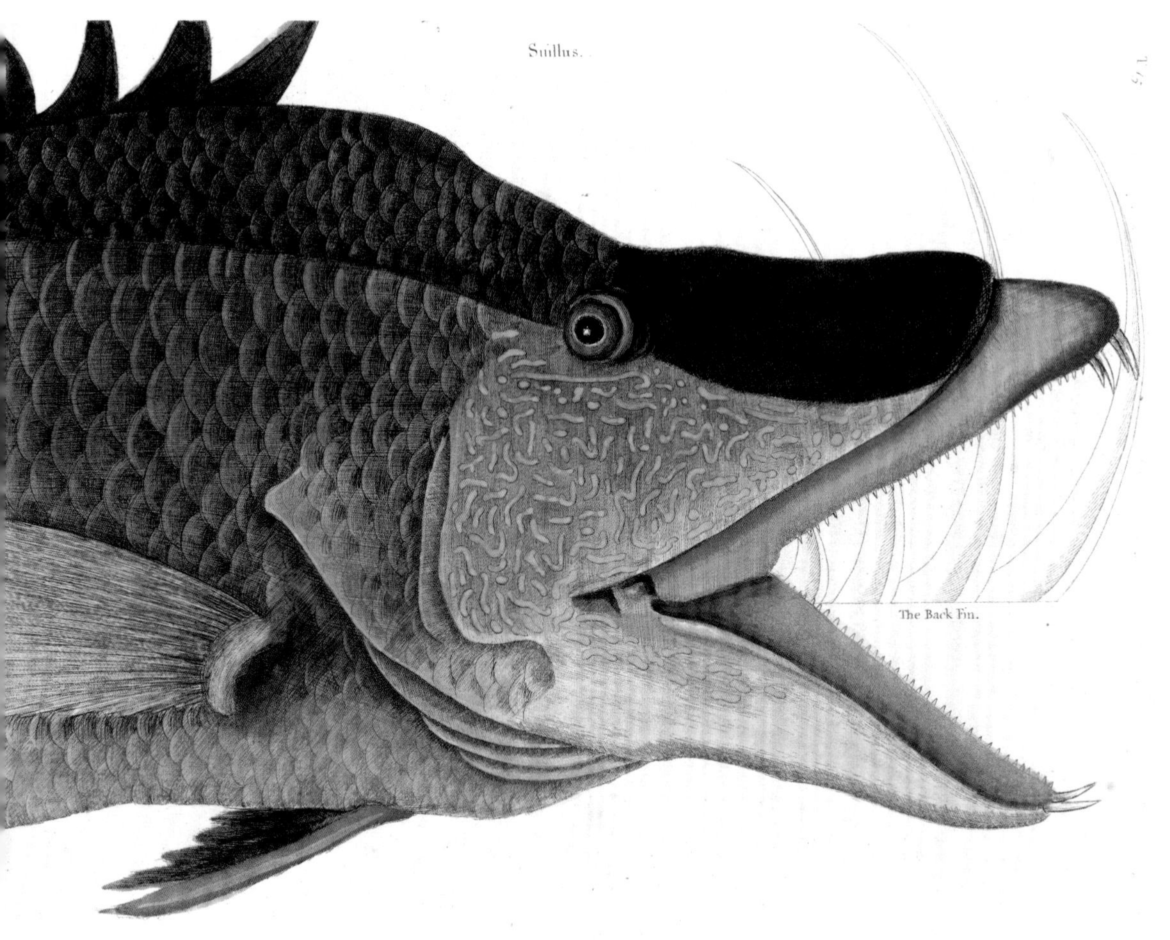

凯茨比想画活的植物和鸟类。准确画出像大猪鱼（*Lachnolaimus maximus*）这样的鱼类非常困难，因为它们的颜色一离开水面就会发生变化。

1683 年 4 月 3 日，凯茨比出生在北美的萨德伯里市（Sudbury），父母是约翰·凯茨比（John Catesby）和伊丽莎白·杰基尔（Elizabeth Jekyll）。凯茨比家族中的男性亲属大多从事法律工作，与众不同的凯茨比年幼时对植物学产生了浓厚兴趣。他很可能受到了舅舅尼古拉斯·杰基尔（Nicholas Jekyll）的影响。杰基尔曾在艾塞克斯（Essex）的自家别墅里建了一座植物园，凯茨比隔三岔五就会去那里玩。杰基尔还把外甥介绍给了当地最有名的植物学家，其中就有约翰·雷和塞缪尔·戴尔（Samuel Dale）。

1712 年 4 月，凯茨比第一次来到美洲大陆，他要和妹妹伊丽莎白一同前往弗吉尼亚首府威廉斯堡（Williamsburg）。伊丽莎白的丈夫威廉·科克医生（Dr. William Cocke）开了一家很成功的诊所，他将凯茨比引荐给这片殖民地上一些极有权势的地主。在美洲的这段日子里，凯茨比制作了数目可观的植物标本和动植物图绘。1719 年他顺利返回，这是他将美洲新世界大自然的广博知识带回英国的历史时刻。伦敦植物学家、园艺师和园丁圈内成员，特别是备受推崇的植物学家威廉·谢拉德（William Sherard），都为其作品深深震撼。这鼓舞了凯茨比开启自己的第二次美洲之旅。

1722 年，凯茨比从英国出发直奔卡罗来纳。凯茨比在他的《卡罗来纳博物志》前言中提到，选择卡罗来纳的原因是这里“所到之处都是大自然的恩赐；然而除了大米、沥青和焦油这样的商贸品，这里的一切都鲜为人知；（卡罗来纳）是寻找、描述大自然产物的最佳地点。”

伦敦皇家学会成立于 17 世纪，致力于探求自然知识，看重标本里的信息。当收藏家无法亲自收集材料时，他们就依靠遍布全球的关系（像凯茨比这样的人）把来自野外的材料寄给他们，以供研究、编目和交换。凯茨比的第二次美洲之旅由殖民地总督弗朗西斯·尼科尔森爵士（Sir Francis Nicholson）和一小群英国赞助商资助，汉斯·斯隆爵士就是资助者之一。这些资助者迫不及待地想拿到动植物标本和野外图绘。他们分别关联着医学（皇家医学院）、自然哲学（英国皇家学会）以及经商贸易（英国东印度公司），与博物学、殖民探索、园艺学以及植物迁移栽培领域有着重要联系。赞助商对凯茨比的旅程兴趣浓厚，期望凯茨比的这次美洲之旅有利于殖民地企业的发展，并能拓展他们自家的花园。

在南卡罗来纳的第一年，凯茨比在海上沿着海岸一路向西，探索描绘这片殖民地居住区内的动物和植物。他沿着萨凡纳

凯茨比是最早将动植物画在一起的博物学家。如图所示，他把一只带鱼狗（*Megaceryle alcyon*）画在了蜡杨梅（*Morella cerifera*）之上。

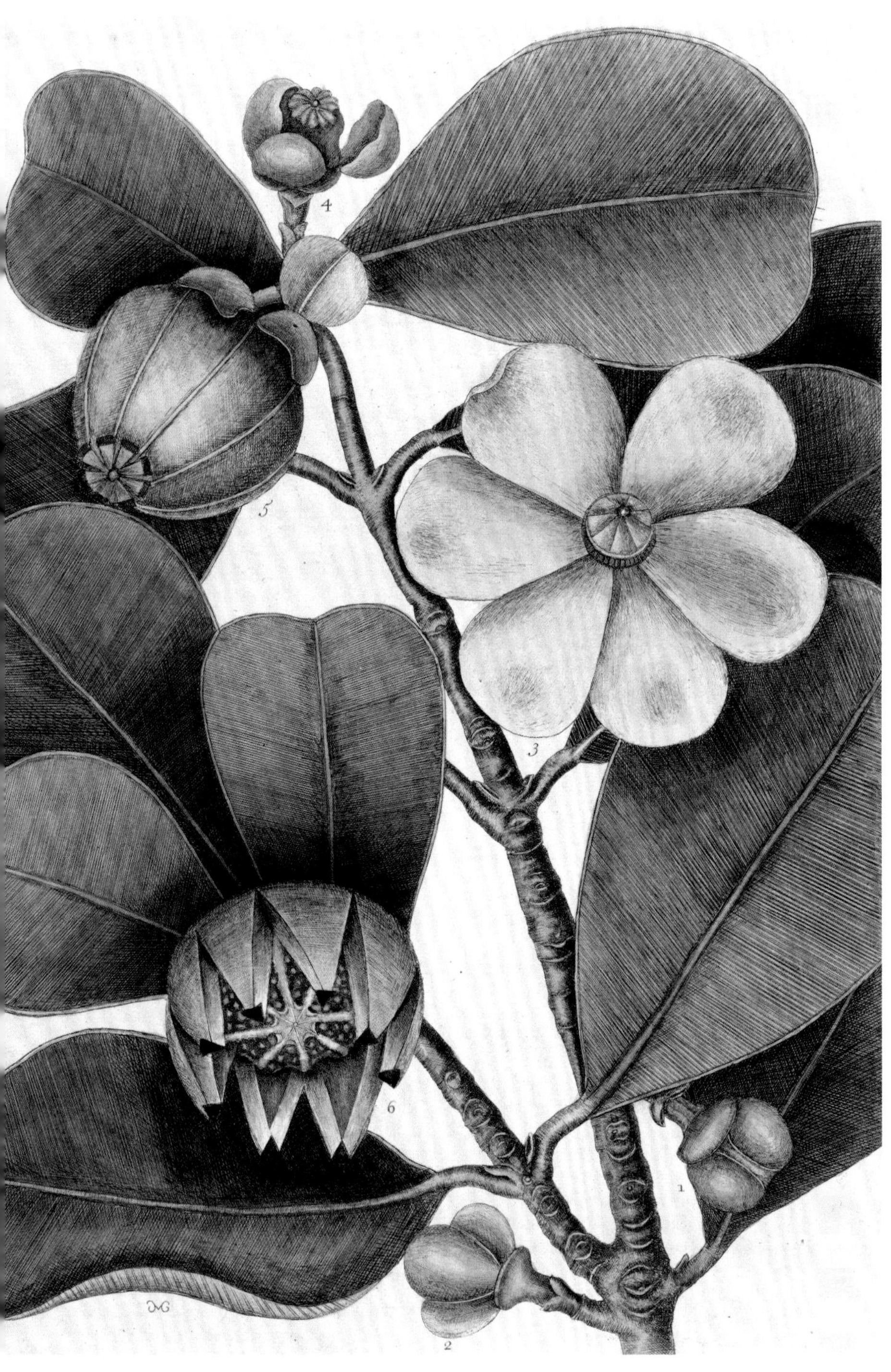

在这幅精美的书带木（*Clusia rosea*，又名苏格兰律师）插图中，凯茨比聪明地画出了书带木不同时期的样子，并展示了它的花朵、果实和猩红色的种子。

河岸行至摩尔堡（Fort Moore），最终抵达更远的牙买加和巴哈马群岛。4 年后，凯茨比回到英国完成了其毕生之作——《卡罗来纳博物志》。这部著作分 11 册出版，内含 220 张图版，描绘了各种各样的动植物。巨大的篇幅和慷慨奢侈的手工着色蚀刻版画使得这部《卡罗来纳博物志》成为 18 世纪极其昂贵的出版物之一，整套书的售价为 22 几尼（guineas，英国的旧金币）。因此，《卡罗来纳博物志》以订购（众筹）的方式印刷出版，有不着色和手工着色两个版本可供选购。订购的客户名单显示凯茨比的读者遍布全球，其中包括园丁、商人、医师、贵族以及皇室成员。园艺领域的知名客户有托马斯·费尔柴尔德（Thomas Fairchild，他在霍克斯顿拥有一座花园）以及植物学家艾萨克·兰德（Isaac Rand）和理查德·理查德森（Richard Richardson）。皇室客户有瑞典女王乌尔丽卡·艾丽奥诺拉（Ulrika Eleonora）和大不列颠王后卡洛琳（Queen Caroline），该书第一册正是献给了卡洛琳王后。

尽管凯茨比未曾受过绘画的专业训练，谢拉德仍形容他“精通博物学，在水彩设计和绘画方面完美无缺。”《卡罗来纳博物志》里的蚀刻版画令人难以置信。作为书的作者，凯茨比坦诚地说：“我不是画师出身，希望对透视上的一些缺点以及其他细枝末节简单处理：鄙人认为，把植物和其他物体画在一个平面上，虽然很直白，却能体现博物学的意图，这在某种程度上比画师常用的更醒目的表达方式好一些。”如果成本不那么高，凯茨比可能会让阿姆斯特丹或巴黎的雕版技师来复制他的画，但最终他在制版技师约瑟夫·古伊（Joseph Goupy）的指导下亲自行完成了蚀刻工作。凯茨比临摹植物的技艺日渐增长，1735 年他遇到了以巧夺天工的植物插画闻名于世的乔治·狄俄尼索斯·埃雷特（Georg Dionysius Ehret）。此后，凯茨比采用更加丰满的三维透视法来描绘自然作物，并在画中加入了种子、蓓蕾、花头和根部结构的细节。

凯茨比的《卡罗来纳博物志》是首批描绘北美洲鸟类的正式出版物之一。凯茨比说：“画这些鸟是因为在他所到之处‘有羽毛的’动物比其他种类的动物多得多，也漂亮得多。此外，鸟还与所栖居的植物关系密切；比起描绘杂七杂八的昆虫和其他动物，我更乐意尽我所能好好地画鸟。”凯茨比根据博物学家约翰·雷

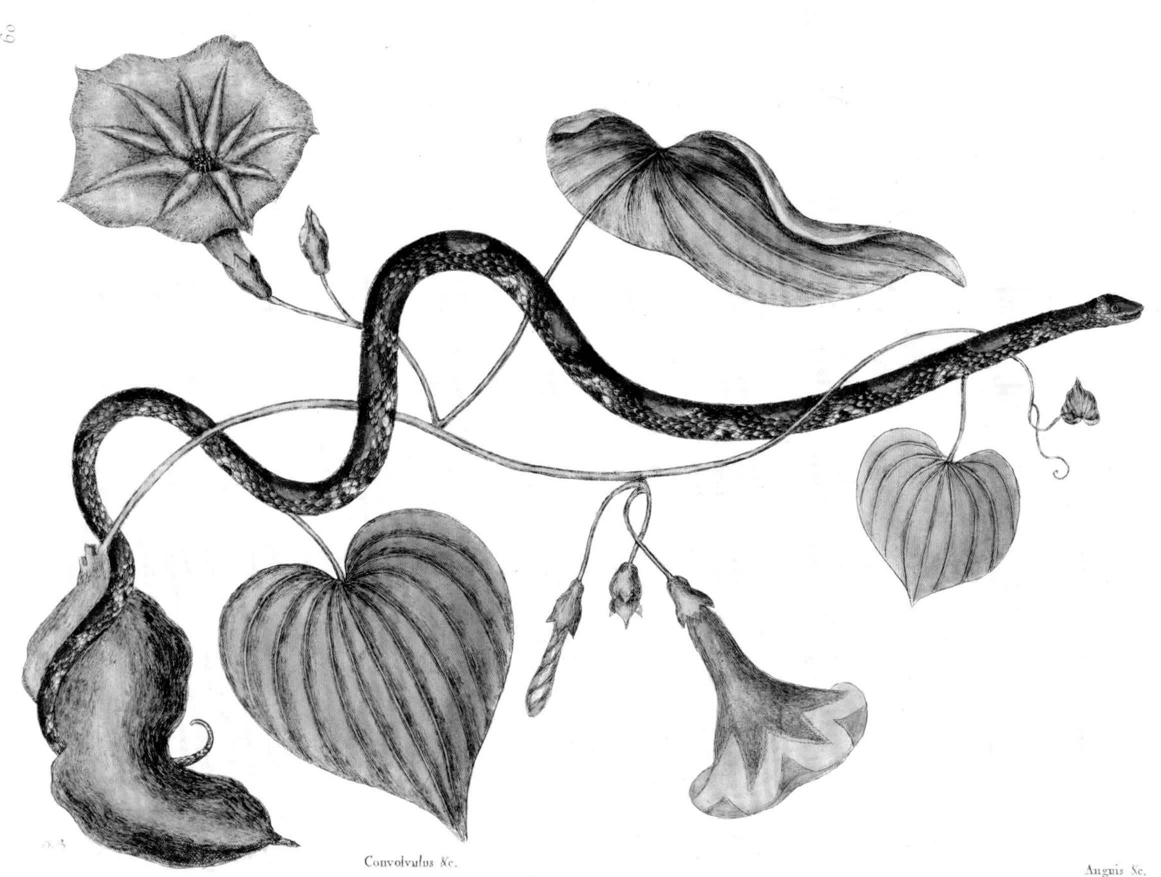

和弗朗西斯·维路格比1676年出版的《鸟类学》（*Ornithologiae Libri Tres*）中的分类方法，对他画的鸟进行了归类。艺术史学家汉丽埃塔·麦克伯尼（Henrietta McBurney）对凯茨比的静态插图版画中有多少幅传递出动态感进行了论证说明。此外，凯茨比经常将动植物画在一起，这种视觉联想也是这部书的与众不同之处（P84图）。德国博物学家、植物艺术家玛丽亚·西比拉·梅里安是用这种方式描绘自然的先驱，但与梅里安的作品相比，凯茨比的《卡罗来纳博物志》仍有显著的不同。

《卡罗来纳博物志》的一部分有关爬行动物，其中就有一只躺在番薯（*Ipomoea batatas*）旁的猩红蛇（*Cemophora coccinea*）。尽管赞助商十分渴望收到这样的标本，但将蛇运过大西洋却困难重重。

这幅手工着色版画描绘的是一种壮观的观花灌木，卡尔·林奈为纪念凯茨比而将之命名为刺喇叭茜（*Catesbaea spinosa*）。画中不但展示了花朵、果实和种子的细节，还描绘了一只斑马指凤蝶（*Protographium marcellus*）。

这部书包含了震撼的鱼类图片，诸如“大猪鱼”（P82图）。凯茨比并没有确切说明他在哪里看到这种特殊的鱼类，但书中的文字交代只有一小部分鱼来自于卡罗来纳，大部分来自于他1725年造访的巴哈马群岛。凯茨比关心的是如何准确画出鱼的颜色。他在前言中说，他总是试图描绘鲜活的植物和鸟类。想画活鱼难度更大，因为鱼一出水，颜色就变了。

凯茨比还在书中介绍了20种蛇（P87图）。他的伦敦赞助商一直渴望得到蛇的标本，而凯茨比的通信记录讲述了他在收集蛇并将它们运过大西洋时所面临的挑战。在1723年从查尔斯城写给汉斯·斯隆的信中，凯茨比提到了他见过的12种不同的蛇，他当时“特别渴望能有一个广口瓶子来装它们。朗姆酒瓶装不下这么大的蛇”。看来斯隆既热情地回复了他，又给他提供了两个瓶子，因为第二年凯茨比回应道:“我会根据你的要求收集一些蛇。”

凯茨比的《卡罗来纳博物志》备受同行和读者的赞扬。1747年，英国皇家学会秘书克伦威尔·莫蒂默（Cromwell Mortimer）形容这本书为“我所知道的自印刷术发明以来最宏伟壮观的作品”。在凯茨比于新旧大陆之间传递植物的过程中，该本书还扮演了沟通渠道的角色。凯茨比在美洲的旅行让他能够收集种子，并把种子寄给英国各地的园丁，其中有伦敦霍克斯顿的托马斯·费尔柴尔德、帕森斯绿地（Parson’s Green）的查尔斯·维格爵士（Sir Charles Wager）以及佩卡姆（Peckham）的彼得·科林森（Peter Collinson）。凯茨比在18世纪园艺文化中扮演的角色，连同他在《卡罗来纳博物志》中给出的有关植物在美学、科学和经济用途方面的感知价值的观察资料，共同展现了他在将北美植物引入英国花园方面所做出的贡献。

约翰·赫罗诺维厄斯（Johan Gronovius）为喇叭茜属（*Catesbaea*）命名，以纪念凯茨比，这足以说明人们对凯茨比在植物学方面所做贡献的认可。这一命名随后被卡尔·林奈收入他的著作《植物种志》（*Species Plantarum*）。《卡罗来纳博物志》第二卷的第一百张图版就是喇叭茜属植物的手工着色版画，其代表种就是刺喇叭茜，刺喇叭茜就是林奈给出的这种美丽物种的双名。凯茨比在这张图版的注释中评论道：“我在此硬着头皮介绍一种以我自己的名字命名的植物；给予

这个用彩纸密封的木头玻璃小盒子（左图）来自斯隆的“植物类物质”藏品，里面装着喇叭茜（也叫凯茨比的“百合花刺”）的种子。

这件压缩后的喇叭茜标本（对页图）来自斯隆标本集。凯茨比收集的种子和标本是他在 18 世纪将美洲植物材料引介到欧洲所扮演的角色的明证。

我这份荣幸的博学多才的朋友，来自莱顿的赫罗诺维厄斯医生，多年来对以我的名字命名它深感满意，我则受之有愧，却之不恭。”图像在书中扮演着举足轻重角色的同时，凯茨比还确保版画都配有英法双语的文字描述。凯茨比对喇叭茜属树的描述如下：生长在巴哈马群岛普罗维登斯岛（Providence）的拿骚镇（Nassau）附近，长有管状黄花，椭圆形的果实“酸甜可口”。这种描述方式让书的受众更为广泛，同时也加深了读者对美洲博物学的理解。

凯茨比是斯隆数目惊人的植物收藏的重要贡献者，在斯隆的蜡叶标本集和“植物类物质”（均陈列于伦敦自然博物馆）里都能找到喇叭茜属植物标本。“植物类物质”原本是 12532 个装着世界各地植物材料的玻璃盒藏品。藏品附录中列出了 320 多位材料收集者的信息，凯茨比从卡罗来纳、弗吉尼亚和牙买加寄来的诸多材料也被记录在此。斯隆在“植物类物质”的目录中，将喇叭茜属描述为“百合花刺”（Lilly Flowering Thorn），显然是凯茨比把种子发给许多英国人来种植的。1726 年，各地涌现出许多有关喇叭茜属种子成功培育出植物幼苗的报道，摘录如下：“鲍尔斯先生（Mr. Powers）——一位技艺娴熟而充满好奇心的园艺师培育出的幼苗，在伯瑞斯韦特先生（Mr. Blathwait）的花园里培育出的幼苗，在德勒姆（Derham）培育出的幼苗，在巴斯（Bath）附近培育出的幼苗……1734 年他送给我朋友彼得·科林森先生的幼苗标本。”

《卡罗来纳博物志》在 18 世纪被多次翻译再版。该书第二版由乔治·爱德华兹（George Edwards）于 1754 年出版，紧接着第三版于 1771 年问世。最近的几十年，人们对凯茨比在博物学领域所做的贡献有了重新认知。这些研究认识到了《卡罗来纳博物志》在理解更为广泛的社会、经济和文化史方面的重要性。

《卡罗来纳博物志》是一部杰出的出版物，它在发现未知的自然产物过程中起到至关重要的作用，为博物学家对大自然进行分类排序提供了参考工具。凯茨比得到了英国皇家学会会员、贵族成员、园艺师、收藏家和许多赞助商的支持。凯茨比并没有受过职业的艺术训练，他那些令人惊叹的画作是毕生的心血，我们也逐渐开始理解《卡罗来纳博物志》在过去以及现在的重要性。我们能够通过这部书见识凯茨比与 18 世纪园林界、商贸界以及科学界之间的联系，也就是自他访问美洲起所建立的朋友圈。凯茨比对其他植物收藏的贡献也日渐清晰。我们发现了他引进到英国和美国花园的植物证据以及凯茨比寄给斯隆蜡叶标本集和“植物类物质”的植物标本，这向我们展示了凯茨比在创造美洲的博物学作品，并将其交换至大洋彼岸的过程中所起到的重要作用。

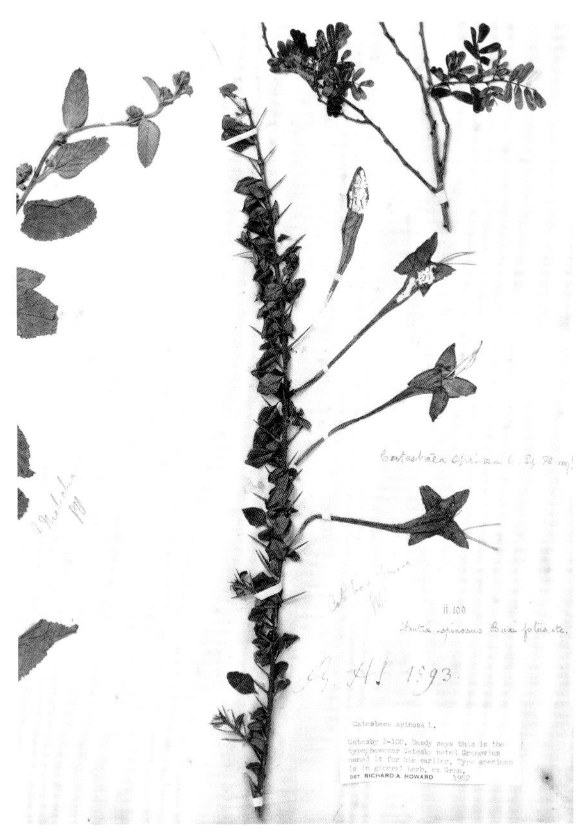

《十二月之花》

罗伯特·费伯

撰文／安德烈·哈特

这部绘画插图名录在18世纪末引领了一股花艺设计、园林花卉和插画园艺的出版风潮。

罗伯特·费伯1730年出版的《十二月之花》是英国最早的花卉种子插图名录的典范。作为苗圃主费伯、荷兰艺术家皮特·卡斯蒂尔斯三世(Pieter Casteels Ⅲ)以及英国雕版技师亨利·弗莱彻(Henry Fletcher)的一项商业投资，这部著作是有史以来正式出版的极其豪华精致的种子名录大全之一。它内含12张华丽的雕刻图版，详细描绘了一年中每月盛开的应季花卉。书中配图文字只有花的名称，费伯培育出这些花的种子或鳞茎，图文就是那些花的销售广告。

费伯的花卉名录中12张华丽图版所描绘的花束根据花开的月份被特意选出。每朵花都有数字编号，以方便顾客订购。

这12张系列图版最初是由客户众筹的，参与订购的有同行、乡绅和知名园林爱好者，其中还有英国皇家学会会员彼得·科林森、伦敦园艺师克里斯托弗·格雷（Christopher Gray）、德国植物学家约翰·迪勒纽斯（Johann Dillenius）和彭达维斯夫人［Mrs Pendarvis，她又叫玛丽·德拉尼（Mary Delany），她的纸张马

1 Royal Widow Auricula.
2 Dwarf white starry Hyacinth.
3 White Boslamon Narciss.
4 High Admiral Anemone.
5 Rhyven Narciss.
6 White passe flower.
7 White grape flower.
8 The lesser black Hellebore.
9 Danae Auricula.

10 White flowering Almond.
11 Dwarf blew starry Hyacinth.
12 American flowering Maple.
13 Goldfinch Polyanthos.
14 Larger blew starry Hyacinth.
15 Virginian flowering Maple.
16 Narciss of Naples.
17 Best Claremon Tulip.
18 The checker'd Futillaria.

19 Large leav'd Norway Maple.
20 Double pulchra Hyacinth.
21 Queen of France Narciss.
22 Palto Auriflame Tulip.
23 Blew Oriental Hyacinth.
24 Single bloody Wall.
25 Admiral blew Anemone.
26 Bell Baptice Anemone.

27 Monument Anemone.
28 Red flowering Larch tree.
29 Blew passe flower.
30 Rose Jonker Anemone.
31 White flowering Larch tree.
32 Purple strip'd Anemone.
33 The Velvet Iris.
34 Jerusalem Cowslip.

Design'd by Pr. Casteels.

From the Collection of Robt. Furber Gardiner at Kensington. 1730.

Engrav'd by H. Fletcher.

SUBSCRIBERS.

433 位被列出的首批订购客户中的大多数是来自社会各阶层的女士。这张图版边缘点缀着许多以皇室名字命名的与众不同的花卉。

赛非常有名]。沃波尔夫人（Lady Walpole）也在资助者名单之内，在伦敦自然博物馆图书馆藏本中还找到了霍雷肖·沃波尔（Horatio Walpole）的藏书票。随后更多的版画套装于 1731 年在《雾周刊》（*Fog's Weekly Journal*）上发布广告公开出售，黑白的售价 1 磅 5 先令，彩色的 2 磅 12 先令 6 便士。1732 年发行的四周镶花边版本添加了第十三张图版，画上列有 433 个最初参与订购的客户名单（其中 19 位订购多册）。

该书选用帝王对开开本（23 英寸 ×23 英寸）印制出版，被视为英国花卉图书中较大、较早的彩色版画之一。这些图版具有极强的装饰性，且是史上独一无二的首部绘画插图名录，因此受欢迎程度远远超过了最初的商业预期。在 18 世纪剩余的那段时间，它被多次盗版，引领了一股花艺设计、园林花卉和插画园艺的出版风潮。想找到这组图版的完整套装如今已大海捞针，其价值不仅体现在稀有度、完美性、对植物表达的真实性上，还体现在它作为重要历史文献，记录了18世纪早期园林栽培出售的草本和灌木种类。

费伯生于1674年，1700年之后在肯辛顿建立了自己的苗圃。费伯的苗圃坐落在海德公园大门和肯辛顿戈尔大道附近，其中收藏的树木和异域植物绝大多数由费伯亲自用种子培育而成。费伯是一个虔诚的教徒，被视为那个时代最为杰出的园艺师之一。他对自己工作的兴趣和热爱在其首批著作之一的序言中就能看出。那部作品正式出版于1727年，是已知最早的园艺师培植名录手册之一。它由两册组成，一册名为《上等优质果树名录》（*A Catalogue of Great Variety of the Best and Choicest Fruit-trees*），另一册是《英格兰和外来树种名录》（*A Catalogue of English and Foreign Trees*）。费伯在序言中写道："这份从事多年的工作令我深感愉悦。我在工作上技艺娴熟，判断准确，擅长收集、培植和改良国内外各种最为珍稀名贵的林木、草木、果树等。"后来，费伯在1733年出版的《园艺概论》（*Short Introduction to Gardening*）中，进一步解释了出版该名录的理由："让更多的人热爱园艺，让园艺变得通俗易懂。"

园艺在费伯的那个时代越来越受欢迎，尤其在富裕的上流社会。人们为自己的花园购置树木、选种果树和异域草木的欲望越来越强，这相应地促进了种子贸易的快速发展和植物培育的大幅增长。尽管培育异域植物急需高超手艺，进而导致价格昂贵，但人们对异域植物的需求却不曾减少。植物科学的发展、殖民帝国的扩张、探险旅行以及像荷兰和英国东西印度公司这样的贸易公司为引进世界各地的植物、动物和其他自然界奇珍异宝打开了机会的大门，许多种子和植物也因此找到了通往费伯苗圃的大道。

费伯是一个精明能干的商人。掌管举世瞩目的富勒姆宫（Fulham Palace）花园的"园艺主教"亨利·康普顿医生（Dr. Henry Compton）去世后，费伯在1713年抓住了机会，通过买下这座花园里的部分植物，幸运地扩充了自己的典藏。康普顿是一位植物学赞助商，同时也热衷于进口稀有植物。康普顿借助英国国教海外教会任职的便利，将许多来自世界各地的植物引进英国。与他有联络的人包括英国博物学家马克·凯茨比和牧师约翰·班尼斯特（John Bannister）。凯茨比收集记录了卡罗来纳、弗吉尼亚的植物；班尼斯特牧师游历了西印度群岛和弗吉尼亚，把植物绘画、种子和植物蜡叶标本寄给了康普顿。因此，康普顿成了英国外来植物物种收集的集大成者之一。在富勒姆宫花园成功培育出的首株欧洲木兰就是康普顿的藏品。

费伯的苗圃取得了巨大成功，库存也丰富了起来，特别是藏有许多外来的乔木和灌木（其中就有著名的百叶蔷薇）使得菲利普·米勒（Philip Miller）将许多费伯收藏的植物收进1724年出版的《园艺师和花匠目录》（*Gardeners and Florists Directory*）。费伯的苗圃还受到彼得·科林森的高度赞扬。科林森是18世纪科学思想交流的核心人物，同时也是《十二月之花》的订购客户之一。科林森是个布商，同时也是园艺爱好者。与北美的贸易联系让科林森与美国的博物学家、苗圃主约翰·巴特拉姆（John Bartram）结下了终身友谊。正是有了科林森，巴顿才能够把近200种北美植物引进英国。

收集种子和培育植物是高级专业技能，费伯恰好在这方面技艺娴熟。他凭借强大的专业技能成为园艺师学会（Society of Gardeners）的创始人之一。园艺师学会成立于1724年，由20名代表自身贸易利益和贸易义务的顶尖伦敦园艺师和苗圃主组成。该学会的目标之一就是规范植物的名称，尤其是新引进的物种，从而避免销售时发生混淆；当时，卡尔·林奈已经发明了双名法。该学会1730年出版了《植物名录》（*Catalogus Plantarum*），定位于学会会员苗圃所种的草本、乔木和灌木的名录，同时介绍培育方法。这部著作被献给著名的威尔顿宅邸（Wilton House）花园的主人——第八代彭布罗克伯爵（Earl of Pembroke）。这部名录原计划出成系列三卷，但最终只有部分得以正式出版。其特色之处就在于手艺精湛的雕版技师亨利·弗莱彻和F. 柯卡尔（F. Kirkall）以荷兰花卉艺术家雅各布·范·海瑟姆（Jacob van Huysum）的绘画作品为原型雕刻而成的21张彩色图版。

费伯出版《十二月之花》时，在印制方面不惜成本。他之前曾雇佣荷兰画家皮

费伯花卉名录中画了 400 多种花，大部分都是“花商之花”，其中有耳状报春花、银莲花、玫瑰、郁金香和风信子。

特 · 卡斯蒂尔斯将彭布罗克伯爵托马斯 · 赫伯特（Thomas Herbert）花园中生长的“一株郁金香、木兰和一株木棉”单独绘制出版，并在 1720 年续续聘用卡斯蒂尔斯来描绘他自家苗圃的宝藏。卡斯蒂尔斯出生于一个安特卫普的艺术世家，除了画花卉静物，他也画鸟类与水果。卡斯蒂尔斯 1708 年便已来到英国，几年后返回安特卫普，不久又重返英国定居，直至 1749 年逝世。相较于油画作品，版画作品更让他闻名于世。卡斯蒂尔斯曾于 1726 年完成了一套 12 张自己设计的有关鸟和家禽的图版。不过这是否为费伯的十二月之花系列和随后 1732 年出版的水果系列带来过灵感，就不得而知了。

卡斯蒂尔斯为《十二月之花》准备的 12 幅经典的植物静物画皆为布面油彩，描绘了 400 多种花卉的特征。静物画以“花商之花”为主，其中有风信子、郁金香、耳状报春花，外加少数灌木。卡斯蒂尔斯将花扎成精致的花束，分别放置在 12 个式样不同的精美花瓶之中，用黑色作背景恰如其分地反映了巴洛克时期的繁荣与昌盛。卡斯蒂尔斯的绘画完成后，由亨利·弗莱彻雕刻成图版（弗莱彻因前作——园艺师学会的《植物名录》而为弗伯所熟悉）。每株植物都有编号，每张图版底部也都标有相应的名字作参考，以便费伯的顾客可以随心所欲地挑选种子或鳞茎。植物的名称标记在中间图版的一侧，同时也标有花开的月份。与同时代其他苗圃名录一样，图版上并不标明价格，而是另附价格表，因此图版一直有效、可被重复使用。

列有第一批定购者名单、1732 年开始广而告之公开出售的第十三张图版被献给了不列颠王位继承人、威尔士王子弗雷德里克殿下（HRH Frederick Prince of Wales）以及其妹长公主安。威尔士王子对自然科学和艺术兴趣浓厚，现存的皇室家族账目显示: 王子的建筑师威廉·肯特（William Kent）为装扮伦敦卡尔顿宅邸（Carlton House）的花园从费伯的苗圃购买过植物。威尔士王子的惠顾令费伯的苗圃蓬荜生辉，更加声名远扬。王子还曾租下邱园（Kew Palace），邱园坐落在里士满（Richmond）白屋（White Lodge）内一座占地 3.6 公顷的花园之内。1759 年，王子的夫人奥古斯塔王妃（Princess Augusta）在著名园艺师威廉·艾顿（William Aiton）和植物学家第三代比特伯爵（Earl of Bute）的帮助之下，大刀阔斧地扩建了这个花园，使之成为未来的邱园英国皇家植物园（Royal Botanical Lottery）的开端。这种忠君爱国的主题在图版中选择的花卉上也有所体现。扉页尤为明显，上面描绘着以弗雷德里克王子、卡洛琳公主（Princess Caroline）、卡洛琳王后、阿米莉娅公主（Princess Amelia）和沃波尔夫人命名的与众不同的花卉，还绘有以不列颠国王命名的银莲花和以大不列颠国王命名的重瓣风信子。

费伯的图版风靡一时，这也意味着它不断被别人复制抄袭。这些图版 1732 年被重印，更名为《花园展出》（*The Flower Garden Display'd*），但重印使用的是詹姆斯·史密斯（James Smith）拿原始图版复制的劣质图版。重印的较小的 4 开版本配有描述花的文字，这令书的受众更广。此重印版没有写明作者，J. P. 布拉泽斯顿（J. P. Brotherston）于 1910 年提出这版作者是剑桥大学植物学教授——理查德·布拉德利（Richard

引人注目、极具装饰性的费伯图版成为盛行一时的壁挂艺术品。这张六月图版描绘的是玫瑰丛中的向日葵、鸢尾和兰花。

Bradley）。另一个重印版出现在 1749 年，作者约翰·鲍尔斯（John Bowles）将其命名为《植物志或每月绽放最美花卉的珍奇收藏》（*Flora, or a curious collection of ye most beautiful flowers as they appear in their greatest perfection each month of the year*）。此版与原版更为接近，但是印刷顺序相反，还添加了各种昆虫。1982 年，皮尔庞特·摩根图书馆（Pierpont Morgan Library）按照原始版式对费伯的书进行了再版重印。

随着这些花卉图版获得巨大成功，费伯聘请卡斯蒂尔斯于 1732 年出版了《十二月之水果》（*Twelve Months of Fruit*）一书。和花卉著作相似，《十二月之水果》也有 12 张彩色雕版图版，画中 364 幅水果插画根据水果成熟月份来分类。费伯于 1756 年逝世，享年 82 岁，他的苗圃直到 19 世纪 40 年代末一直由继任园丁打理。

人们收集标本藏品，构建奇趣屋，往往是为了全面了解自然界及其演化以及人与自然之间的关系。

撰文/莉萨·迪·托马索

阿尔贝图斯·萨巴《丰富的自然宝藏》

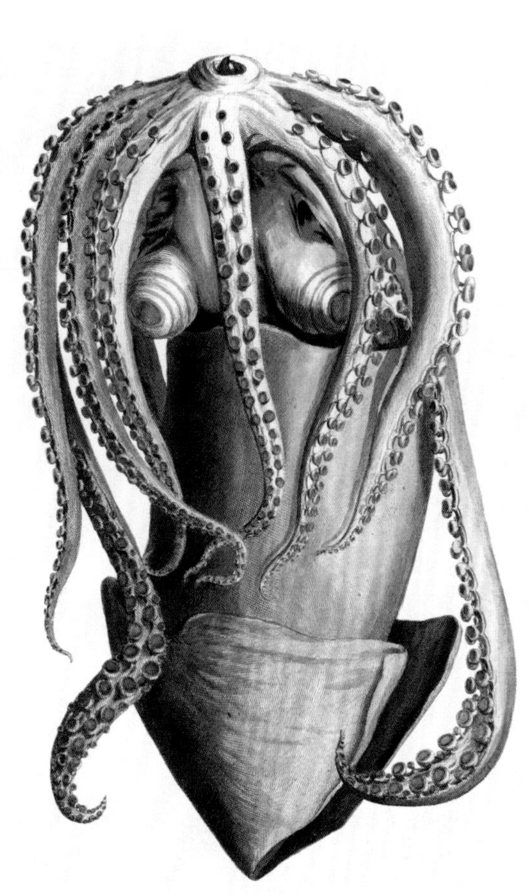

萨巴几乎亲自监督了全书 4 卷所有图的绘制工作。图中的欧洲枪乌贼（*Loligo vulgaris*，鱿鱼的一种）出现在萨巴死后 1736 年正式出版的第三卷中。

阿尔贝图斯·萨巴的《丰富的自然宝藏》（*Locupletissimi Rerum Naturalium Thesauri* 或 *Accurate Description of the Very Rich Thesaurus of the Principal and Rarest Natural Objects*，以下简称《宝藏》）的最为非凡之处就是它揭示了艺术与科学的融合，这部著作在18世纪誉满全球。萨巴去世近300年后，他的藏品和著作仍对科学研究与投入有着重要影响。

1665年5月2日，萨巴出生在德国福莱德堡（Friedeburg）附近的埃泽尔（Etzel）。他年少时就对博物学表现出了兴趣，儿童时代还喜欢收集标本。虽然萨巴的父亲是个农民，但萨巴依然得到了上学读书的机会，后到阿姆斯特丹接受药剂师的职业培训。萨巴经过了学徒见习和实习期，于1697年获得职业资格，正式成为一名港口药剂师。那个时代，许多药剂师都对科学产生兴趣，他们通过研究测试新发现的材料来寻求研制药物的方法。荷兰当时是国际贸易中心，萨巴因此占尽天时地利，他能够获得来自遥远大陆的可被用于研制新药的全新植物、矿物、动物标本。萨巴对博物学终生不渝的兴趣以及送抵阿姆斯特丹的各式各样异域物种所散发出的魅力，让他有机会扩充自己的藏品。他全面收集各种标本（其中有爬行动物、哺乳动物、鸟类、软体动物、昆虫和矿物），构建了一个巨大的奇趣屋。

萨巴与自东印度群岛、美洲和非洲出海归来的水手建立联系。一有航船进港，萨巴就冲向码头，第一时间向返航的患病水手伸出援手，他也因此为众人所知。他抓住在船上的机会购买新标本，以扩充他的收藏。萨巴是一个精明的商人，凭借药品生意和出售稀有标本、标本复制品的商

图中所绘的雄性是一种原产于亚洲东南部的大型蝙蝠——大狐蝠（*Pteropus vampyrus*）。大狐蝠由卡尔·林奈1758年正式命名，人们认为它是林奈拜访萨巴时研究的多个物种之一。

业技巧迅速发家致富。知名度的迅速攀升让他能够接触到高级顾客，例如沙皇彼得大帝多年来一直在他那里采购药品。

收集构建奇趣屋在那个时代并不罕见。这种收藏可追溯到15世纪并流行于上层社会，由贵重、稀有或不同寻常的物品构成，要么用于研究，要么用于娱乐。人们收集这些藏品往往是为了全面了解自然界及其演化以及人与自然之间的关系。萨巴在自家建了一个奇趣屋，藏品扩充迅速导致一整间屋子都被占满。粗略估计，他积累的藏品大约有4万件标本。沙皇彼得大帝为扩充自己的奇趣屋造访阿姆斯特丹时，萨巴给沙皇提供了自己的标本清单。经过漫长的讨价还价，萨巴于1717年以总价1.5万荷兰盾将自己的藏品出售给沙皇。出售物包括72抽屉贝壳、32抽屉（共计1000只）欧洲昆虫以及400罐保存在酒精中的动物标本。沙皇以这些藏品为基础，构建了圣彼得堡艺术珍宝馆（Kunstkammer, St. Petersburg），即今天闻名于世的圣彼得堡人类学和民族学博物馆（Museum of Anthropology and Ethnography in St. Petersburg）。这是俄罗斯的第一座博物馆，也是世界上较古老的博物馆之一。

与沙皇的交易令萨巴更加声名在外。他开始重新收集藏品，很快就积累了海量的新标本。萨巴继续买卖和交换来自世界各角落的标本，其中有标本来自格陵兰岛（Greeland）、波斯、阿拉伯半岛、锡兰（今斯里兰卡）、东南亚、美洲和好望角。萨巴学习并研究保存标本的新技术，让标本可以保持原有的颜色和形态。萨巴乐于分享信息，允许身边同事接触他的藏品，还与许多朋友保持书信往来。他与全世界各标本产地的收藏同行以及博物学家建立联系，购买和交换新的藏品。

萨巴家来过一位著名访客——创立了双名法的瑞典分类学家卡尔·林奈。林奈曾在1735年两次造访萨巴，并在自己的分类系统中大量使用萨巴收藏的标本。他在后续研究中引用萨巴的藏品250次以上，大量萨巴的材料成为林奈双名法中的模式标本——描述新种所依据的原始标本。萨巴还与英国医生兼博物学家汉斯·斯隆爵士保持着密切的书信往来，斯隆爵士的藏品为大英博物馆奠定了基础。在斯隆的支持下，萨巴于1728年当选英国皇家学会会员。第二年，斯隆在皇家学会会议上阅读了萨巴有关蔬菜解剖准备工作的论文。此后，萨巴将《宝藏》第一卷作为礼物赠予斯隆，并在扉页上提及了英国及英国皇家学会为科学进步所做的贡献。

萨巴于1731年与两家出版社达成协议分享收益，出版内含400张图版的4卷著作，用以展示他的藏品。每幅图都画着一件标本并配有文字说明。这部著作有拉丁法语版和拉丁荷兰语版两个双语版本，以便满足更多读者的需求。这部著作前两卷的绝大部分内容由萨巴本人撰写并得到其他博物学家的协助，分别于1734年和1735年出版。

萨巴于1736年去世。他的同事阿诺特・沃斯马尔和其他朋友对其遗稿进行了漫长的整理定稿工作，后两卷分别于1759年和1765年编辑完成。沃斯马尔是奥兰治亲王威廉五世（William V, Prince of Orange）的动物馆和博物馆的负责人，他本人也是一名博物学家。最终，449幅手工着色的插图构成了这部四卷著作，几乎所有插图都是在萨巴指导下完成的。萨巴雇佣了多名艺术家对他的标本进行艺术刻画，其中至少有13位艺术家是特约的。大部分动物被描绘得栩栩如生，让人感觉身临其境，与那位具有开创精神的博物学家玛丽亚・西比拉・梅里安的图绘风格如出一辙。贝壳被精心布置，其排布方式与萨巴抽屉中的标本的排布方式一致。萨巴提到，所有插画描绘的都是他收藏的标本或者他亲眼见过、研究过的东西。其实，有些画并非如此，其中包括一只七头水螅和一些复制于瑞士博物学家康拉德・格斯纳16世纪50年代出版的《动物志》中的画。这些例外可能是萨巴死后由沃斯马尔或其他编辑加入的。

萨巴对物种的文字描述既不准确，又毫无教育意义，因而学者们对书的品质深表质疑。萨巴的描述没有采用自1753年起就已被采用接受的林奈双名法，这导致萨巴的书很快就落伍了。在林奈的命名系统被广泛采用之前，人们对物种命名并没有统一的约定。描述物种往往变得沉冗繁杂，显然萨巴的作品就是这样。萨巴的素材来源广泛，绝大部分基于航海发现之旅传回的信件和消息以及后来出版的科学探险书。萨巴并没有独立完成书中的文字编撰工作。例如，第三卷中有关鱼类的文字由受雇于萨巴名叫彼得勒斯・阿特迪（Petrus Artedi）的学者执笔，更多的文字改动可能在萨巴死后由编辑完成。

《宝藏》第一卷主要聚焦亚洲和南美洲的动植物，这些动植物都配有用萨巴独有技术制成的植物骨架插图。第二卷的大部分篇幅有关蛇。第三卷则集中在海洋生

这幅画代表了几大洲：美洲红鹮（*Eudocimus ruber*）来自美洲中部和南美北部；橙尾鹃鸠（*Trichixos pyrropygus*）来自亚洲；两条巨蟒中上面那条是来自非洲的球蟒（*Python regis*），下面那条是来自亚洲东南部的网纹蟒（*Python reticulatis*）。

图为林氏鼠负鼠（*Marmosa murina*）的母鼠与子鼠。萨巴让这件独一无二的标本以浸制标本的形式保存下来。大英博物馆得到这件标本后，对这几只哺乳动物重新进行了填充装配，它们至今仍陈列在伦敦自然博物馆中。

物，描绘了扇贝、鱿鱼、海胆和鱼类的主要特征（P100 图）。最后一卷的内容主要由昆虫、矿物和化石构成。

萨巴去世数年后，他的藏品被出售，用以维系图书出版的开支。在 1752 年的一场拍卖会上，萨巴的许多藏品被高价竞卖。多家欧洲的自然博物馆在此次拍卖会上购买了藏品，其中有圣彼得堡动物研究所（Zoological Institute in St. Petersburg）、斯德哥尔摩自然博物馆（Natural History Museum in Stockholm）、阿姆斯特丹动物博物馆（Zoological Museum in Amsterdam）和伦敦大英博物馆。大英博物馆购买的藏品现归伦敦自然博物馆，那些标本中有水蟒、蝙蝠、老虎和鱼。其中一件与众不同的标本就是第一卷提到的负鼠（*Didelpys murina*），它在 1758 年被林奈更名为林氏鼠负鼠。这件标本就是人们熟悉的林氏鼠，其特征为母鼠背着 6 只子鼠。萨巴将这件由 7 只鼠组成的标本保存在一个大罐子里。1887 年，大英博物馆的馆员将标本从罐中取出，填充装配加以处理。

萨巴的画在今天仍具很大的科研价值。第一卷中描绘的大象胎儿在萨巴死后归卡尔·林奈所有。林奈用这件标本，配上曾就读于剑桥大学三一学院的英国博物学家约翰·雷的拉丁文描述，命名了亚洲象（*Elephas maximus*）。萨巴的大象标本被当成这个种的模式标本。多年以后，科学家开始探究林奈对萨巴标本的原始描述的准确性。2013 年，伦敦自然博物馆的科学家与其他单位的同行合作，对萨巴的大象进行了 DNA 检测，同时还追踪了约翰·雷描述的标本，结果查到了佛罗伦萨自然博物馆（Museum of Natural History, Florence）的大象标本并对之进行了 DNA 检测。检测结果显示：雷的标本是亚洲象，萨巴的标本则来自非洲。

萨巴的《丰富的自然宝藏》是奇趣屋的杰出代表，也是 18 世纪重要科学藏品的深刻描述。从审美及学术角度来看，萨巴的 4 卷纲要凭借名目繁多、尺寸宏大成为绝世之作，同时它也是一种向萨巴热爱自然之心的永恒敬意。

特鲁下决心，要让自己的作品不仅具有较高的美学水准，更重要的是具有较高的科学水准。

撰文／安德烈·哈特

克里斯托夫·特鲁

《植物选集》

乔治·埃雷特是有史以来技艺极为精湛的植物艺术家之一，其植物插图的独特风格和清晰度空前绝后。这幅埃雷特的画像在《植物选集》中与特鲁和雅各布·海德的画像一同出现。

克里斯托夫·特鲁（Christoph Trew）的《植物选集》（*Plantae Selectae*）被认为是18世纪极其伟大的植物学著作之一。作为一部植物学插图和版画杰作，它以100张手工着色图版为特点，上面画有一些当时已知的精美至极的异域植物。这部著作是纽伦堡医生克里斯托夫·特鲁、奥格斯堡（Augsburg）雕版技师约翰·雅各布·海德（Johann Jakob Haid）以及有史以来极具影响力的欧洲植物学艺术家之一乔治·狄俄尼索斯·埃雷特的联手杰作。

特鲁出生在德国巴伐利亚州第二大城市纽伦堡。纽伦堡历史悠久，是早期科学和文化交流中心，也是许多在科学和艺术领域重要且极具影响力的人物的故乡，其中有画家丢勒、雕刻家维特·施托斯（Veit Stoss）和作曲家约翰·巴哈贝尔（Johann Pachelbel）。对特鲁最有意义的是纽伦堡在印刷方面历史悠久，丢勒的教父安东·柯贝尔格（Anton Koberger）1470年在欧洲开办的第一家印刷厂就坐落于此。这座城市也因此吸引了许多技艺精湛的雕版技师、印刷师和着色师，这让纽伦堡在18世纪的国际图书贸易全球扩张中扮演了关键角色。那个时期被视为科学研究院和学术团体的“黄金时代”。

特鲁是一位与众不同的博学之士，也是一位杰出的图书收藏家和推销商，在博物学图书领域尤为如此。他的图书馆藏书3.4万余卷，是当时最大的博物学文献藏馆。完成医学专业的学习之后，特鲁于1717年开启了为期3年的旅行，先后到访瑞士、德国、法国、荷兰和比利时。1721年，他回到纽伦堡成功创办了一家诊所，同时还在当地的医学院（Collegium Medicum）任教。能力出色让特鲁成为勃兰登堡－安斯巴赫侯爵（Margrave of Brandenburg-Ansbach）的私人医师和宫廷参赞。1743年，特鲁被任命为帝国自然探索者学院（Imperial Academy Naturae Curiosorum）的星历官（Director Ephemeridum），负责监督学院期刊的编辑工作。特鲁一生获得诸多殊荣，其中有神圣罗马帝国的王权伯爵，他还在66岁时获得了医学界的最高荣誉——纽伦堡医学院首席专家（Senior Primarius）。尽管如此，他的主要兴趣还是植物学，尤其是植物插画。特鲁与欧

CEREUS *gracilis ſcandens ramoſus plerumq; ſexangularis, flore ingenti atq; fragranti, calyce aureo corolla argentea, fructu e carneo luteſcente.*

洲的科学家保持了广泛的信件往来，还收集了各种各样的博物物品，其中就有买来的巴西利厄斯·贝斯莱尔《艾希施泰特花园》的原画。《艾希施泰特花园》是一部展示了生长在著名的艾希施泰特花园内的珍稀异域植物的插图集锦。

特鲁对植物的兴趣是他在纽伦堡医学院任教期间培养起来的。他在那里担任植物园的园长，直到1732年为建立自己的异域植物园才放弃了这一职务。次年，特鲁经表兄弟约翰·安布罗西乌斯·贝鲁（Johann Ambrosius Beruer）介绍，结识了年轻的艺术家乔治·埃雷特。贝鲁是雷根斯堡（Regensburg）小镇上的一名药剂师学徒，他把埃雷特的一些画寄给了特鲁。贝鲁的介绍开启了埃雷特与特鲁之间持续一生的通信联络，同时也开启了一段艺术家与赞助人之间的关联，这种关联最终通过《植物选集》的出版达到顶峰。

特鲁非常赏识埃雷特的卓越艺术才华，因此成了他强有力的支持者。特鲁通过购买埃雷特的画来给予他经济支持，同时将自己的熟人介绍给埃雷特，这让埃雷特能够游览一些欧洲最著名的植物园。埃雷特在这个过程中增长了见识，锻炼了能力，成长为一名植物艺术家。我们可以通过埃雷特1758年的自传对其早期生涯进行深入了解。埃雷特出生于海德堡（Heidelberg），他父亲是一位园丁和能干的绘图师，给埃雷特上了第一堂绘画启蒙课。埃雷特称自己为“熟练的园丁”。他最初在海德堡当园丁学徒，随后和兄弟克里斯托夫·埃雷特（Christoph Ehret）南下，在巴登-杜拉赫侯爵查尔斯三世·威廉（Charles III William, Margrave of Baden-Durlach）位于卡尔斯鲁厄（Karlsruhe）的花园里工作。工作期间，埃雷特在某种程度上受到画师奥古斯特·西韦特（August Sievert）的启发，他的水彩画技术日益增进。奥古斯特·西韦特是花园里的老员工，他安排埃雷特为自己研磨颜料。虽然埃雷特的努力受到了酷爱收集花卉的伯爵的赏识，但因为与其他花匠有矛盾，两年后埃雷特辞职离开花园，另寻新东家。

这张图版展示的是在夜间开放的仙人掌——大花蛇鞭柱（*Selenicereus grandiflorus*），它也叫夜皇后。艳丽的花朵只在夜间开放，它还有滋补心脏和镇静止痛的医药功效。

埃雷特在雷根斯堡，受雇于约翰·威廉姆·魏因曼（Johann Wilhelm Weinmann），为魏因曼的作品《花谱》（*Phytanthoza Iconographia*）创作了500幅图画，但工作环境恶劣、报酬低廉导致埃雷特最终选择离开。此后5年，他为雷根斯堡的银行家赫尔·莱斯肯科尔（Herr Leskenkohl）工作，为莱斯肯科尔花园中的植物绘制插图以及为莱斯肯科尔手中那部亨德里克·范·瑞德（Hendrik van Rheede）的《马拉巴尔花园》（*Hortus Malabaricus*）的图版手工着色。那时，他已是一名全职艺术家，当园丁的经历对他理解和观察植物具有重大意义。他为自己成为植物学家而备感自豪，在职业生涯早期就意识到学习植物学知识、观察植物生长的不同时期以及与其他物种进行比对的重要性。为了捕捉植物的微小细节，埃雷特常使用显微镜，这造成他晚年视力严重受损。

埃雷特凭借赞助人提供的推荐信继续他的行程，造访了欧洲其他的花园。与此同时，他还坚持描绘新植物并把画寄给远在纽伦堡的特鲁。1734—1735年的那个冬天，埃雷特来到巴黎，在巴黎植物园（Jardins des Plantes in Paris）的植物副讲解员伯纳德·德·朱西厄（Bernard de Jussieu）处做客。埃雷特可能是在那里见到了画在犊皮纸上的植物和动物插图精美藏品。这种插图统称为犊皮卷（velins du roi），始于法王路易十三（Louis XIII）的弟弟奥尔良的加斯顿（Gaston d'Orléans）。此前，埃雷特一直在纸上作画。据特鲁回忆，埃雷特那个时期寄来的画已用革纸或皮纸作画底了。埃雷特可能经常在这种画底上作画且已操作熟练。

朱西厄鼓励埃雷特探访英国的花园，埃雷特1735年抵达伦敦，在那里遇见了汉斯·斯隆爵士和日后成为自己妻兄的菲利浦·米勒。斯隆的切尔西药用花园（Chelsea Physic Garden）作为基地，对埃雷特研究和绘制最新异域植物来说，具有得天独厚的优势。次年，埃雷特到访莱顿，在那里遇见了一生的挚友卡尔·林奈。林奈向埃雷特展示了检验植物雄蕊的新方法以及在植物科学插图中表现雄蕊的不同方式。埃雷特在莱顿还结识了乔治·克利福德（George Clifford）。克利福德十分赏识埃雷特的技艺，很快就买走了埃雷特的部分画作，还聘请他为自己的著作《克利福德花园》（*Hortus Cliffortianus*）绘制插图。埃雷特回到伦

Tab. XXXV
Fig. 1. HVRÆ Tab. XXXIV floris fructusque partes

LILIVM folis ſparſis, multiflorum, floribus reflexis,
fundo aureo, limbo aurantio, punctis nigricantibus,

木兰属植物（左图）是进化史上较原始的植物属之一，可根据化石记录追溯到1亿年前。这种植物以法国植物学家皮埃尔·木兰（Pierre Magnol）的名字命名，是中国南方和美国南方土生土长的植物。

头巾百合（*Lilium superbum*，右图）又叫华丽百合，可以长至2米高。向后弯曲的亮橙色和黄色花瓣使它成为较华丽的百合之一，吸引凤蝶成为其主要传粉者。

Tab. XIX.
MVSÆ fructu longiori spadicis fructiferi verticillus primus et ex parte secundus tertiusque in naturali magnitudine.

敦后继续飞快作画，他的主顾有理查德·米德医生（Dr. Richard Mead）、布罗斯特罗德公园（Bulstrode Park）的主人——波特兰公爵夫人以及汉斯·斯隆爵士。埃雷特还教贵族和富人绘制植物插图。

《植物选集》被视为特鲁雄心勃勃精心打造之作，也是其唯一一部没在家乡纽伦堡出版的作品。很多特鲁的通信信件被保存至今，为了解这个项目的更多情况提供了可能性。特鲁下决心要让自己的作品具有较高的美学水准，更重要的是具有较高的科学水准，而非单纯是一本装饰性的花卉图书。特鲁在引言中记述了他与埃雷特在工作上的合作关系，希望公众知晓埃雷特所做的贡献。特鲁撰写了插图的文字说明，给出了每种植物的植物学特性、历史以及特鲁描述与前人描述的对比。特鲁采用的植物名称都是林奈双名法诞生之前的名称，因此部分植物的拉丁名颇为冗长。

特鲁最初计划5年之内完成这部巨作：每6个月出版一册对开本，整套共10册，书中配有特鲁亲自撰写的文字说明。这一计划很快变得不切实际，因诸多事情而被耽搁。直到1766年（特鲁去世前3年），仅出版了7册。特鲁的根据地在纽伦堡，埃雷特在伦敦，海德在巴伐利亚州西南部的奥格斯堡，这种境况让这部著作的出版变得更加复杂。此外，特鲁参与撰写了另一部著作《奈蒂斯密花园》（*Hortus Nitidissimis*），同时还参与出版其他的著作，例如伊丽莎白·布莱克韦尔（Elizabeth Blackwell）的《神奇草药》（*A Curious Herbal*）的德语版。

海德来自于一个天才艺术家和雕版技师家族，凭借大幅美柔汀肖像画和在魏因曼《花谱》中的画作而闻名。特鲁先从埃雷特的图画中选出要收入《植物选集》的画，再把画寄给远在奥格斯堡的海德。为确保埃雷特的图画尽可能真实准确地被转印到铜版上，雕版技师在雕版过程中被要求在细节和技巧上所用的时间、精力与创作原画所用的时间、精力相当。在将图画转成图版的过程中，有些原画发生了损坏，这令特鲁十分担忧，他在1749年10月写信，要求雕版技师对待原画要更加小

芭蕉属由卡尔·林奈在1753年命名。芭蕉属有近70个种，只有少数几种的果实可以食用。它们的生长形态如图所示——向上生长，并非人们预料的那样向下生长。

EHRETIA foliis alternis oblongis acuminatis, spica florum sparsa, petalis reflexis albis

心。写信抱怨成了他的常态，至少持续到1763年。特鲁是一个完美主义者，很少会对海德和其团队制作的初次样版满意，经常将之退回要求修改，这进一步耽误了图书出版的进度。

海德的手艺巧夺天工并亲自给许多图版着色，但这个过程颇耗费精力，有些图版着色所需时间跟直接印刷相差无几。于是，海德转而寻找最好的画师和着色师。特鲁很清楚自己想要达到什么样的标准，他力求插图尽可能真实、与原作色彩尽可能保持一致。这意味着许多彩色校样会被退给海德，造成项目进一步延期。埃雷特也没能逃脱特鲁的挑剔眼光，他经常被要求寄送新画，画中还要加入特鲁认为遗漏的果实的细部特征。

埃雷特非常擅长描绘植物的截面以及详细展示花部的解剖。他的植物学知识、观察力和对植物的了解就像榕属植物（*Ficus*，上图）展现的那样，与其艺术才能和在植物科学插图艺术方面的深厚功底相辅相成。

厚壳树属植物（*Erhetia*，下图）为纪念《植物选集》的插图作者乔治·埃雷特而被命名。它是开花植物紫草科的一个属。

被特鲁选定出版的植物中有许多异域植物标本。最引人注目的那幅插图画的是仙人掌——大花蛇鞭柱（P110 图）。它原产于热带地区，人称“夜皇后”，盖因其一年或数年只在一晚开放，开花数小时便会枯萎。被特鲁选中的植物中还有重要的经济作物，比如香蕉和凤梨。有些图版还展示了埃雷特在到访花园中观察到的种类繁多的植物，其中有种在查尔斯·维格爵士花园里的木兰（P113 左图）和彼得·科林森花园里的美洲头巾百合（P113 右图）。对于后者，埃雷特不仅全方位捕捉到了花的形态，还展示了这种植物从含苞待放到花团锦簇的全过程。他还经常给自己的画作添加注释，如植物的生长地区和开花时节。

这些图版遵循这样一种风格：一些主体自然排列，直截了当地画出植物肖像；另外一些主体则以图示形式存在并被放大科学方面的细节。所有图版都在展示埃雷特在设计和构图方面的深厚功底。这些深厚功底再加上观察力和对植物学的理解，让他能够清晰勾画出每种植物的本质特征。例如，榕属植物图版不是典型的植物肖像画，而是其繁殖器官的详细解剖图。图上部分故意没有着色，以突出精致的细节，将重点聚焦于花朵果实结构。另一幅值得注意的插图画的是厚壳树属植物，这是特鲁以埃雷特的名字来命名的新属。

1769 年，特鲁去世。在他去世前的 1750—1766 年间，原计划由他担任编辑的书只有 7 册正式出版。海德 1767 年去世之后，海德的儿子约翰·埃雷斯·海德（Johann Elias Haid）与植物学家贝内迪克特·沃格尔（Benedikt Vogel）合作，完成了最后 3 册的出版工作。这部著作终于在 1773 年全部出版，可惜埃雷特、特鲁和海德都没能见到最后一册问世。

《植物选集》是 18 世纪的经典植物学著作之一。20 世纪 90 年代早期，该书的原画在德国国家博物馆（Germanisches National Museum）图书馆中被发现。其豪华制作以及对一些当时最重要、最美丽异域植物的描绘不仅展现了乔治·埃雷特的高超技能和无可争辩的天赋，还捕捉到了植物学插画黄金时代的精华，它还是有史以来正式出版的规模较大的花卉著作之一。

《奥里利安》

摩西·哈里斯

撰文 / 保罗·M. 库珀

『奥里利安』过去被用于指代某些蝶蛹闪耀出的亮丽光泽；少数 18 世纪早期专门收集研究鳞翅目昆虫的英国博物学家则反之自称『奥里利安』。

摩西·哈里斯的作品起了一个有趣的名字——《奥里利安》，仿佛在邀请现代读者前去那个引人入胜且已被遗落的 18 世纪的博物世界一窥究竟。“奥里利安”（aurelian）一词源自于拉丁语 aureolu（意为金色的），过去被用于指代某些蝴蝶蝶蛹闪耀出的亮丽光泽，一般意义上也被用于指代蛹期。少数 18 世纪早期专门收集研究鳞翅目昆虫（蝴蝶与蛾类）的英国博物学家反之自称“奥里利安”。1720 年，埃利埃泽·阿尔宾（Eleazer Albin）出版了《英格兰昆虫志》（*Natural History of English Insects*），这是不列颠第一部专门包含蝴蝶与蛾类章节的著作。因此，那个时期也见证了博物学领域新分支的诞生。

哈里斯从各种角度描绘了红棒球灯蛾（*Tyria jacobaeae*）以及豹灯蛾（*Arctia villica*）正在飞过新疆千里光（*Jacobea vulgaris*），制造了美妙的对称效果。

PINK UNDERWING
a. a. a. The Caterpillars. b. b. Chrysides. c. c. c. the Moth in Various positions. fly in May.

Creamspoted. TIGER
d. the Cat.^{r} e the web. f. the Chrysalis. g. g. g. The Moth in Various positions.

Mo: Harris. pinx.

PL. XXIV.
HUMING BIRD
a. Male Cat.r b Female. c Chry.s d Underside e Upper
fly in May and augt.
DOT
f. Cat.r g. Chrysalis h the Moth. fly in May
Mo. Harris pinx

小豆长喙天蛾（*Macroglossum stellatarum*），因其“舌头”修长可以伸入像圆叶牵牛（*Convolvulus major*）这样的花而闻名。哈里斯把小豆长喙天蛾画在乌夜蛾（*Melanchra persicariae*）旁边。

摩西 · 哈里斯生于 1730 年，我们对他的背景和生平知之甚少。哈里斯的家庭条件似乎很优越，他从年幼时起便对昆虫以及描绘昆虫产生了浓厚的兴趣。他的一位叔叔也叫摩西，是第一届奥里利安学会（Society of Aurelians）会员。这个学会其实是一个小型私人绅士俱乐部，定期聚会讨论会员都感兴趣的蝶蛾话题。据我们了解，这个学会在 1738 年还存在，1748 年已确定解散。奥里利安学会的固定聚会地点是伦敦康希尔街（Cornhiu）天鹅客栈的一间客房。1748 年 3 月 25 日那天，会员聚会时，隔壁楼突发大火，这导致学会的藏品和图书尽皆损毁，幸运的是人无大碍。14 年后学会重组，摩西·哈里斯被任命为学会秘书。在那段参与学会活动的日子里，哈里斯为进军昆虫学界做着不懈努力，一直在学习鳞翅目昆虫的知识。18 世纪 50 年代末，哈里斯萌生了出版一本书的念头，以记载他学到的知识、向同行致敬。

在《奥里利安》的出版计划书中，哈里斯表示："除了包括昆虫及其栖息植物，每张图版还会如实地记述昆虫自身变化的不同阶段以及成为蛾后经常出没之地。"哈里斯在前言中强调了自己多年研究昆虫自然习性、观察昆虫生命周期不同阶段所积累的经验。每张图版都刻有："哈里斯现场描绘植物和昆虫（M. Harris ad vivum sculpsit）"，以强调他对昆虫的直接观察。显然，哈里斯的家就是他的简易实验室。他在记述凤蝶时，详细地描述了观察毛虫经过数天变为蛹的过程，并记录下他"拿萝卜青菜喂毛虫，让它们尽情吃喝"。他对蝴蝶与蛾类的种类进行了大胆的估计："英格兰有多少不同的种……显然不能判断出来；不过，我们已记载了的种在 400 ~ 500 之间，蝴蝶大约有 50 种。不指望能发现蝴蝶的新种。至于蛾类，如果努力探索，几乎每天都会发现新种。"有意思的是，新千年项目的调查显示栖居在英国的蝴蝶共有 59 个种。

哈里斯在《奥里利安》那个冗长的副标题里指出：读者能够在书中找到这些蛾类和蝴蝶的"标准名称，这些名称由实至名归的极具创造性的奥里利安学会给出"。其实，书中的名称只是英格兰民间的俗称，通过哈里斯和同事对每个种的逐一鉴别而获得了认可。这些名称总会让人联想到 18 世纪人们的日常生活，例如随从、抹布、中国符号、守门员。还有特指蝴蝶那迷人外表的名称，例如彩纹女神或者斑纹美人。

《奥里利安》1766 年出版时，瑞典博物学家卡尔·林奈已经出版了 10 个版本的《自然系统》(*Systema Naturae*)。林奈在书中用由属和种组成的双名系统循序渐进地对动物界进行了鉴定，1760 年出版的第十版中却只包括了部分蝴蝶和蛾类。林奈双名法也适用于《奥里利安》中出现的某些植物，例如圆叶牵牛被归为旋花属(*Convolvulus*)。在 1778 年出版的《奥里利安》第二版中，哈里斯在物种描述旁边给出来自《自然系统》第十二版的精确参考链接。例如，奶油斑虎蛾的描述文字有注释："Linn. Phal. Bomb. 68"。《奥里利安》穿插于《自然系统》两个版本之间，展示了知识的日渐增长以及博物学学界对林奈分类系统认同。

哈里斯不仅是《奥里利安》的作者，他还完全有资格被称为制作此书的艺术家。他在 1766 年把自己描述为"一名把这部分博物学知识变成了自己作品的画师……在这 20 年里"。19 世纪早期，博物学家威廉·斯温森(William Swainson)认为哈里斯是"同时代最优秀的昆虫画师和雕版技师"。哈里斯一般会在每张图版上细致刻画 2 ～ 3 种昆虫，通常包括毛虫阶段、蛹阶段和蝶阶段。至于粉红色后翅蛾(现在称为红棒球灯蛾)，他在图中给出三个不同角度，尽可能清晰地展示蛾的颜色和斑纹，以便鉴别。这些昆虫标本在图中与其日常食用的植物相互靠近。哈里斯的图富有美感且并非是简单的图示，其作品的成就和审美情趣都值得被记录在册。1785 年，哈里斯在英国皇家学院在伦敦举办的展览上展出了一个"昆虫架"。尽管我们猜测他展示的是一组标本，在展览目录里他仍然被描述成一位画家。毫无疑问，这是一件为皇家学院而制作的非同寻常的展品，它却因艺术价值而被展览方认可。仔细审视一下《奥里利安》，我们也许会偶然发现哈里斯重视艺术甚于博物学。哈里斯在某张图版上将两只蝴蝶与黑色卵形水甲虫和基斑蜻并列。事实上，这些昆虫并无关联，只是放在一起好看罢了。哈里斯所画植物带有被昆虫区系咀嚼过的细微伤痕。这与哈里斯的前辈——17 世纪博物学家、艺术家玛丽亚·西比拉·梅里安的画形成了强烈的反差：梅里安作品中出现的植物都被昆虫蚕食殆尽。哈里斯的作品风格可能受到荷兰静物画的影响，这种说法并非毫无道理。

PL.XXVI.
The GREEN-hair streak
a The Catterp^r. b the Chrysalis
c the Fly . d underside
food Blakt^r. buds
DARK GREEN
e Upperside f. Under
fly in woods in July.
p Yellow Grass moth
Blue taild LIBELLA
g the Caterpillar and Chrysalis
h. its coming forth of the Chrys^s.
i the fly . seen in June
Boat BEETLE
k. the Caterpillar l chrysalis
m beetle flying. n Creeping
o on its back
Mo. Harris pinx^t.

哈里斯在这幅画中褒扬了昆虫的多样性。除了在灌木上进食的银斑豹蛱蝶（*Argynnis aglaja*）和斑点卡灰蝶（*Callophrys rubi*），他还画下了水甲虫和基斑蜻（*Libellula depressa*）。

第一版《奥里利安》的插图扉页值得我们关注。一位年轻绅士在树林中看似轻松惬意，背景中还有一个小人，这两人都是野外昆虫研究的参与者。二人都配有捕捉蝴蝶的“捕蝠”网和装昆虫的托盒。画中前方那位的衬衣上还挂着一个针垫，人们猜测这是哈里斯的自画像。这幅图是对前言及其他文字部分的补充，哈里斯在文中给蛾类和蝴蝶收藏者提出了切实可行的建议。

在出版商或我们所理解的出版社诞生之前，一本书的成功或者盈利在很大程度上取决于作者开展的促销活动。和 19 世纪其他配有精美插图的博物学图书一样，《奥里利安》通过订购分辑的方式出版。哈里斯为《奥里利安》做了一个出版计划书，其主要目的就是吸引富豪订阅：每月收到一张图版及配字，按月结算，用这种方式支持整部著作的后续出版。该书绝大部分客户都是英格兰贵族，他们的姓名和纹章被题写在每张图版底部的献词中。在题词页中，哈里斯说这些图版“也有装饰家具之功效”。由此可知，这些图版也适宜在家庭室内被镶框陈列。哈里斯所指的，正是这部作品在绘画和印刷方面的精良品质。

诺曼·莱利（Norman Riley）选择哈里斯的图版做其 1944 年出版的作品《不列颠蛾类》（*Some British Moths*）的插图，这说明那些画不论何时都有标志之用。赖利的插图其实是根据第二代罗斯柴尔德勋爵（Lord Rothschild）1737 年遗赠给伦敦自然博物馆的原作重新加工的复制品。我们能够看到，《奥里利安》标志着自然科学出版历史的变迁。昆虫研究和收藏曾是少数人的游戏。这部作品在褒扬这种活动的同时，也向野外指南的方向迈出一大步，使得人人都可以掌握和使用。

在《奥里利安》的扉页插图中坐着的那个人，仿佛在邀请读者开启一段原始森林之旅。图中那几个装着标本的盒子表明，这样的活动寓教于乐。

The Works of the Lord are Great, Sought out of all them that have pleasure therein, Ps CXI. v. 2.

对那不勒斯及周边地区进行35年的地质观测，让汉密尔顿成为较早认真记录有关火山科学知识的人之一。

撰文／莉萨·迪·托马索

威廉·汉密尔顿

《坎皮佛莱格瑞：两西西里地区火山观察》

18世纪末，人们对地球的研究仍处于起步阶段。我们今天所知的独立学科——地质学在当时并不存在。威廉·汉密尔顿爵士（Sir William Hamilton）是该领域的先驱，火山学在他的努力帮助下得以建立。在这个过程中，汉密尔顿用精美图画记录下了意大利南部的火山。

汉密尔顿生于1731年，有兄弟姐妹9人。他是海军专员阿奇博尔德·汉密尔顿勋爵（Lord Archibald Hamilton）的第四个孩子，也是最小的儿子。他的母亲简·汉密尔顿（Jane Hamilton）女士被很多人认为是威尔士王子弗雷德里克的情妇。汉密尔顿与弗雷德里克的儿子、未来的乔治三世（George Ⅲ）是发小，乔治三世此后多年都亲切提到汉密尔顿，并把他当作同胞兄弟。

这是1779年对《坎皮佛莱格瑞》前两卷进行增补的出版物扉页。就在那年，维苏威火山喷发之后，汉密尔顿出版了额外的文字以及5张图版。

I
II
III
SOCIETATI REGIÆ LONDINI
GULIELMUS HAMILTON
BALN·ORD·EQUES·
D·D·D·
CIƆIƆCCLXXIX·
V
VI

汉密尔顿试图记录下火山喷发前后锥面形状的变化。这张图版记录下了维苏威火山 1767 年大爆发前火山口内部的景象。

从威斯敏斯特学校毕业后，汉密尔顿 16 岁开始了军旅生涯，作为乔治王子的侍从服役了一段时间，并荣升至上尉军衔。他于 1758 年退役，同年与彭布罗克郡（Pembrokeshire）地主兼当地议员的女儿凯瑟琳・巴洛（Catherine Barlow）结婚。此后，他在写给侄子查尔斯・格雷维尔（Charles Greville）的信中说道："（不是很情愿地）娶了一位善良、脾气好、经济独立的女人。"

1761 年，汉密尔顿成为萨塞克斯郡（Sussex）米德赫斯特市（Midhurst）议会的议员。然而，他有更远大的抱负，希望投身于外交事业。在众议院服务 4 年期满后，他向西班牙皇室申请了驻那不勒斯（Naples）的外交官职位。当时凯瑟琳·汉密尔顿身体抱恙，她丈夫认为意大利南部的气候十分有助于她恢复健康。在汉密尔顿被任命为英国皇家驻那不勒斯特使之后，这对夫妇于 1764 年 11 月 17 日抵达那不勒斯。国王费迪南德四世（Ferdinand Ⅳ）作为两西西里王国的君主执政那不勒斯，他成年后，于 1768 年迎娶了玛丽·安托瓦内特（Marie Antoniette）的妹妹玛丽亚·卡洛琳娜（Maria Carolina）。那不勒斯是当时欧洲的第三大城市，尽管那里的百姓当时正在遭受饥荒和瘟疫，但这座城市依旧是艺术、音乐、文学、建筑学和知识思想的中心。

汉密尔顿的官邸为塞萨宫（Palazzo Sessa），那是一座可将那不勒斯海岸线尽收眼底的别墅。汉密尔顿还有其他几处房产，其中一处便是位于维苏威火山脚下波蒂奇小镇（Portici）的安吉莉卡别墅（Villa Angelica）。汉密尔顿正是在这里开启了他的火山探险之旅。他的本职工作并不繁重：监视被流放的英国雅格宾派分子，以确保英国与西班牙之间的交易顺利进行。这使得他有很多闲暇时间去实践收集艺术品和古董的爱好。他是年轻艺术家的老主顾，前往那不勒斯前就已经收藏了许多绘画，并根据自身经济状况随时进行艺术品交易。他收藏的艺术品中有提香、卡纳莱托、鲁本斯和瑞诺兹的作品。

在那不勒斯，汉密尔顿还能淘到希腊和罗马时期的古董，特别是花瓶。他从其他收藏家手里淘货，也收购近期考古挖掘出的东西。公元前 79 年因维苏威火山爆发而葬身火海的庞贝城遗址当时被挖掘出土，汉密尔顿在那里花了些时间收集古董。他收藏了 1000 多件希腊的瓶瓶罐罐和其他文物，因而在那不勒斯和英国远近闻名。他组织出版了数部著作，用以展示自己的藏品，影响最为深远的是《伊特鲁里亚地区的希腊罗马文物》（*Antiquités Étrusques, Grecques et Romaines*）——一套 1767—1776 年间出版的四卷著作。这部著作在欧洲轰动一时，引发了人们对文物摆设的强烈需求。约书亚·威治伍德（Josiah Wedgwood）在其职业生涯早期，就曾受到汉密尔顿的这部文物著作的启发而创作花瓶。

尽管汉密尔顿声名显赫，他却不是特别富有。他的个人收入并不高，债务缠身的国王乔治三世也无法一直为他出版著作提供资金支持。随着汉密尔顿声名鹊起，许多达官贵人的到访导致他要负担高昂的招待成本。1771—1772 年间偶尔一次回英国老家时，汉密尔顿把自己的文物藏品以总价 8400 英镑卖给了大英博物馆，这些文物成为大英博物馆希腊与罗马文物部的基础。也许汉密尔顿最著名的藏品是现在众所周知的波特兰花瓶——一件可追溯到公元 5—25 年的意大利艺术品。汉密尔顿 1778 年从巴尔贝里尼家族（Barberini Family）手中购得花瓶，两年后把它转卖给波特兰公爵夫人玛格丽特。1810 年，这个花瓶被捐赠给大英博物馆。

汉密尔顿对历史及博物学的诸多方面都有兴趣。他与约瑟夫·班克斯爵士（Sir Joseph Banks）互通书信，讨论多个科学领域的问题。他养了一只猴子作宠物，还为那不勒斯王后监制了一座英式花园。不过，最吸引他的则是遍布整个区域的火山。环绕波佐利城（Pozzuoli）、通往那不勒斯西部的那片区域内坐落着 16 座火山，世人称之为坎皮佛莱格瑞火山区或火焰原野。维苏威火山之前多年一直偃旗息鼓，直到汉密尔顿到来、目睹了火山在 1767 年、1779 年和 1794 年的三次爆发。1769 年春天，汉密尔顿到访西西里，爬上了埃特纳火山（Mount Etna）。他花了 3 天的时间才抵达火山口，途中他用绳子将自己降入隐秘的地下洞穴一探究竟。他开始细致地研究火山、观察火山行为和外貌的变化。他的分析很细致，记录了日期、尺寸和对熔岩流路径的描述，甚至还有不同天气条件下火山喷出浓烟的密度。他收集岩石和岩浆样品，把它们送回英国交给专家进行研究。这些样品标本中的相当一部分现在陈列在伦敦自然博物馆的矿物藏品中。汉密尔顿胆量过人，时常爬到火山顶部，窥探火山口进行观测，或者连夜扎营观察熔岩流。直接观测是他坚持的信条，尽管这样做危险重重。有一次，他差点被火山喷出的岩石雨砸中。1794 年，汉密尔顿乘船近距离观察火山喷发。直到密封船体的沥青开始融化、船体开始下沉，他才停止前进，扭转船头。汉密尔顿就近将船停靠上岸，便继续记录这次火山喷发。据他记载，截至 1779 年，他已攀爬维苏威火山多达 58 次。

许多达官贵人以及从英国来此旅行且在那不勒斯拜访过汉密尔顿的游客都很喜欢来一次维苏威火山私人观光。汉密尔顿

这幅作品创作于1771年，描绘的是汉密尔顿护送那不勒斯国王和王后去观看维苏威火山喷出岩浆流的场景。作者标注了法布里斯在当天晚上完成该图版。

并不能给这些游客的安全提供足够的保障，他的朋友布里斯托尔伯爵（Earl of Bristol）就被飞来的火山石严重烧伤。这并不能阻挡游客的脚步，汉密尔顿还在1771年领着那不勒斯国王和王后观赏了一次火山喷发。

汉密尔顿给英国皇家学会写信详细介绍自己的研究，前五封信的内容由英国皇家学会整理成书在1772年出版。《维苏威火山、埃特纳火山和其他火山观测结果》作为第二辑在1773年出版，第三辑在一年后（1774年）问世。这部著作被翻译成德语、意大利语、法语、荷兰语与丹麦语。收到肯定的反馈后，汉密尔顿决心创作更加宏伟的作品。他尝试自费出版

“佩德罗 · 法布里斯在威廉 · 汉密尔顿的监督下作画。”作者和艺术家两个人在多幅画中同时出现，画中汉密尔顿衣着红色，法布里斯则衣着蓝色。这些画为汉密尔顿强调直接观测的重要性给出了佐证。

一部豪华著作，借助美丽经典的图片把他的详细观测结果和科学插图结合起来——一种科学与艺术的融合。《坎皮佛莱格瑞：两西西里地区火山观测》（*Campi Phlegraei*: *Observations on the Volcanoes of the Two Sicilies*）于 1776 年出版。汉密尔顿亲自撰写了书中文字，图画在他的监督之下、按照他选择的风格完成。首席绘图艺术家佩德罗·法布里斯（Pietro Fabris）是一位在 1740—1792 年间活跃的英国人，其一生的大部分时间都在那不勒斯度过。他和汉密尔顿 4 年内一起攀登了维苏威火山 22 次。书中 54 幅水粉画的绝大部分都由法布里斯完成，另有证据证明他还可能承担了相当一部分画的雕版工作。汉密尔顿的著作涵盖了坎皮佛莱格瑞地区和维苏威火山、埃特纳火山、斯特隆博利（Stromboli）火山以及利巴里群岛（Lipari Islands）。他在书中戏剧性地描写了火山喷发，伴随着对相关区域地质和地形特征更为科学的描写，还发表了引人入胜的观点。此外，他还展示了一些他收集的岩石和熔岩样本。汉密尔顿本人在多幅画中出现，或单独一人，或与他的客人一起。法布里斯甚至还把自己画进了某幅画。

这部著作于1776年出版了两卷，3年后（1779年）出版了简短的补充。印制150册花了汉密尔顿1300英镑，这笔开销在当时实属不菲。汉密尔顿撰写文字，将其翻译成法语，亲自校对，管理图书的整体制作流程。这部书被献给时任英国皇家学会会长的约翰·普林格尔爵士（Sir John Pringle），并补充致谢了普林格尔爵士的继任者——约瑟夫·班克斯爵士。

汉密尔顿强调直接观测的重要性，这对当时的学者来说是很新鲜的概念。他为自己的工作感到极度自豪，他在写给侄子的信中说："我希望每部博物学著作都能这么逼真，我们不应像现在这样身处黑暗茫然无知。"《坎皮佛莱格瑞》是一部成功的作品，深受唯美主义者和科学界人士的喜爱。查尔斯·莱尔（Charles Lyell）在其里程碑式著作《地质学原理》（*Principles of Geology*）中对汉密尔顿的直接观测大加赞扬，还在自己书中复制了《坎皮佛莱格瑞》图版之一。汉密尔顿的著作对当时和之后学者研究地质学都产生了深远的影响。该书是第一部针对这个区域进行观测的综合性著作，为火山研究和火山学学科奠定了重要的基础，它在此后多年都是标准的参考书。

可悲的是，威廉·汉密尔顿却因一些不光彩的事而为现在的人所知。1782年，凯瑟琳·汉密尔顿去世。汉密尔顿的侄子查尔斯·格雷维尔当时正与声誉不佳的模特兼舞蹈演员艾玛·哈特偷情。格雷维尔想找到一个能供养艾玛的办法，同时还能让自己摆脱她以便娶妻。格雷维尔说服汉密尔顿，让艾玛去那不勒斯投靠汉密尔顿并由他庇护，从而改善艾玛的境遇。1786年，艾玛和母亲抵达那不勒斯。汉密尔顿迷上了艾玛，他们在1791年回伦敦的路上结了婚。这让汉密尔顿在英国名

伦敦自然博物馆收藏了大量汉密尔顿收集的火山标本。图中这些收集自密森纳姆（Misenum）、埃特纳火山、维苏威火山以及文托泰内和武尔卡诺群岛（Islands of Ventotene and Vulcano）。

誉严重受损，新任妻子名声不好让他没能得到英国宫廷的接待。在那不勒斯，英法之间的战争导致政局动荡。英国大英雄霍雷肖·纳尔逊（Horatio Nelson）在那段时期数次来到那不勒斯，尼罗河战争英雄纳尔逊开始和艾玛·汉密尔顿偷情。1798 年法国军队入侵时，纳尔逊护送国王费迪南德、王后以及汉密尔顿夫妇安全转移到西西里。英国政府对汉密尔顿随后安排王室返回那不勒斯的诸多事宜感到不满，将他召回了伦敦。汉密尔顿不顾流言风语，似乎接受了妻子的不忠，于 1800 年与纳尔逊、艾玛回到老家一起生活，直至 1803 年去世。

抛开人生的郁闷结局不提，威廉·汉密尔顿对科学的贡献值得肯定。对那不勒斯及周边地区进行长达 35 年的地质学观测，让汉密尔顿成为较早认真记录火山科学知识的人之一。《坎皮佛莱格瑞》是科学与艺术之间不可思议的融合，它令汉密尔顿的学术遗产永垂不朽。

《林奈昆虫属》

詹姆斯·巴布

撰文/安德烈·哈特

巴布的著作极具时代感，行文比今天那些枯燥无味、约定俗成的科学文献要优雅得多。

詹姆斯·巴布（James Barbut）是一位生活在伦敦的卓有成就的博物学家和画家。他擅长画静物，作品质量极高让他得以在1777—1786年在英国皇家学院举办了17场展览。他出版了3本聚焦林奈分类系统的著作。1781年出版的《林奈昆虫属——以英格兰写生昆虫标本为例》（*The Genera Insectorum of Linnaeus, exemplified by various specimens of English insects drawn from nature*）是他的第一部著作，也是其最知名的一部。另外两部是1783年出版的《蠕虫属——以林奈分类法下的包含腔肠门及软体门动物标本为例》（*The Genera Vermium, exemplified by various specimens of the animals contained in the orders of the Intestina et Mollusca Linnaei*）第一部以及1788年出版的《蠕虫属》第二部。

这张图版展示了各种胡蜂、蜜蜂、蚂蚁和*Mutilla*属的寄生蜂，昆虫的警戒色或警戒态还被画了出来。这是许多动物在自然界中释放的信号，警告天敌离远一些。

GENUS VII Vespæ, Wasps.

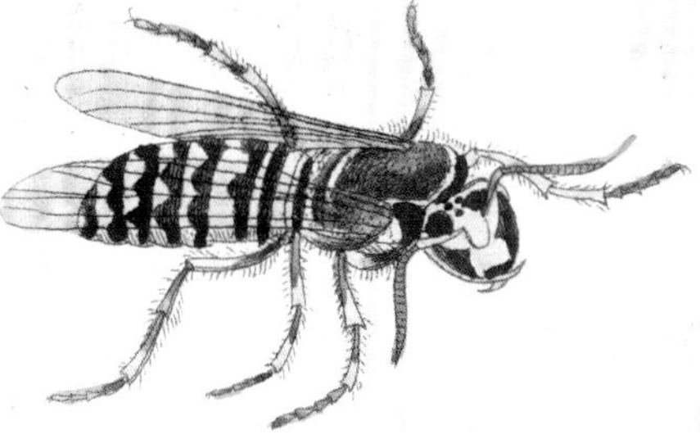

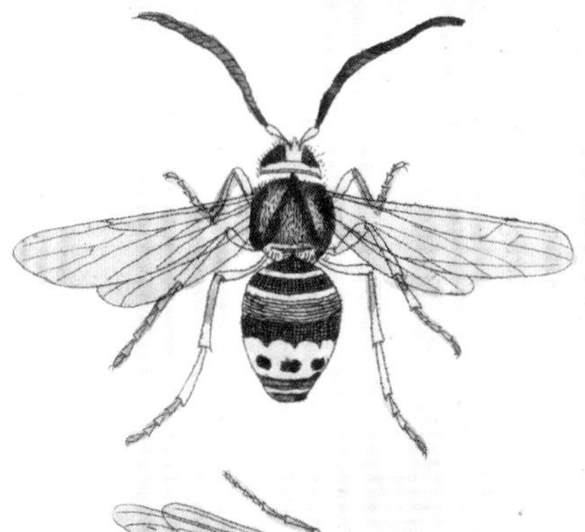

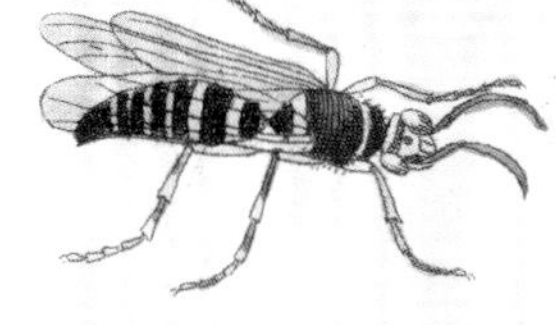

GENUS VIII Apes, Bees.

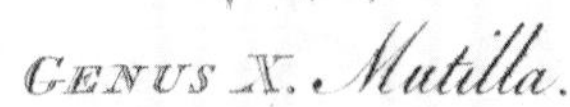

GENUS IX Formica the Ant.

GENUS X. Mutilla.

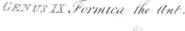

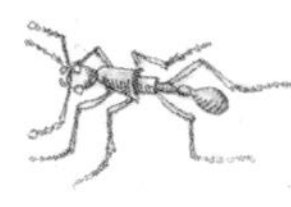

Jas. Barbut delin.

Jas. Newton sculp.

London, Publish'd as the Act directs Feb. 9, 1780, by J. Barbut No. 101 Strand.

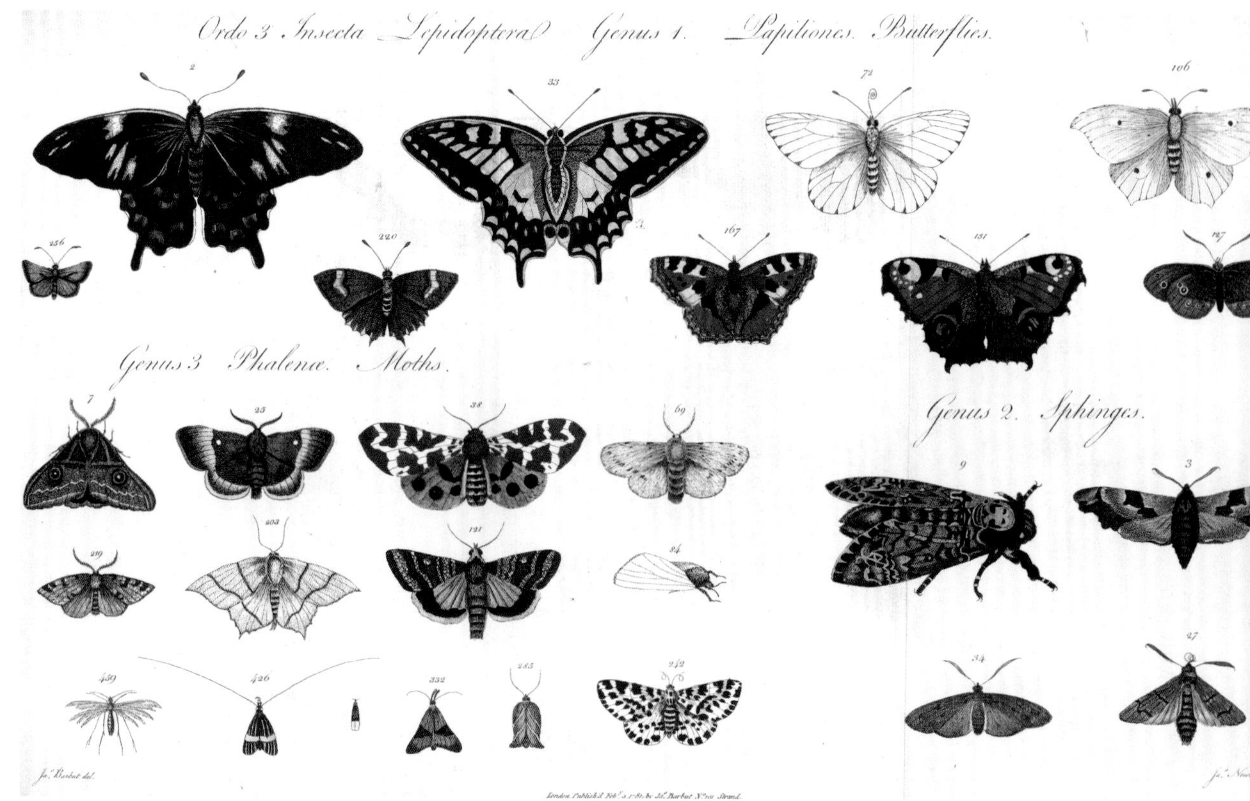

蝴蝶和蛾类的关键差别就在于触角：蝴蝶的触角通常为棒状，带有细长轴，末端膨大；蛾类的触角则更像羽毛状且不是棒状。

巴布在《林奈昆虫属》中阐述和介绍了卡尔·林奈在1735年出版的开山之作《自然系统》中提出的主要科学昆虫种群。直到《自然系统》第十版1758年出版，动物学的命名和分类系统才开始建立。林奈将动物界分为6个纲，其中还有昆虫纲。昆虫纲包含当时所有的甲壳动物、节肢动物、蛛形动物和多足动物。《自然系统》全书没有一幅插图。因此，巴布的著作不仅要通过文字阐释林奈分类系统，还要通过加入20张精美的手工着色图版来进行阐明。这些图版取材巴布的原画，真实描绘出近300只昆虫的自然色彩，其中还包含了蜘蛛与蝎子。两幅折叠且未着色的图版聚焦于昆虫的触角和足跗节，并标示出昆虫的顺序，作为此书的结尾。

《林奈昆虫属》极具时代感，行文比今天那些枯燥无味、约定俗成的科学文献更为优雅。巴布撰写该书时正逢启蒙运动发展鼎盛与浪漫主义刚刚出现，这给他的文字表达带来了更大的自由。这些从巴布的语言选择、语言风格以及要把所了解到的昆虫的一切都表达出来的迫切欲望上就能明显看出。他借助那些极具美感的插图让读者身临其境、投入身边的大自然的怀抱。虽然巴布声称自己的目的是“追随林奈的脚步”，但他通过对林奈提出的属的数量表达异议展示了自己的科学思想。巴布认为“昆虫科的划分数目应该可以根据昆虫独特的器官进一步缩小”的论断并不“显而易见且没什么意思”。尽管如此，巴布对林奈的毕恭毕敬和狂热崇拜依然清晰明确。他称林奈为“不朽的”，认为自己“没有资格批评像林奈这样能用如此优雅语言简洁、高明地描述了上帝奇迹的伟大而值得尊敬的作者”。巴布在自己第二部著作中为林奈辩护，进一步显露对林奈的崇敬之情。他在书中写道：那些人“肆无忌惮地批评这位了不起人物的作品，与林奈那机敏的头脑和准确的判断力相比，他们就像萤火虫与皓夜繁星相比一样微不足道”。

为了展现自己的知识和对昆虫纲的理解，巴布除了在形态学和分类编排方面采用林奈原著中的拉丁文描述，还加入了自己对每个物种生活史方面的生动详细观察，行为、繁殖和生态以及巴布与昆虫之间轶事都被记录在其中。巴布在那篇极为幽默风趣的前言中，好奇心十足地提问：昆虫能否通过触须和触角产生嗅觉和听觉。他对昆虫的热爱以及对昆虫可以得到人道对待的希望，都可以在他的文字中看出：“狮身人面像阿特洛波斯受伤时会喊疼，声如老鼠，发出最悲伤的哀号，令人触目惊心。一想到出于好奇而伤害这些无辜的动物，就不寒而栗。我不禁深刻反思那些没心没肺之人施加在许多动物身上、特别是昆虫身上的这种暴行与肆虐。”他为自己的吐槽辩解如下：“敬爱的读者，请原谅我跑题了，我的情感支配了我的笔杆”。

与当时许多著作类似，巴布的两部著作都是通过订购出版的，订购客户有像约瑟夫·班克斯爵士、当时的伦敦市长詹姆斯·埃斯代尔爵士（Sir James

Esdaile）、英国博物收藏家艾什顿·利弗爵士（Sir Ashton Lever）和约翰·科克利·莱特索姆医生（Dr. John Coakley Lettsome）这样的学者和贵族，这些人在一定程度上烘托了作品的重要性。这两部著作风格相似，正文法语和英语平行排列，描述物种用拉丁语、英语和法语。巴布的文风和语调极具当时的典型绅士风格，并具有极强的说服力。他在描述昆虫行为特征时选择的词汇也异常生动，尽管这些词汇让昆虫的描述栩栩如生，但并非全部都值得被当成有科学内涵的词汇。

因此，一篇发表在《每月评论》（*Monthly Review*，67卷，1782年）上的书评开场就把《林奈昆虫属》描述成“表演”，也就不足为奇了。巴布被誉为“有才华的作家”，这种风格特质加上他所绘插图的高水准令其作品从当时市场上大量涌现的昆虫畅销书中脱颖而出。许多市面上的出版物同样插图精美，同样得到了富人资助，同样主要聚焦于展示昆虫生活史。18世纪早期著名的插画师只有玛丽亚·西比拉·梅里安和埃利埃泽·阿尔宾。到了18世纪末，受林奈分类系统的启发，昆虫插图文学出版物有所增加。哈里斯的奢华出版物《英格兰昆虫博览》（*An Exposition of English Insects*）、约翰·海因里希·苏尔泽（Johann Heinrich Sulzer）的《苏尔泽医生基于林奈系统的昆虫简史》（*Dr. Sulzer's Abgekurtze Geschichte der Insecten, Nachdem Linaeischen System*）、约翰·雅各布·罗默（Johann Jacob Romer）的《法布里斯林奈昆虫属》（*Genera Insectorum Linnaei et Fabricii*）和巴布的《林奈昆虫属》都因高质量的插图而成为那个时代最为著名、最为卓越的出版物。

人们认为，巴布的插图展示了他从自然界获得的绝大部分标本。《林奈昆虫属》出版两个版本，一个版本是插图印刷在纸上，另一个更豪华的版本是插图印在犊皮纸上。巴布插图的细节和水准毋庸置疑，所有插图都充满视觉吸引力且质地统一。伦敦自然博物馆图书馆收藏着一本内含126幅水彩画的《昆虫属》插图集。巴布的所有插图都由詹姆斯·牛顿（James Newton）雕刻成版。詹姆斯·牛顿是一位伦敦的雕版技师，1776—1777年间曾在伦敦艺术家学会展出作品。

就巴布插图的精确度来说，特别是像

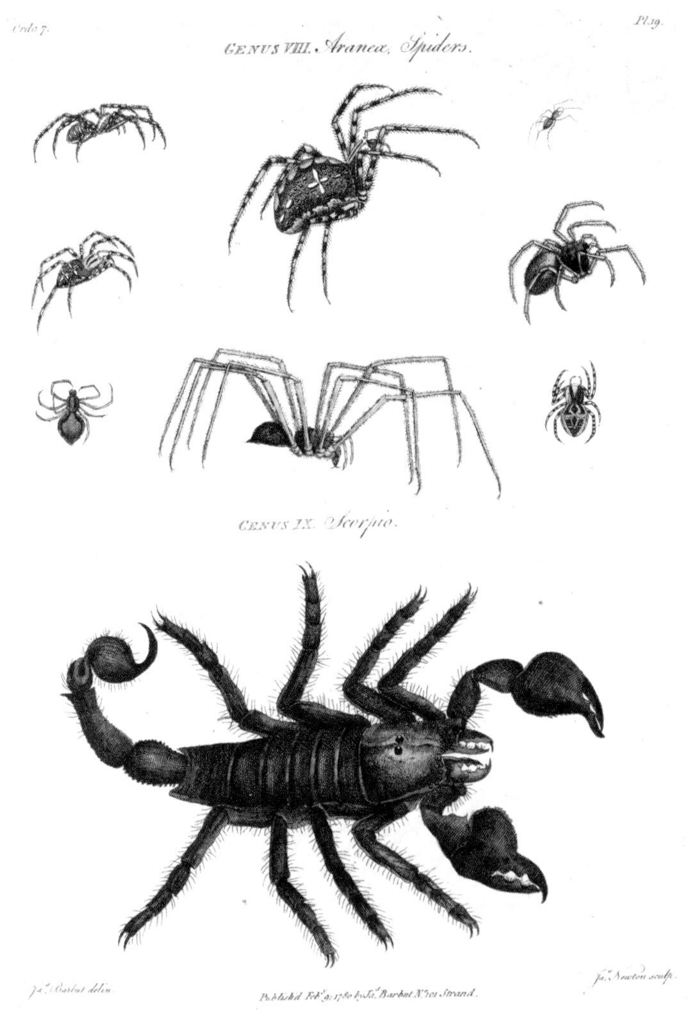

巴布的著作收录了蜘蛛和蝎子的插图和描述，尽管它们属于蛛形纲而非昆虫纲。蛛形纲有 8 条腿，已知的蛛形纲生物已超过 50000 种。

大黄蜂（*Asilus crabroniformis*）这样的大尺寸标本，标本的形态和颜色是准确的。不过，苍蝇等双翅目昆虫翅脉的位置与实际样貌不符，且头部口器的位置以及形状有误，这都表明巴布可能没有真正理解他所观察的东西。巴布的插图为书中文字提供了一个有价值的视觉参考，使读者陶醉于其中。把目标物体画成图，给了巴布更充分的理由去距离更近地观察昆虫，并通过这种方式来理解和提高他对昆虫的认识。尽管在某些情况下，这种方法并不总是奏效。

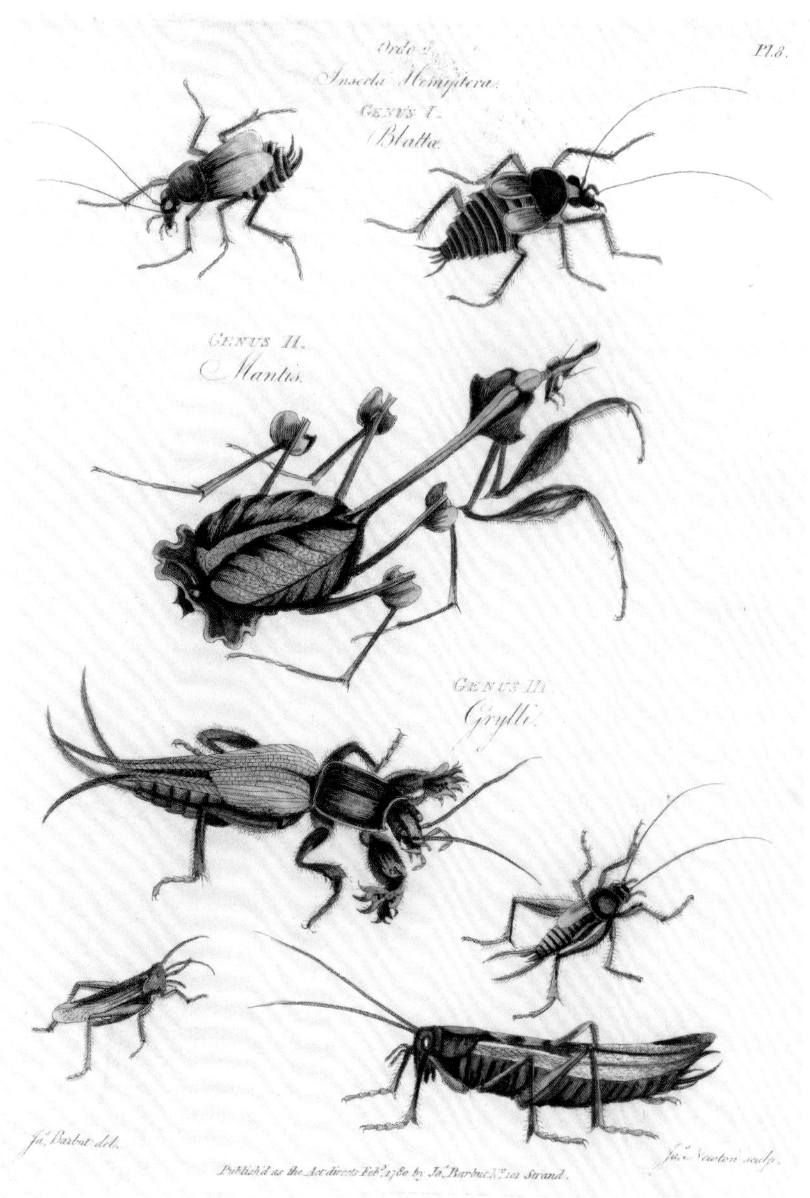

这张图版被印在犊皮纸上而非普通纸上。这张彩色插图展示了犊皮纸所具有的独一无二的光泽，图中画着几只蝗虫（直翅目）和一只绿色大螳螂（螳螂目）。

巴布的文字起初介绍每个物种的主要形态特征，但是很快就从科学性文字偏离成他那独特的戏剧性散文和拟人化描述。比如大蚊，他说它们经常被错认成样貌相似的蚊子，但大蚊既没有蚊子那“有害的本能”，又没有蚊子那“凶残的喙”。至于牛虻（*Tabanus bovinus*），巴布写出了为什么它们是“有角牲口、马等动物的恐惧所在”。但是，他的语句显然不是现代分类学家在描述这种动物行为时会采用的方式——“它们以牲口马匹为食，经常成群结队”这样的句子呈现出了丰富的戏剧性。牛虻的进食习惯被巴布描述为“卑鄙无耻”，今天人们发现这只是雌虻多种饮食习惯之一。巴布并没有区分雄虻和雌虻。他在书中写到牛虻两眼之间的间距非常小，这显然说明他只观察了雄虻；他对其进食行为的评论也只是针对雌性。他是否意识到了雄虻不吸食血液，所以不能确定无疑地称之为“恐怖”或“无耻”，对此我们永远无从知晓。

巴布在其他方面的描述更为准确。他在观察常见的尖音库蚊（*Culex pipiens*）时，详细描述了其带有呼吸管的幼虫期。当他问“还有比在一个水管中观察这些昆虫的所有运动更有趣的景象”时，浪漫的散文风格再次“上线”了。巴布对成虫羽化的描述同样精彩，同样充满戏剧性——“它最近穿的长袍（蛹皮）变成了一艘船，昆虫就是桅杆和帆”。同时，他指出，此物种要么以血液为食，要么以植物为食，这说明他没能弄明白这是雌蚊和雄蚊之间的关键差别。尽管如此，他对使用“漂白土和水”可以减轻尖音库蚊的叮咬疼痛的评论却很有帮助。巴布在描述食虫虻（*Asilidae*）时文风依旧浪漫，它们“肆意蹂躏马、牛等牲口，而没有任何风险”。但是，他错把它们描述为有着坚硬的外壳，实际上它们并没有。尽管巴布书中所写明显存在不准确之处，但这并不能说明他对昆虫行为的观察就是毫无关系或毫无作用的。他在《蠕虫属》中对大蛞蝓（*Limax maximus*）悬空交配的描述，近来被认定是史上较早公开出版的对此类行为的描述之一。

《林奈昆虫属》的出版毫无疑问极大提高了人们对物种、形态和行为的分类学理解。同时，巴布的出色工作让其作品在今天依旧有着重要意义。当我们拥有更多的知识和能力去理解昆虫背后的原因、增添更多背景知识时，他的观察见解依旧站得住脚，他的插图依旧是那个时代最优秀、最具造诣的昆虫图画。

托马斯·马丁《环球贝壳学家》

撰文/凯西·韦

『在它的掌门人看来，教育出一位心地善良的公民远比培养出不计其数的天赋异禀的艺术家要高尚得多。』

很遗憾，托马斯·马丁（Thomas Martyn）的生平与著作鲜有记载。许多传记把他和一位同时期的同名剑桥大学植物学教授混淆了。我们对他的家庭一无所知，对他早期生涯知之甚少。我们了解到他 1760 年出生在考文垂（Coventry），1815 年被收入《在世作家词典》（*Dictionary of Living Authors*）表明他当时依然健在；他 1816 年去世时的情况却不为人知。他于 1804 年所写的小册子的扉页上的注释告诉我们：约克公爵（Duke of York）有一个儿子，他深受公爵宠爱而被推荐给皇家陆军委员会，此书献给这位公子。

1781—1816 年，马丁居住在伦敦几处不同的地方，其住址先后为国王大街科芬花园（Covent Garden）18 号和 26 号、布鲁姆斯伯里罗素大街 16 号和 12 号以及最引人注意的威斯敏斯特万宝路大街 10 号，他在那里建立了博物绘画研究院。威廉·马顿（William Maton）和托马斯·拉

马丁的古典爱好让他在工作中能够熟练运用法语、拉丁语和希腊语，这幅华丽的 1784 年版《环球贝壳学家》（*The Universal Conchologist*）扉页就是例证。

THE
Universal Conchologist,
EXHIBITING
The Figure of every known Shell, accurately drawn, and painted after Nature:
WITH
A New Systematic Arrangement
BY THE AUTHOR,
Thomas Martyn

Sold at his House N.º 16, Great Marlborough Street, London.

LE

CONCHOLOGISTE UNIVERSEL,

montrant la figure de chaque coquille, aujourd'hui connue:

Soigneusement **DESSINÉE**, *et peinte d'après* **NATURE**.

Le tout Arrangé selon le Système

DE L'AUTEUR,

Thomas Martyn.

Ellis sculp.

Se vend chez lui, N.º 16, Great Marlborough Street, Londres, 1784.

克特（Thomas Rackett）在他们1804年出版的《贝壳学作家生平记录》（*An Historical Account of Testaceological Writers*）中称马丁为“交易商”（dealer），植物学家兼图书馆员乔纳斯·德吕安德尔（Jonas Dryander）也这样称呼他。马丁在1780年12月9日写给亨利·西默（Henry Seymer）的一封信中声称，他买到了1776—1780年间詹姆斯·库克（James Cook）船长的第三次航海——果敢号与发现号之旅收集到的大部分贝壳。他在信中说：“我敢断言，我买到的总价为400几尼的贝壳的数量超过那次航行所带回贝壳总数的2/3。”1983年出版的《人物传记辞典》（*Dictionary of National Biography*）的标注栏对他记录如下：博物绘图师和手册作家，活跃于1760年—1816年间。他的名字还出现在伊曼纽尔·门德斯·达·科斯塔（Emanuel Mendez Da Costa）1778年出版的《不列颠贝壳学》（*British Conchology*）的订购客户名单中。

马丁显然受过良好的教育，他的作品用词准确，他还通晓法语、拉丁语，貌似还懂点希腊语。作为作者，他希望赢得良好的声誉，为了获得认可还把《环球贝壳学家》的赠送本寄给了欧洲大部分头戴王冠之人。之后，他收到了教皇庇护六世（Pius VI）、德国皇帝以及那不勒斯国王颁发的奖章。随后，马丁用由收到的皇室奖章和皇室来信制成的版画，为自己即将出版的书造势。他用这种方法激发了大众对这本书的浓厚兴趣，以确保有如饥似渴的读者在等候这本书的完成。伊格纳丢·波恩男爵（Baron Ignatius Born）便是这样的读者之一。他代表德国皇帝回复马丁，在信中写道："如果我们能把自然万物画得如此惟妙惟肖，博物学将会有极大的发展。不过，我们需要能够逼真刻画的艺术家，同时他还得是博物学的行家。"

马丁告诉我们，他的作品受到的肯定来自"许多博学之士，尤其是约瑟夫·班克斯，他的鼓励在某种意义上最让人受用"。马丁获准将《环球贝壳学家》献给英国国王，这意味着他已得到官方认可、脱颖而出。最早收获荣誉奖章中的那个是寄给庇护六世的赠送本。

马丁是一个兴趣广泛的人，这点从他的出版清单中就可以看出来。出版清单以一篇 4 开大小有关气

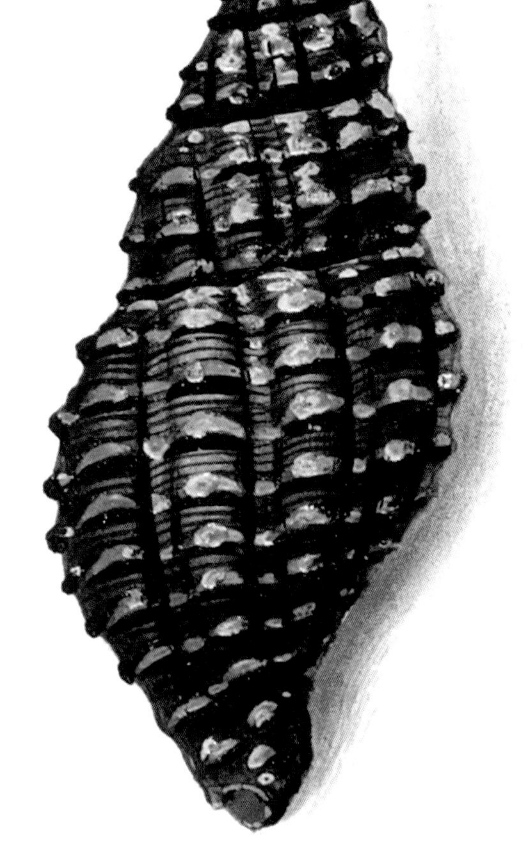

马丁用一种阿拉伯树胶与近乎金属的蓝色颜料调成的浓重混合物给他的画着色。画上颜料已有几处脱落，例如这几张炫彩旋螺（*Buccinum iris*，现用学名 *Turrilatirus iris*）的插图。

球的散文开头，文中有一幅彩色卷首插图，画着作者设计的飞船、降落伞和有帆和舵的船型汽车。清单接下来依次如下：《环球贝壳学家》；一本建议对供养伤残士兵和水手进行国家评估的小册子；《英格兰昆虫学家》（*The English Entomologist*），书中有500多幅不列颠甲虫插图；一部有关蜘蛛的作品，部分基于马丁1786年购自公开出售的波特兰藏品中的埃利埃泽·阿尔宾原画；有关植物和鳞翅目昆虫的图版；一本反拿破仑一世的小册子；一本名为《大英庆典监控》（*Great Britain's Jubilee Monitor*）的小册子。出版清单最后以新版《自然色彩系统》（*The Natural System of Colours*）结尾，该书是一部4开大小的出版物，由已故的摩西·哈里斯创作，由马丁1811年编辑完成，并被献给“英国的拉斐尔”本杰明·韦斯特（Benjamin West）。这部遗作记叙了一位思维敏捷、孜孜好学、文艺雅致、学富五车、慷慨仁慈、忠君爱国之士。1800年出版的《在世作家传记词典》（*Biographical Dictionary of Living Authors*）将马丁描述为“一位伦敦的天才博物学家”，德吕安德尔则将他描述成“伦敦的博物商人”（mercator rerum naturalium Londinium）。《环球贝壳学家》的准确出版日期无法确定。人们通常认为它出版于1784年，事实上只有前80张图版（第一和第二卷）在那年出版，随后40多张图版在1786年（第三卷）问世。包含第四卷在内、由全部160张图版构成的完整版本则在1787年正式出版。伦敦自然博物馆图书馆里收藏的就是这个完整版。出版日期存在混乱认识的原因是扉页上的日期被更改过两次，世上还同时有1784年、1787年和1789年三个年份的版本存在。《环球贝壳学家》众所周知的事实也许令人遗憾，

很少能在一部著作中见到像马丁书中这样真实刻画不完整或已损坏的贝壳的彩图，例如这个腓尼基峨螺（*Neptunea lyrata*）。

这个特殊的物种——新西兰蝶螺（*Astraea Helioptropium*）作为新西兰特产，由詹姆斯·库克首次带到欧洲。

根据国际动物命名法委员会（International Commission on Zoological Nomenclature）制定的命名规则，这部著作中出版使用的物种名称中仅有 10 个有效，其余均不合法。

马丁曾准备出版一个包含全世界所有贝壳的插图名录。与其他贝壳学图书不同，这部著作采用精细的全彩色插图，并配以最精简的文字描述。当时，最为精美珍贵的贝壳标本都来自南洋（South

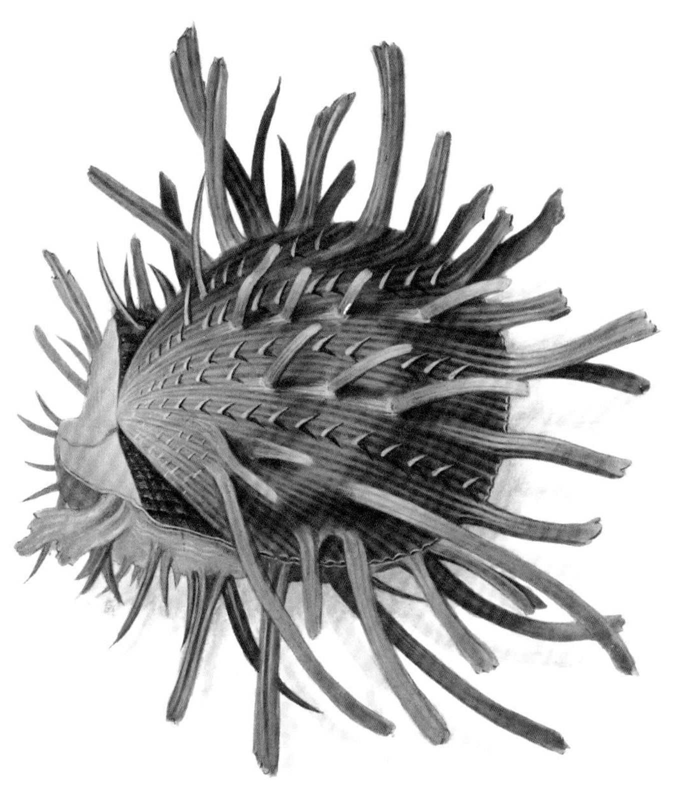

马丁在 1784 年描述了这只美丽的海菊蛤，当时使用的学名是 *Ostria echinata*（现用学名为 *Saccostrea echinata*），并用“rr”记号来表示其稀有度。书中给出这种生物的栖息范围为“百慕大、波多黎各、加勒比海和美国东南部”。

Seas）。于是，马丁决定书的前两卷应当专注于始自 1764 年的太平洋航海之旅发现的贝壳或未曾被介绍过的贝壳。马丁需要招人帮他完成插图的手工着色，于是决定在威斯敏斯特万宝路大街 10 号开设研究院，为博物绘画提供便利。他觉得“在一群由同一导师启蒙并由该导师直接监督和管理的男孩的作品中，有可能找到设计风格、构想以及执行的一致性和平等性”。他在书的引言中写道：“绝大部分研究贝壳的作者给出的有关贝壳产生和

ΑΦΡΟΔΙΤΗ

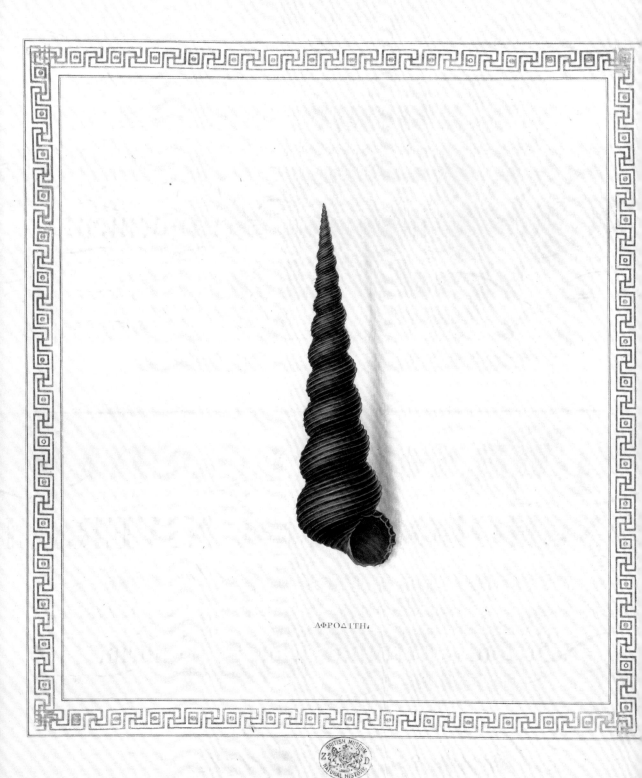

特性的长篇细节描述在本书中都被略去；书中每幅图都经过精雕细琢，力求成为对大自然的精心摘选和忠实誊写，以充分诠释所画之物。”

马丁随后着手寻找“父母优秀但家境贫寒”、拥有绘画设计天赋但“无法通过自有渠道获得文学艺术培养”的男孩子。第一个被马丁雇佣并亲自教导的年轻人成长迅速，一年后，这个男孩已能做导师指点另外两个新雇的男孩了。最终，9 个年轻人组成了研究院，似乎还成为马丁备感骄傲的源泉。马丁喊出口号：“这座小型研究院为上帝和人民恪尽职守，在它的掌门人看来，教育出一位心地善良的公民远比培养出不计其数的天赋异禀的艺术家要高尚得多。”男孩们的插图质量渐入佳境，受命开始创作计划中的书。几个男孩将贝壳绘成画，之后这些画会成为手工着色、雕刻成版的基础。前两卷印了 70 册，每册 40 幅画。研究院成立 3 年后，随着标准的提高，马丁与时俱进地认定这些书质量不佳，并拒绝再次开工。这种作风最终决定了这部作品的命运和声望。研究院的学徒们对遭受此次挫折的反应却并没有被记载下来！

这部完整的 4 卷对开著作共包含 160 张图版，前 80 张绘制了南洋大航海带回来的贝壳，后 80 张绘制了“所有已知的贝壳”。有文献声称马丁曾计划绘制更多，因为人们发现了很可能是曾经打算用在第五卷的其他图版。可惜的是，耗资过于巨大让马丁不得不放弃了这个计划。不过，尽管这部已出版的作品并不完整，但它依旧是当时最为精美的贝壳学插图著作。

第一卷的卷首插图是一幅手工着色的锥螺（*Turritella terebra*），图镶金边，配希腊文“阿芙洛狄忒”（爱与美的女神）作文字说明。马丁描述道：“这个贝壳的回旋从一个点开始，沿着精美绝伦的一个环状简单流向盘旋而成……”

《佐治亚鳞翅目昆虫志》

约翰·艾伯特

撰文 / S. 格雷斯·托泽尔

艾伯特多年坚持收集和描绘博物学标本，收藏同行都知道他对佐治亚的动物区系了如指掌并愿意分享专业知识。

在 19 世纪 20 年代现代摄影技术发展之前，科学家依靠艺术家帮助准确画出新物种。描绘昆虫这样小的纲极具挑战性，毕竟微型摄影技术的发展是几十年之后的事。尽管约翰·艾伯特（John Abbot）只出版了《佐治亚鳞翅目昆虫志》（*The Natural History of Lepidopterous Insects of Georgia*，简称《佐治亚昆虫》）唯一一部作品，但他仍算是一位多产的艺术家和狂热的收藏家，他的作品为当时许多关键科学图像的研究提供了插图支持。艾伯特一生共绘制了 5000 多幅水彩画，他的作品被世界各地的公共场馆和私人所收藏。尽管艾伯特看上去对分类学和归类兴趣不大，他作为收藏家和画家还是为昆虫学和鸟类学领域做出了巨大贡献。

艾伯特笔记由詹姆斯·爱德华·史密斯爵士（Sir James Edward Smith）编辑整理，提供了物种稀缺性和分布区域的数据。相当一部分《佐治亚昆虫》中描绘的物种标有“数量不多”或仅存于某地区的注释，比如这只月形天蚕蛾（*Phaelena luna*）。

艾伯特生于伦敦，大多数有影响力的作品都是他移民美国弗吉尼亚州之后以及后来搬到佐治亚州创作的。艾伯特早期对博物学、特别是对昆虫学的兴趣，被他的父亲（也叫约翰）发现并加以培养。老约翰在聘请法国画家雅各布·班纳（Jacob Bonneau）做导师培养小约翰艺术才能的同时，还向儿子介绍了博物艺术家埃利埃泽·阿尔宾、马克·凯茨比和乔治·爱德华兹的作品。爱德华兹对艾伯特作品风格的影响最大，尽管班纳的教学重点是培养这位学生绘画、透视和版画制作的技巧，但艾伯特的天赋却在水彩画上发挥到极致。

艾伯特同时从欧洲和美洲的博物艺术家身上获得灵感。虽然英国鸟类学家约翰·莱瑟姆（John Latham）在其后期作品中使用了约翰·艾伯特的收藏笔记，但他似乎之前对这位年轻人的风格产生过很大影响。艾伯特在1773年定居弗吉尼亚之前拜访过爱德华兹，并从这位作家手里直接得到了更多的博物学图书。年轻的艾伯特把自己的艺术创作样本带给爱德华兹，并得到了这位老人的鼓励和称赞。大概在同一时期，艾伯特收到马克·凯茨比赠送的《卡罗来纳、佛罗里达和巴哈马群岛博物志》，他从这部著作中获得了在艺术和地理方面的灵感。

除了支持儿子的艺术才能，老艾伯特还安排儿子结识许多当时杰出的科学家。像德鲁·德鲁里（Dru Drury）和乔治·爱德华兹这样的博物学家都积极鼓励这位年轻人拓展才艺、发展兴趣，还与这位年轻人分享自己掌握的知识和收集的藏品。艾伯特为德鲁里藏品的规模和质量所震撼并为这位科学家如此慷慨分享知识所折服，他把与德鲁里的会面看作自己人生的转折点。此后多年，德鲁里一直以导师、通信联系人和客户的身份与艾伯特保持着联系。艾伯特的工作不仅得到父亲人脉的认可，还得到大不列颠艺术家学会的赏识，学会在1770年展出了艾伯特的两幅昆虫学艺术品。

艾伯特与德鲁里的熟人——亨利·斯米思曼（Henry Smeathman）的碰面实属偶然，斯米思曼向艾伯特自我介绍为“鹟兄弟”（a brother flycatcher）。他是一位探险家，相遇那年之后前往塞拉利昂和几内亚海岸收集标本。斯米思曼在非洲期间收集了成千上万件标本，其中许多都被寄给了远在伦敦的德鲁里。当时正

由长尾弄蝶（*Urbanus proteus*）和三叶蝶豆（*Clitoria mariana*）组成的精美图版（左图），显示出艺术家同时兼顾科学准确性和视觉愉悦性的图像表达能力。艾伯特写道：“1782 年，这种蝴蝶在……地区产量丰富，但是我还没有遇见过。”

右图实例选取的是“6 月初，在野生鹅莓上进食”的蝶，当时被称为黑蓝贵蝶，现在叫拟斑蛱蝶（*Limenitis arthemis astyanax*）。配文给出了其分布区域、生命周期以及该物种其他宿主植物的相关信息。

以法律办事员身份为父亲工作的艾伯特一时兴起，跑到国外做起收集和出售博物学标本的生意。艾伯特最终将目光瞄准北美洲，选择前往弗吉尼亚。

艾伯特刚上路便经历了戏剧性的一幕：船载着行李出发了，唯独没有带上他。之后，22 岁的艾伯特历时 6 周航程，于 1773 年抵达弗吉尼亚。受德鲁里、托马斯·马丁和英国皇家学会收集制作博物学标本之托，艾伯特满怀热情地开始了自己的新职业生涯。艾伯特在从伦敦到弗吉尼亚詹姆士河（James River）的途中，结识了帕

艾伯特还画有影响经济价值的昆虫。图中烟草天蛾（狮身人面像蛾，*Sphinx carolina*）的幼虫配有文字："这是烟草种植园的一大公害，种植者必须小心翼翼地把它们从幼嫩植物上除掉。"

克·古德（Parke Goodall）夫妇。尽管随身携带着用于与德鲁里联系人接头的介绍信，但艾伯特还是接受了古德的邀请，陪同古德夫妇回到了他们在弗吉尼亚汉诺威县（Hanover County）的老家。艾伯特与古德夫妇一起住了两年，收集了昆虫、蛛形纲动物和鸟类。在这段寄居的结尾，他给自己的3家赞助商分别寄出了一批标本，但3艘船之中只有载着寄给托马斯·马丁的箱子的那艘没有沉。沉船的损失以及美国独立战争导致当地局势日益紧张，让艾伯特感到烦恼。他回想起了德鲁里的忠告："要避免所有争端，不论是宗教的还是政治的。哪个带来的风波与骚乱对博物学而言，从来都不是好事。”1775 年，艾伯特开始考虑离开弗吉尼亚。艾伯特曾在 1774 年底收到德鲁里的来信，这位老人极力鼓动他：如要搬家，那就考虑去苏里南。昆虫学家玛丽亚·西比拉·梅里安的著作烘托了那个国家博物学标本之丰富，德鲁里暗示艾伯特能在那里“收集到前所未见的上等佳品并将之寄往伦敦”。艾伯特没有接受建议，而是决定搬到佐治亚并在那里度过余生。包括帕克·古德堂兄威廉·古德（William Goodall）一家在内的艾伯特的同行者们经过两个月的旅程，在那个跨越 1775—1776 年的冬季离开弗吉尼亚，来到佐治亚。他们抵达的同年，佐治亚脱离英国，宣布独立。

艾伯特在佐治亚继续以收集出售标本和艺术品为生。艾伯特在伦敦有很多朋友和联络人，珠宝商、昆虫学家和博物学标本贸易商约翰·弗朗西伦（John Francillon）是他在伦敦的主要联系人。

弗朗西伦对艾伯特作品的质量赞赏有加，将其购入以扩充自己的藏品并向其他爱好者出售。许多弗朗西伦的藏品现存于伦敦自然博物馆图书馆，其中就有一套 17 卷未曾正式出版的画。艾伯特在标本收集和插图展示方面的工作备受推崇。虽然我们对他的妻子和儿子知之甚少，但似乎他在这方面的收入是支持家庭的主要经济来源。

在收集到或繁殖出标本之后，艾伯特会先对样本进行素描和绘画，然后把它们寄出卖掉。他的保存方法能使标本最大限度地呈现栩栩如生的状态。鸟和大型蜘蛛用棉花填充，蝴蝶、蛾类和蜻蜓的翅呈展开状，毛毛虫被充气吹鼓。艾伯特将标本安全固定以便运输的技艺，确保了标本能够完好无损地被送到客户手中。如此优质的材料综合了繁殖习性、栖息地域和饮食习惯等的信息，记录下佐治亚当地博物学并为许多新属种的鉴定提供可能性。艾伯特从像梅里安和阿尔宾这样的早期昆虫学家身上获得灵感，选择描绘昆虫的整个生命周期以及用插图展示昆虫的宿主植物。艾伯特很小就学会了自己培育昆虫，这让他能够直接画活标本（而不是干标本）。这样既能确保每个物种都以真实颜色再现，又让画出的昆虫有着更加自然的造型和姿态。

艾伯特还为包括约翰·莱瑟姆在内的许多当时一流的鸟类学家提供鸟类标本和图画。虽然艾伯特的鸟类图画在他去世后才开始被复制，但这些鸟类图画连同附带的数据和标本已为多部备受推崇的著作做出了巨大的贡献，其中就有莱瑟姆的《鸟类概要》（*General Synopsis of Birds*）和《鸟类通史》（*General History of Birds*）。艾伯特为亚历山大·威尔逊（Alexander Wilson）的著作《美国鸟类学》（*American Ornithology*）提供标本和生物数据，两位博物学家还曾多次相约一同收集标本。艾伯特使用了一种将水彩应用于石墨素描的技术，对细节的精益求精令他的客户数量持续增长。虽然艾伯特的作品大受欢迎，但他似乎并没有兴趣自己出版作品。

林奈学会（Linnean Society）主席詹姆斯·爱德华·史密斯爵士另有想法。史密斯爵士知晓艾伯特作品的质量，想将这些作品介绍给更广泛的受众，但他意识到了这位艺术家在对收集到的物种进行科学分类以及命名的兴趣很小或压根没有兴趣。从艾伯特收藏笔记和信件中可以明显看到他对细节的追求以及对把标本置入环境的垂青，这弥补了他在正统分类学方面的无知。因为在现在的常规工作中，样品以何种方式、在何处被找到等特定信息对深化科学研究至关重要。在对艾伯特的笔记进行了编辑整理并添加分类学信息之后，史密斯于1797年正式出版了这部带有精美插图的著作，并为书取了一个颇为冗长的名字——《佐治亚稀有鳞翅目昆虫志，包括昆虫的系统特征、变态细节及其宿主植物：由约翰·艾伯特先生观察收集而成》（*The natural history of the rarer Lepidopterous insects of Georgia, including their systematic characters, the particulars of their several metamorphoses, and the plants on which they feed: collected from the observations of Mr. John Abbot*）。

据估计，这部两卷本图书1797年印刷了不到50册，伦敦自然博物馆图书馆收藏了其中一册。图书馆馆藏《佐治亚昆虫》第二副本的日期为1821—1822年，它是之后30年间装订而成的版本。确切印数不详，可能总共不超过250套。

艾伯特多年来坚持收集和描绘博物学标本。收藏同行都知道他对佐治亚动物区系了如指掌且愿意慷慨分享专业知识。艾伯特在朋友威廉·E. 麦克尔文（William E. McElveen）位于佐治亚州布洛克县的庄园里度过了生命中最后的时光。

这只黄钩蛱蝶（*Polygonia c-aureum*）“5 月 29 日用翅尾将自己倒挂起来，5 月 30 日发生变化，6 月 7 日翅上呈现出这种变化”。《佐治亚昆虫》文中的精确记录在詹姆斯·爱德华·史密斯爵士的编辑整理之下，增加了这部著作对科学界的吸引力。

1840 年，他被安葬在麦克尔文家的墓地里。遗憾的是，他留给麦克尔文的私人手稿似乎已被损毁破坏。

艾伯特在收集、图示和将成千上万的标本运往美洲和欧洲方面的高超技艺以及制作生物笔记时对细节的审视，让两大洲的博物学家得以探索记录未知的物种。《佐治亚昆虫》彰显了艾伯特对科学知识的贡献，至今仍是一部重要的出版物。艾伯特的笔记和信件让人们能深入了解美国早期的生活状况，其高质量作品给我们提供了佐治亚昆虫区系和鸟类区系的最早准确记录。

《花之神殿》

罗伯特·约翰·桑顿

撰文/罗伯特·赫胥黎

或许《花之神殿》不具备重要的艺术价值或科学价值，但是它封装着一个身处浪漫时代的男人的思想感情。

1837 年，《绅士杂志》（*Gentlmen's Magazine*）在罗伯特·约翰·桑顿医生讣告中这样写道："……但是这些结果不足以扭转他的命运，他沦为乞丐……"这个男人曾将自己的一生献给植物学，出版那部令人叹为观止却又极度奢华的《花之神殿》毁掉了他自己，他的人生以悲剧收场。

1807 年，这部对开本作品以图书的形式出版。它是集成桑顿医生对植物及分类思考和 32 幅震撼人心、非同寻常、引人入胜的系列彩色版画于一体的三部作品之一。桑顿出生在一个富有的医生家庭，他本人也是一名成功的医生，厄运到底从何而来?

图为夜间开花的仙人掌——大花蛇鞭柱。热带仙人掌的花朵在黑暗乡村教堂背景之下有些不和谐地闪耀着。月光和时钟强调开花的时刻。与书中许多图版一样，在这幅作品中戏剧性也优先于准确性。

图为粘着蛆虫的大花犀角（*Stapelia hirsute*）。一只苍蝇被恶臭的气味和腐烂的外观所吸引，从这株肉质植物的花上爬过。桑顿和画家彼得·查尔斯·亨德森（Peter Charles Henderson）通过配诗和画了一只盘在植物下面的蛇来渲染恐怖的氛围。

桑顿大概生于1788年前，出生地点很可能是伦敦。他的父亲博内尔·桑顿（Bonell Thornton）放弃行医、投身于写作，还与许多当时的文学巨擘有交集，例如诗人威廉·柯珀（William Cowper）。博内尔在儿子出生后不久就去世了，罗伯特由母亲抚养长大。她在抱怨儿子把“满地乱爬的东西”带回家时，也早早为他指明了未来的方向；桑顿对博物学的浓厚兴趣贯穿其学生时代，他在学校建了一座花园和一只住满“所有鹰类”的大鸟笼。与绝大多数地位相仿的同龄人一样，他注定要进入教会学习，于1768年升入剑桥大学三一学院。他很快就沉浸于药学，尤其喜欢当时药学课程中不可或缺的组成部分——植物学课程。他就是在植物学课程中接触到了瑞典植物学家卡尔·林奈提出的用于植物分类的有性系统，这在桑顿的巨著中多有显现。桑顿的行医事业蒸蒸日上，他被一家伦敦的慈善医院——马里波恩大药房（Marylebone Dispensary）聘为医师。为了保持对于植物的热情，他在盖伊和圣托马斯医院（Guy's and St Thomas's hospitals）讲授药用植物学课程。

桑顿对植物学的痴迷很快就展现出来，他出版了多部植物学主题的著作。这些书通常话题宽泛，从火山到化石。他对植物学的激情是对其主要著作影响至深的因素之一。这些影响因素中首屈一指的便是深厚的爱国主义情结。18 世纪末，英国已经失去在北美地区的绝大部分殖民地，同时还深受法国大革命的爆发以及随之而来的战争的困扰。但在其他地区，英国依旧在不断扩张领土，强化它在东方的地位，并开始在澳大利亚安营扎寨。英国的民族精神就是一种日益增长的爱国主义精神。在博物学方面，桑顿认为英国已经远落后于它在欧洲大陆的对手，尤其在植物插图的艺术和科学领域。他把《花之神殿》视为向世界表明英国植物插图画家在方方面面都能与欧洲大陆国家的伟大插图画家相媲美的手段，比如皮埃尔－约瑟夫·雷杜德（Pierre-Joseph Redouté）的精美插画已达到了艺术巅峰。

第二个影响因素便是卡尔·林奈，他为学者以及业余爱好者识别、分类和命名那些运抵欧洲海岸的新植物提供了一种简便直接的方法。虽然林奈的花部有性系统、雄性和雌性部分的粗俗拉丁术语让人备感羞愤，但他的确提供了一种把植物世界“安排进鸽子笼”的实用便捷方法。双名法是林奈唯一流传下来的植物学遗产。尽管简单，林奈的有性系统却无法反映植物的自然亲缘关系，进而在 19 世纪初期被法国人提出的更自然的系统——现代分类学系统的前身所取代。从桑顿的爱国主义观点来看，这多少有些讽刺。桑顿极为仰慕林奈，几乎到了崇拜的地步，桑顿的著作中就有一页满版的林奈肖像画。

桑顿对“好战行为”十分厌恶，这对他的主要作品也有影响。这些组合因素驱使桑顿着手完成这部巨著的文字撰写和插图绘制工作。从 1797 年起，他将这部作品分成系列陆续出版，每分册包含两幅图版并配文字，售价 1 几尼。没多久，他把它们改成巨幅、昂贵的 3 卷套装，并冠以新名《卡尔·冯·林奈有性系统的新图绘》（*A New Illustration of the Sexual System of Carrolus von Linnaeus*），售价 20 几尼，当时很少有人能买得起。前两卷致力于用插图以及桑顿自己修正过的或被称为“改革的”语言来诠释林奈分类系统。第三卷《花之神殿》是最具影响力的，正是这一卷令桑顿倾家荡产。

桑顿下决心做一本欧洲大陆没有可与之匹敌的书，他花掉大量积蓄，聘用超过13位最好的雕版技师与插图师一起工作。雕版技师将桑顿亲自挑选出的艺术家绘制的原画雕刻成版。虽然桑顿夸张宣传“神殿”会由当时最好的艺术家来绘制插图，但他最后选用的艺术家却没有达到这个水准。桑顿雇佣的艺术家主要有菲利普·利纳格（Philip Reinagle，一位景观与动物画家）、彼得·查尔斯·亨德森（可能是一位由桑顿自己训练的小画家）和亚拉伯罕·佩达（Abraham Pether，人称“月光佩达”）。这些艺术家并不是人们心中期待的那种能让欧洲其他名著在桑顿的作品面前黯然失色的景观画家或植物插画家。

这些雕版技师和印刷师使用了美柔汀、飞尘腐蚀法和线雕等多种技法以及彩色印刷和手工着色的方法，以实现桑顿想要的效果。1803年，桑顿为促销这些画在伦敦开设了林奈画廊（Linnaean Gallery），展出了20张彩色版画以及更多未着色的黑白图版，展览目录售价是1先令。这个想法很可能是出于模仿雕版技师兼出版商约翰·博伊德尔（John Boydell）。博伊德尔曾借着18世纪英国民族主义的兴起，利用莎士比亚协会（Association of Shakespeare）通过创立莎士比亚情景画廊来盈利。和博伊德尔一样，桑顿的如意算盘也落空了。和给这个出版项目投钱的各家企业一样，林奈画廊也没能对图版的糟糕销售业绩力挽狂澜，桑顿因此陷入财务泥潭。他的解决办法竟然是再次效仿不靠谱的博伊德尔——设立彩票来资助出版项目。在摄政王、未来的国王乔治四世（George Ⅳ）的支持下，皇家植物彩票通过了议会法案得以设立，以这部著作的原画为最高奖项。彩票最终也失败了，桑顿出版70张图版的计划就此泡汤。伟大的尝试以失败告终。尽管桑顿依旧坚持行医并出版了一些不那么出名的著作，他还是在1837年贫困潦倒而死。

桑顿对皇家支持的渴望在《花之神殿》首页那封写给乔治三世妻子夏洛特王后的略带阿谀奉承（以现代的眼光）的信中就能看得出来。夏洛特王后向桑顿表达了她对“好战行为”的厌恶，桑顿则把一封夏

“阿斯克勒庇俄斯、弗洛拉、克瑞斯和丘比特让林奈的塑像显得格外荣耀。”桑顿用这张图版来强调学习植物学对医学（阿斯克勒庇俄斯）、农学（克瑞斯）的益处，同时也强调女士们（弗洛拉）对优雅的追求。

洛特王后写给普鲁士国王请求在其家乡梅克伦堡（Mecklenburg）停战的信件重新印在他的著作中。这本著作内容多变，质量不一，书中艺术插图配有像伊拉斯谟·达尔文（Erasmus Darwin）这样的作家和学者创作的博物学诗歌。多亏了查理斯·达尔文（Charles Darwin）的祖父伊拉斯谟·达尔文，他用诗歌的形式表达了他对世界和自然的看法，这让《花之神殿》成为一部另类十足的出版物。

书中的艺术插图令这部著作卓越非凡。书中每张图版都配有文字描述和林奈系统分类。这些图版都算是肖像画，植物就是“画中模特”且被置于象征性的浪漫背景之中。这些肖像画总有诗歌相伴，以歌颂画中特定植物。先于这些植物肖像画出

现在读者面前的是一些画着古典人物的奇幻图版。其中一幅画的是林奈本人，他正被希腊医药之神阿斯克勒庇俄斯、罗马花之女神弗洛拉、谷神克瑞斯和爱神丘比特所环绕（P167 图），桑顿解释为“暗指林奈的有性系统”。

某些图版可以称得上绚丽，但却有着奇怪的违和感。例如，迷人的大花蛇鞭柱（或叫夜皇后，P163 图）被放置在夜间英国乡间教堂的背景之中。这是桑顿有意为之，他在图版导言中写道：“每个场景都适合主题。在这幅夜间开花的仙人掌中，月亮在充满涟漪的水面上嬉戏，塔钟指向午夜 12 点——花儿全部绽放的时刻”。这些硕大无比、令人惊奇的花朵靠夜间飞行的蝙蝠和蛾类饮取花蜜时顺便带走花粉。这种植物原产于墨西哥、中美洲以及安的列斯群岛（Antilles）的高温炎热地区。那里，白天鲜有传粉昆虫活动，同时还要减少水分散失，夜晚开花便成了一个非常好的策略。这张图版还附诗一首，它是伊拉斯谟·达尔文在此书中的第一首诗：

光辉谷神在这昏暗时刻，
（Refulgent Cerea at the dusky hour）
举步沉思寻觅山上凉亭，
（She seeks with pensive step the mountain bower）
面色红润犹如暖阳升起，
（Bright as the blush of rising morn, and warms）
午夜冷眼忧郁更显魅力。
（The dull cold eye of midnight with her charms）

桑顿给出了对这种植物性部数量和形态的描述：例如，“这些起源于花萼，因此这种植物被归入林奈的单雄蕊纲和单雌蕊目；在改革后的体系中，它又被归入多雄蕊纲和花丝合于花萼目。”

艺术家在龙木芋的图版中呈现了一个阴郁的哥特式场景，这与那个《奥特朗托城堡》（*The Castle of Otranto*，哥特式小说的开山之作）风靡全国的时代十分契合。与大花蛇鞭柱的植物学描述形成鲜明对比，桑顿认定这种植物相当冷酷，确

桑顿和一位艺术家通过那片笼罩在龙木芋（*Dracunculus vulgaris*）上方的阴郁天空，营造出了一种颇为流行的哥特感。深紫色的佛焰苞包裹着含有许多小花的隐穗，与粘有蛆虫的大花犀角一样，龙木芋通过腐肉的气味来吸引苍蝇传粉。

与哥特式阴郁恐怖场景形成对比，桑顿将这种花命名为王后之花，现在它更多被称为鹤望兰（*Strelitzia reginae*，左图）。这种花被引入时，其妩媚动人的外观吸引了诸多关注。它的名字是为了纪念桑顿曾寻求支持的乔治三世的王后——梅克伦堡的夏洛特。

这幅插图（右图）描绘了两种以虫为食的植物：黄瓶子草（*Sarracenia flava*，中间）和捕蝇草（*Dionea muscipula*，图右）。大臭菘（*Symplocarpus foetidus*，图左）也是一种带有难闻的气味的植物。图中这些植物的尺寸都不合比例。

保可以拟人化。“这种剧毒植物不能采用素雅描述，那就让我们把它拟人化。她顽皮地从紫色帽子中向外窥探：她那绿色隐蔽之处突射出一支黑暗射流的恐怖之矛……”

另一毫不起眼却又十分迷人的植物是那个粘着蛆虫的大花犀角（P164 图）。有趣之处在于桑顿不仅描述了这种植物，还介绍了它那让人略感不适却高效十足的授粉方式。豹皮花的外表和气味极像腐烂的肉，因此能吸引苍蝇爬到花上并在产卵时带走花粉。图版前景画着一只凶恶的蛇，再配上乔治・肖医生（Dr. George Shaw）的诗，平添了一分阴郁。诗句这样开头：

非洲风暴海角 荒野高地中部，
（Mid the wild heights of Afric' s stormy cape）
凶恶的大花犀角现出蛇妖原形。
（The fell Stapelia rears her gorgon shape）

桑顿对昆虫 - 植物之间相互作用表现出的兴趣与描绘美洲沼泽植物的图版产生了冲突。有一幅画在全书精美插图中根本排不上号，画中描绘的三种植物也完全不成比例。这种发臭的石柑属（*pothos*）植物（通常指的是大臭菘，对页右图左侧）果真名副其实，它会通过释放强烈腐臭气味来吸引传粉者。桑顿大概不知道，这是少有的一种能够用产生热量来协助气味散播、吸引昆虫取暖的植物。对页左图里还有两株以昆虫为食的植物，一株是黄瓶子草（对页右图中间），另一株是捕蝇草（对页右图右侧）。桑顿认为这些植物捕捉苍蝇是为了保护自己的“花蜜”，现在我们知道其实植物是要杀死苍蝇汲取营养。如果桑顿知道真相，他肯定会灵感爆棚，配上更多的诗歌，以加强哥特感。

让我们回到更具视觉吸引力的植物——桑顿口中的“王后之花”，这种植物之后被用于指代夏洛特王后，于18世纪80年代被引入英国，如今已是人们熟知的园艺植物。这种被人们称作鹤望兰（又叫天堂鸟花，对页左图）的迷人植物由苏格兰植物收藏家弗朗西斯·马森（Francis Masson）从南非引进并在邱园种植。当时的桂冠诗人亨利·詹姆斯·派伊（Henry James Pye）为图配诗一首，诗句这样开头：

从非洲南部峭壁，伽马起航出发。
（On Afric' s southern steep, where Gama' s sail）
在狂风骤雨之巅，扬起一道风帆。
（Top the tempestuous clime was first unfurl' d）
风帆伸展至极，追逐危险暴风。
（Courting with ample sweep the dangerous gale）
并为欧洲之子，打开东方之门。
（And op' d to Europe' s sons the Eastern World）

桑顿从未到访过在这部著作中出现的植物的热带发源地或其他异域发源地，他似乎还略去参考已有著作。因此，不论美学价值如何，桑顿的作品都不能算是一部可靠的植物学教科书。虽然《花之神殿》或许不具备重要的艺术价值或科学价值，但是它自身的气质以及其中所封装的那个身处浪漫时代男人的思想感情让它成为一部里程碑式的著作。

《埃及志》

法国埃及科学和艺术委员会

撰文 / 朱迪思·马吉

《埃及志》中收集的科学及学术元素是一份华丽壮观的遗产，它催生了现代埃及学，给我们留下了一场有关埃及历史的美轮美奂的视觉盛宴。

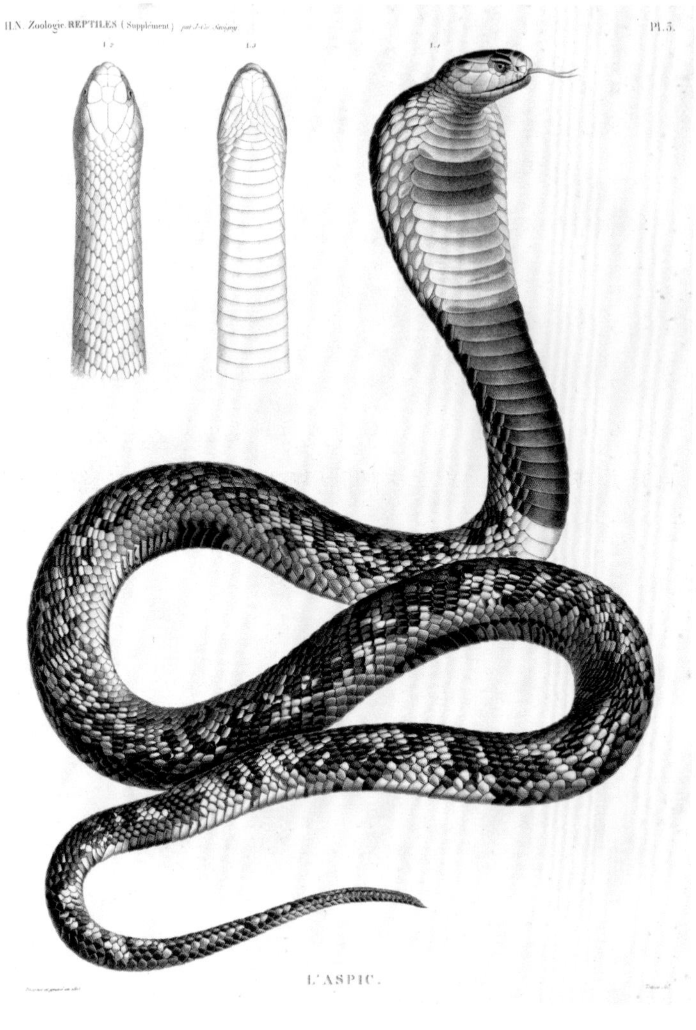

埃及眼镜蛇（*Naja haje*）的独特姿态被留在画中：身形耸立于尾部之上，颈部膨胀，好似包裹着头巾。

1798 年 7 月初，160 多位法国学者作为艺术和科学领域的杰出代表，在埃及亚历山大（Alexandria）海岸登陆。此前，他们经历了 6 个星期的艰难海上航行，期间遭遇了暴风雨的袭击、晕船的折磨、缺医少药以及旅途末段短缺食物。他们在途中遇见的困难比他们预想的要严峻得多。

法国侵入埃及被认为是拿破仑一世损失惨重、考虑不周的探险活动之一。拿破仑立志追随自己心目中英雄亚历山大大帝（Alexander the Great）的脚步，这激发了他想要征服埃及的野心。许多欧洲人因埃及土地肥沃、物产丰富以及拥有令一代又一代人痴迷的悠久历史而将之视为一片值得占领的土地。当然，拿破仑也这么认为。此外，拿破仑还相信，法国可通过征服埃及获得其他利益：保护法国在中东地区和东印度群岛正受土耳其人威胁的贸易利益；获得通往亚洲海路的主要控制权，从而切断英国通往印度的航路、开辟法国在加勒比海地区的贸易航线。

1798 年 5 月，这支远征军从土伦（Toulon）起航，舰队由 13 只大型战舰、42 只小型战舰和 122 只运输船组成。这些船只载着数以千计的士兵、水手以及动物，同时还带有大量补给。补给数量多得惊人，以至于被描述为：不但可以支援一场战役，还能供给一座小型城市。

随同那支被称作东征军的大型远征军出发的，还有一个由法国知识分子组成的大型代表团。他们被征召加入此次行动，还被冠以法国埃及科学和艺术委员会（Commission on the Sciences and Arts of Egypt）的名号。这是史上第一次学者随同侵略军一起行进的远征。这些被称为专家的人分别是科学家，艺术家，文学界人士，绘图师，工程师，医生，博物学家以及专攻阿拉伯语、土耳其语、波斯语的语言学家中的杰出代表。他们随身携带科研仪器、图书、工具以及印刷机，其中还有一台阿拉伯文印刷机。这些学者耗时 3 年，发现、学习并记录那片被法国人占领土地和当地人民的艺术、建筑学、

博物学、宗教活动和风俗习惯。他们研究、调查并记录了埃及文化的方方面面，从古至今，无一遗漏：绘制多幅现有地形、水路、港口、城镇和村庄的地图；特别关注对古迹文物的描绘记述工作，工作进行得非常细致；收集、研究、分类、命名植物和动物。他们还研究那片土地的地质情况，收集矿物，分析古迹岩石和大型雕像。研究结果最终经由一部1809—1829年间出版、名为《埃及志或法国军队远征埃及期间观测与研究集》（*Description de l'Égypte, ou Recueil des observations et des recherches qui ont été faites en Égypte pendant l'expedition de l'armée française*，英文名为*Description of Egypt, or the collection of observations and researches which were made in Egypt during the expedition of the French Army*，简称《埃及志》）的23卷大型图书而闻名于世。

这些杰出的法国科学家和文豪们与埃及的初次相遇并不值得羡慕嫉妒恨。他们在亚历山大附近的海岸登陆后徒步前往开罗（Cairo），补给则通过海路运输。他们在7月气候最恶劣时横穿沙漠，当地气温当时已达40摄氏度。饮用水的储备问题最让人难以忍受，何况他们还得应付贝都因部落的连续攻击、在数个城镇村庄爆发的全面遭遇战以及一次发生在吉萨（Giza）的大型战役（此战役被称作金字塔战役）。他们花了3个星期的时间才抵达开罗。11天后，法国舰队在阿布基尔湾（Aboukil Bay）遇见了霍雷肖·纳尔逊和他率领的英国军队，结果法国人遭到重创。这场战役被称作尼罗河战役，拿破仑一世的舰队几乎全军覆没，只有4只幸存。这彻底切断了当时在开罗的法国人与法国本土之间的联系。面对补给无法穿越封锁的窘境，这些学者立即着手工作，通过修建铸造厂、工坊、面包坊以及风车来维持城中部队和百姓的生存。

这株底比斯叉茎棕（*Hyphaene thebaica*，又称埃及姜果棕）由亨利－约瑟夫·雷杜德执笔绘制，它产于埃及和其他北非地区。图中水果已经成熟，包括核在内的所有部分都可以食用。

这群知识分子在开罗安营扎寨后，很快就开始专注于他们留在埃及的意义。8月23日，这个有关埃及的研究机构在奥斯曼帝国的富有官员哈桑·卡席夫（Hassan Kashif）的官邸举办了成立大会。该机构旨在弘扬和发展埃及科学与艺术以及获取这个国家所有有用的知识。印刷机开启了工作模式，大量学者的研究成果被公开发表在该机构运营的两个官方出版物上——《埃及年代》（*La Decade Egyptienne*）和《埃及通讯》（*Courrier d'Egyptien*），这两个出版物也是拿破仑一世的宣传工具。该机构还建了一座图书馆、一座天文台、一座实验室以及一座植物园和一座动物园。

拿破仑一世的埃及战争以失败告终。1799年8月，他丢下东征军和这些专家返回法国，让他的将军让·巴普蒂斯特·克莱伯（Jean Baptiste Kléber）代为指挥，这位将军在第二年被刺身亡。1801年9月，留下的法国人向英国投降，3万多名法国士兵和43位学者死于疾病或军事战斗。3年间收集到的埃及宝藏都被交

对页图重现了当时人们心中古代神庙柱厅的模样。神庙在19世纪损毁严重。书中声称插图的色彩取自神庙的残骸碎片，如实记录。

彩鹮（*Plegadis falcinellus*，左图左侧）对古埃及人有着重要的意义。法国人在墓穴中发现了许多彩鹮的绘画以及用彩鹮制成的木乃伊。埃及圣鹮（*Threskiornis aethiopicus*，左图右侧）在19世纪前的埃及随处可见，现在却已濒临绝迹。1805年，博物学领域的领军人物萨维尼出版了一部有关神话和鹮的博物学著作。

给了英国人，其中就有举世闻名的罗塞塔石碑。那些绘画、手稿以及博物学标本等学术成果也被要求移交给英国人，但遭到了法国学者的强烈反对。最终，这些学术成果被获准由其发现者和收集者带回法国，最后一批部队和学者于 1802 年返回法国。不久，法国政府就下令收集包括图表、绘画、回忆录以及观测资料在内的所有知识资料，准备出版一部描述埃及古今科学文化各方各面的宏大著作。1809—1829 年，10 卷文字作品以及 13 卷绘画和地图集以《埃及志》为名相继出版。书中插图的尺寸相当大（700 毫米 ×530 毫米），还被命名为“大世界版”（grand monde）。数以百计的艺术家、雕版技师、印刷师被招募，前来支援转换那些学者在埃及的成果的工作。

有关博物学元素的内容占了这部著作的两卷，每卷都有科学的文字描述和插图，各个部分在 20 年间陆续出版问世。全书涵盖了所有博物学领域，从植物学、动物学到矿物学、古生物学。《埃及志》有 894 张雕刻图版，其中 244 张属于博物学领域，其中部分手工着色，相当一部分画了一种以上的生物。完成这项工

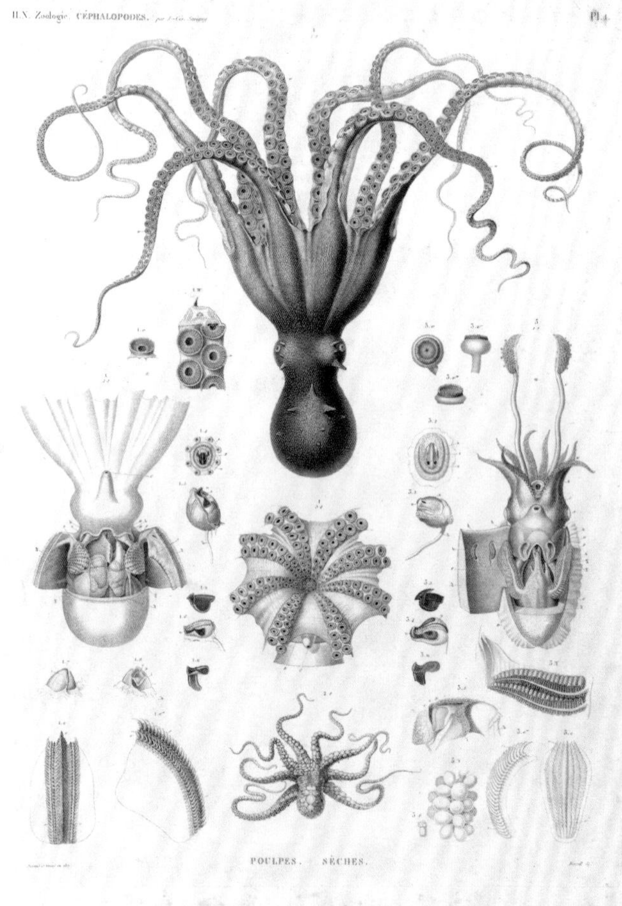

左图中的真蛸（*Octopus vulgaris*，章鱼的一种）和乌贼（*Sepia officinalis*）都栖息在欧洲附近海域，对法国科学家来说它们并不陌生。维克多·奥迪翁（Victor Audouin）在萨维尼生病期间接手了文字撰写工作并且指出：这幅非常棒的插图画详细地展示出了这两个种的形态和内部结构，这在史上实属首次。

圣伊莱尔在文中描述了 5 种鳄鱼。对页图中的一长一幼两只尼罗鳄（*Crocodylus niloticus*）的尺寸（画中成年鳄长 56 厘米）只为实物尺寸的 1/5。这是非洲本土最大的鳄鱼。

作的领衔博物学家有以下几位：动物学家艾蒂安·若弗鲁瓦·圣伊莱尔（Étienne Geoffroy Saint-Hilaire）与玛丽·朱尔斯·恺撒·勒朗尼·德·萨维尼（Marie Jules César Lelorgne de Savigny）共同负责动物学章节，圣伊莱尔撰写脊椎动物的研究成果部分，萨维尼撰写非脊椎动物的研究成果部分；植物学家艾利叶·拉弗诺·德利勒（Alire Raffeneau Delile）负责撰写埃及植物的研究成果部分，他在开罗时曾担任植物园园长；地质学和矿物学部分由采矿工程师弗朗索瓦·米歇尔·德·罗齐埃（François Michel de Rozière）撰写完成。

负责插图的艺术家有亨利 - 约瑟夫·雷杜德（Henri-Joseph Redouté），他是国际知名的植物艺术家皮埃尔 - 约瑟夫·雷杜德的弟弟。亨利 - 约瑟夫·雷杜德也是一名杰出的博物画家，他曾在埃及同博物学家共事，为博物学家绘制他们收集的标本。书中相当一部分动物图画和植物图画都出自亨利-约瑟夫·雷杜德之手。

《埃及志》中的博物卷与历史卷和埃及古迹卷同等重要。涉及博物学的那两卷是有史以来第一次对埃及植物和动物进行的准确调查，部分文章为相关学科的发展做出了重要的贡献，其中有萨维尼对鹮及其历史的研究、圣伊莱尔对埃及獴的研究以及圣伊莱尔对多种当时未知鱼类的文字描述。当时的博物学家对书中文字描述的研究持续了几十年。当时的领军博物学家和比较解剖学家之一乔治·居维叶（Georges Cuvier）研究了这部著作，并在自己的著作［包括其巨著《动物界》（*Le Regne Animal*）在内］中进行了引用。罗齐埃的埃及矿物学部分有115幅插图，这些插图有关在尼罗河流域发现的主岩，河对岸的群山、沙漠和采石场以及埃及古迹建设使用的材料。

描绘着古埃及的建筑、象形文字以及宏伟石雕的绘画捕捉到了真实的风景，它们如那些博物插图所画那样美丽。这些壮观的绘画尺寸巨大，令读者身临其境。人们深信，初次见到这些古埃及建筑图画时，不禁会被如此壮丽的奇观所震撼。这对当今学者的重要性在于：由于这些遗迹在过去200年里不断被毁坏，因此其中部分今天已不复存在，正是这些绘画和观测资料为我们提供了颇具价值的古埃及记录。拿破仑一世的这次远征是一次失败的军事行动，《埃及志》中收集的科学及学术元素却是一份华丽壮观的遗产，它催生出了现代埃及学，给我们留下了一场有关埃及历史的美轮美奂的视觉盛宴。

虽然正式出版物中的玫瑰插图通过大师的点刻而成，其实这些插图以原始水彩画为基础。

撰文 / 桑德拉·克纳普

皮埃尔 - 约瑟夫·雷杜德

《玫瑰圣经》

雷杜德的玫瑰是迄今为止公开出版的较著名的花卉图书之一。《玫瑰圣经》（*Les Roses*）的插图被用于众多家居物品，诸如餐具垫、杯子和茶盘这些许多人日常生活注意不到的角落。雷杜德在他生活的那个时代被誉为“花之拉斐尔”，这个名号响彻至今。这对一个来自比利时瓦隆（Wallon）地区的男孩来说，已相当了不起！皮埃尔 - 约瑟夫·雷杜德大概是在比利时国外最为有名的比利时人。雷杜德出身卑微，是给大教堂做室内装饰的画师之子，后来成了皇室御用花卉画家。雷杜德是终极幸存者——在那个法国史上最动荡的年代，他顺利游走于系列资助人之间，先后成为王室、革命者和女王的宠儿。

抵达 18 世纪末的世界艺术中心——巴黎后，雷杜德开始和哥哥一起做室内装修工作，很快他就转战花卉绘画领域。他吸引了一位对植物充满热情的律师——有些癫狂且绝对恶劣的查

这种植物被称作马赫卡或漂亮王妃，据说是法国玫瑰中最为华丽的。它的花只有一轮花瓣，这在雷杜德那个时代更为罕见。

尔斯－路易斯·埃希蒂尔·德·布鲁戴尔（Charles-Louis L'Héritier de Brutelle）的注意。埃希蒂尔出生于巴黎的富裕家庭，很年轻时就被任命为巴黎水域和森林事务的行政长官。据说，他就是在这个职位上对植物产生了兴趣。他是工资很高的公职人员，此外还有很多私人收入，因此有能力自费满足个人兴趣。埃希蒂尔在法国植物学界是个备受争议的人物，他与隶属法国皇家植物园（Jardin du Roi）的法国植物学组织以及像米歇尔·阿当松（Michel Adanson）和伯纳德·德·朱西厄这样的植物学家进行了无止境的竞争。埃希蒂尔是林奈分类系统的倡导者，法国植物学组织的成员则是“自然”分类系统的支持者。虽然看似不重要，但这可是17世纪后半叶的主要科学争议之一：应该根据雄蕊或者雌蕊的数量对植物进行分类（林奈的植物性系统），还是综合其他特征进行分类（阿当松的“自然”系统）？

作为《自然系统》的一部分，性系统于1735年由伟大的瑞典植物学家卡尔·林奈发明。这部著作提出了一个适用于万事万物（矿物、植物和动物）的分类系统。林奈的植物分类系统基于花部雄性（雄蕊）和雌性（形态或柱头）生殖器官的数目，这让任何人都可以通过计算雄蕊数目将一种未知植物轻松归入24纲之一。纲内又根据雌性生殖器官数目来划分目，因此任何一种植物就都可以被归入更小的组。例如，玫瑰属（*Rosa*）被归入多雄蕊纲（有20枚雄蕊）、多花柱目（多花柱），拥有5枚雄蕊和1个花柱的番茄则被归入五雄蕊纲、单花柱目。这是一个高度人工的分类系统，林奈自己多少也承认了这一点。但是，它是有效的，可让任何人都能参与植物鉴别。这个系统因以植物的生殖器官为基础而充满争议。来自圣彼得堡的植物学家约翰·希格斯贝克（Johann Siegesbeck）认为它是“下流的”且充斥着“令人作呕的邪淫”，因此不适于教给孩子和女人。与之相反，法国植物学组织倡导的自然分类系统则以对植物多种特征的考察为基础，有着诸多模糊的专业术语，十分复杂，要具备大量学术知识才可应用它。因而，像埃希蒂尔这样的业余爱好者偏爱林奈植物性系统就不足为奇了。埃希蒂尔并不是在孤军奋战，18世纪后半叶的英国则是林奈分类系统支持者的大本营。埃希蒂尔与曾在奋进号上陪伴詹姆斯·库克船长航行的约瑟夫·班克斯以及伦敦林奈学会的创始人詹姆斯·爱德华·史

密斯保持着通信联系，这两位都是林奈分类体系的坚定拥护者。

埃希蒂尔将年轻的雷杜德招至麾下，教他植物学入门知识，让他能够准确描绘花朵——不仅画得好看，还要画对。埃希蒂尔的远见卓识令他自己受益匪浅。从 1785 年起，埃希蒂尔出资雇佣雷杜德为他那部分辑出版的不朽巨著《新植物》(*Stirpes Novae*) 绘制插图。埃希蒂尔将这项工作对外保密，旨在竞争描述新物种的领头羊。埃

只有真正的爱好者才会去种植真正的野生玫瑰。小蘖叶蔷薇（*Rosa berberifolia*，左图）也叫单叶蔷薇（*Rosa persica*），原产于中亚沙漠和草原，很难在庭院中人工培育。

茶香玫瑰（右图）的名字源于它开花时发出的甜香味。此种经由英国从印度引进，据说是同类中最香的。

Rosa Banksiæ. *Rosier de Lady Banks.*

希蒂尔给远在英国的班克斯写信：“我的项目依旧保密，以防学术成果被我们的教授（指阿当松和德·朱西厄）抢走。”埃希蒂尔还卷入了所谓的“董贝事件”，这起丑闻与由西班牙国王查尔斯三世（Charles Ⅲ）资助的考察队在南非收集的植物有关。虽然西班牙人为那次航行掏了腰包，但航行目的在法国人的挑唆下却变成了取回伯纳德兄弟约瑟夫·德·朱西厄（Joseph de Jussieu）遗留在秘鲁的材料；探险家约瑟夫·董贝（Joseph Dombey）被派去当卧底收集植物。法国人承诺在西班牙植物学家伊波利托·鲁伊斯（Hipolito Ruiz）和何塞·帕文（José Pavón）的著作出版之前不会描述取回的植物，但是董贝一回到欧洲法国人就出尔反尔了。法国植物学组织决定抢先出版，埃希蒂尔则愿意为之出资，所以1786年这些藏品被移交给他。西班牙合乎情理地提出抗议并要求归还植物，法国政府也同意了。就在这节骨眼上，埃希蒂尔却带着所有藏品跑到了伦敦。他在那里驻留了一年多，蛰居在约瑟夫·班克斯家中描述董贝收集来的新物种。雷杜德因为这部书绘制插图而被召至英国，他在那里接触到了新的技艺与方法。

虽然雷杜德已为埃希蒂尔的《新植物》绘制了插图并把自己能开始职业生涯归功于埃希蒂尔的信任，但他还有更长远的追求。他在法国皇家植物园遇到了法国植物学界泰斗和皇室御用画家。其中有来自荷兰的国王御用微雕画家杰拉德·范·斯潘东克（Gerard van Spaendanck），他负责绘制犊皮卷。犊皮卷是一种绘制在犊皮纸上的动植物图画集，犊皮纸是一种用未出生的幼仔皮制成的质量极佳的乳白色皮纸。除了在宫廷艺术委员会的工作，范·斯潘东克每年还要为犊皮卷集增添20幅画作。1789年前的某一阵子，范·斯

木香花（*Rosa banksiae*）原产于中国，其栽培历史悠久。它以著名植物学家约瑟夫·班克斯妻子的名字来命名，因此用结尾字母 -iae 表示尊称女士的科学命名。

苔藓玫瑰的“苔藓”来自茎部上端和花部的浓密绒毛。在雷杜德生活的时代，人们认为这与昆虫感染有关。

潘东克似乎让雷杜德接管犊皮卷的工作，并教他如何用水彩绘画而用非那个时代更普遍的体色。不透明水彩（或叫水粉）是一种绘画技术，在颜料中混入阿拉伯树胶使颜料变得不透明；与之相比，水彩由悬浮在水中的颜料构成，呈半透明状，但是很难在像犊皮纸这样的水敏介质上使用。范·斯潘东克是水彩画大师，雷杜德可能正是跟这位经验丰富的荷兰花卉画家学会了这种技法。

雷杜德在法国大革命前夕被任命为玛丽·安托瓦内特的花卉画师，这是一个没有薪水的荣誉职位。令人惊讶的是，雷杜德竟然毫发无损地躲过了“恐怖统治”的动荡时期。他的资助人玛丽·安托瓦内特却没有这么幸运，最后死在了断头台上；另一个资助人埃希蒂尔差点送了命，还失去了所有的财产。雷杜德被任命为新组建的法国国家自然博物馆（Muséum National d'Histoire Naturelle）的犊皮纸植物绘图员，自然博物馆前身便是法国皇家植物园；他甚至住在卢浮宫里！在博物馆工作之余，他还出售水彩画、在聚会沙龙上举办画展。雷杜德在法国大革命前就已画完埃希蒂尔花园里的多肉植物。1799 年，《草本植物志》（*Histoire des Plantes Grasses*）出版，该书也称《多肉植物志》（*History of Succulent Plants*），雷杜德在这部著作中使用了从伦敦学来的新绘画技巧，以实现不可思议的效果。他在伦敦遇到了点刻法的发明者——雕版技师弗朗西斯科·巴特洛斯（Francesco Bartolozzi）。点刻法以点代线，在金属版上构造色调和阴影的渐变层次。雷杜德用这种技术重制了之前的多肉植物水彩画，以用于出版。他所使用的混合技法不仅有点刻法，还有在金属版上涂抹不同颜色的油墨直接彩印。在印刷前，用指尖将不同颜色的油墨涂在金属版上，再将过量的油墨揩掉。这是一个费时费力且又烦琐的工艺，雷杜德在工作室里将这种混合技法发挥得淋漓尽致，印出的图版几乎与原版水彩画一样细致流畅。

雷杜德作为花卉画家的名气吸引了拿破仑一世的妻子——约瑟芬·德·博阿尔内博（Josephine de Beauharnais）的目光。约瑟芬当时在梅尔梅逊（Malmaison）购置了一座庄园，收集了来自世界各地的植物。她是雷杜德作品的忠实粉丝，购买了多幅他的水彩画，更重要的是她还成了雷杜德巨著的资助人。在那个时代，艺术家的名字偶尔会出现在植物学著作的扉页上（比如雷杜德的名字就出现在埃希蒂尔的《新植物》扉页上），但一定是作为配角出现。雷杜德出版的百合和玫瑰不朽巨作却一反常态。这些著作以雷杜德的名义出版，植物学家则作为辅助角色提供植物的文字描述。业余植物学家、玫瑰狂热爱好者克劳德－安东尼·托利（Claude-Antoine Thory）为《玫瑰圣经》撰写了文字描述，其中还有有关栽培的注释。这本书是献给植物爱好者的，而非为植物学者服务，因为书里全是插图。插图中的植物来源甚广，大多数基于雷杜德在自己乡间别墅花园里亲自种植的植物，当时雷杜德已经具备一定经济实力来支持这项事业。可以确定，有些植物来自约瑟芬的梅尔梅逊庄园，其余的植物则来自托利。这部著作赞美了这些栽培植物中形形色色、种类繁多的花卉。

和《草本植物志》类似，《玫瑰圣经》也用了点刻法压印。将不同颜色的油墨涂在版上，图版的印制一气呵成，随后再手工完善。大马士革玫瑰的颜色会随着年岁的增长，从粉红色逐渐褪为白色，这种颜色渐变通过点刻技术被完美演绎出来。苔藓玫瑰同样通过这些密密的“苔藓状”绒毛被刻画得淋漓尽致。点刻法让雷杜德能呈现难以置信的细节。本书只收录了几种野生玫瑰的插图，《玫瑰圣经》全书170幅插图的绝大多数都是栽培种。玫瑰是极其复杂的种群；绝大部分人们栽培的玫瑰都由多个野生种杂交而来。通过扦插繁殖，就是“芽变”（茎上长有不同的叶或花），许多玫瑰可以被拿走再繁殖。雷杜德和托利把许多自己种植的玫瑰当成野生种来描述——用人为发明的林奈双名法对栽培植物进行分类会变得无比复杂。

《玫瑰圣经》所赞美的各种玫瑰的涵盖范围，从带有单瓣花的野生种（诸如来自中国、俄罗斯和哈萨克斯坦的小蘗叶蔷薇）到红茶玫瑰——如此命名是因为这种玫瑰在杂交时会赋予花朵淡淡的茶香味。雷杜德的插图还描绘了木香花，木香花也叫班克斯夫人玫瑰。有人可能会想知道，这种植物是否是他与埃希蒂尔一起在伦敦时获得的。很可能不是，不过这也是个不错的联想。我们知道，虽然正式出版物中的插图通过大师级点刻而成，其实这些插图以原始水彩画为基础。19 世纪 20 年代，原画被出售给法国王室，很可能在一场 19 世纪末发生的大火中随杜伊勒里宫（Palais des Tuileries）一起被焚毁。所以，这些书是我们仅有的了。这些画被频繁复制，已然成为现代生活的一部分。图版本身就是雷杜德植物插图艺术之精湛技艺和完美表现的证明——艺术形式本身已与它最初支持的这门科学截然不同了。

大马士革玫瑰是杂交种，也是玫瑰精油的来源。这种玫瑰的花瓣在开花过程中会变色——由深逐渐变浅，所以这种植物看上去长有两种花朵。

Rosa Damascena.
Rosier de Cels.
P. J. Redouté pinx.
Imprimerie de Rémond
Charlin sculp.

《美洲鸟类》

约翰·詹姆斯·奥杜邦

撰文 / 保罗·M. 库珀

奥杜邦和他的《美洲鸟类》在美国文化领域和博物绘画领域获得了真正的标志性地位。

举世无双一词很容易被人们过度用于形容杰出的博物学著作，但约翰·詹姆斯·奥杜邦的《美洲鸟类》绝对实至名归，硕大无比的开本会令人一见钟情。这组 435 张彩色图版（通常被装订成四卷）印刷在对开纸上，即每页尺寸为 39.5 英寸 ×26.5 英寸（1 英寸 =2.45 厘米）。奥杜邦依照实物大小画下北美鸟类，展示它们在自然界的特征行为。2010 年，一本《美洲鸟类》创造了有史以来印刷图书的拍卖最高价，拍卖日期是 2010 年 12 月 7 日，地点是伦敦苏富比拍卖行，成交价为 1150 万美元 [2013 年 11 月 26 日，这一纪录被纽约苏富比拍卖行拍卖的《海湾圣诗》（*Bay Psalm Book*）所打破，其成交价为 1416.5 万美元]。

奥杜邦从小就对观察和描绘鸟类充满热情。在某种意义上，《美洲鸟类》意味着他实现了梦想，同时也干了一件大事。我们来窥视一下他的早期生涯，这点便会更加清晰。1785 年 4 月 26 日，奥杜邦出生在圣多米尼哥（St-Domingue，现称海地）的法国殖民地莱凯（Les Cayes）。他是法国海军军官、庄园主让·奥杜邦（Jean Audubon）与珍妮·拉比纳（Jeanne Rabine）之子。

东草地鹨（*Sturnella magna*）在地面筑巢，并在鸟巢上方用草建造屋顶。奥杜邦在这张图版中细致地刻画出这种鸟所栖息的那片草地上物种丰富程度。

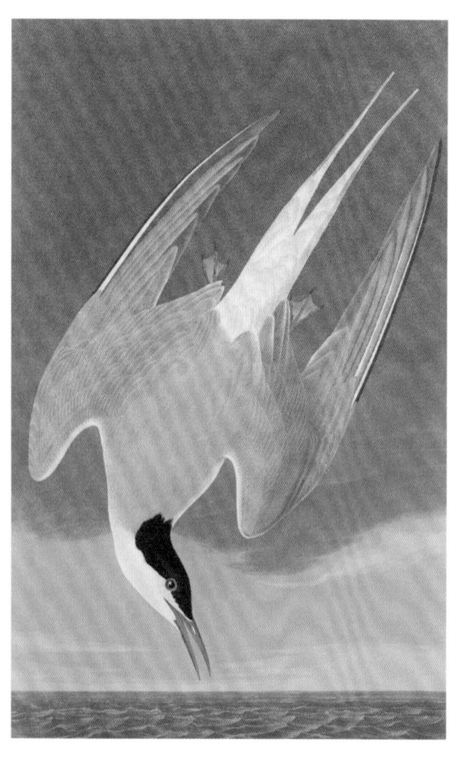

北极燕鸥（*Sterna paradisaea*）擅长超远距离迁徙，潇洒飞翔于天际。这幅奥杜邦的作品捕捉到了这种鸟俯冲捕食时的戏剧性画面。

母亲在他 6 个月时去世，1788 年父亲带他回到了位于法国布列塔尼（Brittany）南岸南特市（Nantes）附近的老家。年少的奥杜邦在乡下靠探索大自然来消磨时光，对鸟类萌发了喜爱之情——“唯有天上的伙伴契合我的幻想……我的父亲……指出（它们）动作优雅……羽毛美丽而柔软……鸟儿四季往返迁徙”。1803 年奥杜邦 18 岁，他父亲派他前往美国经营一项家族产业，同时也为躲避拿破仑一世军队的征召。在费城（Philadelphia）城外珀基奥门溪（Perkiomen Creek）的米尔·格罗庄园（Mill Grove），奥杜邦对经营地产生意深感厌倦，他更喜欢去田间地头玩耍和画鸟。这渐渐成为奥杜邦的惯有模式，这种模式在 1808 年他与露西·贝克威尔（Lucy Bakewell）结婚后依旧持续。这对夫妇曾先后移居纽约、新奥尔良（New Orleans）以及肯塔基州（Kentucky）的路易斯维尔（Louisville），他们尝试了各种各样的商业投资，大多以失败告终。期间，奥杜邦展示了绝不被逆境所压倒的决心，彰显了他的终生个性。

奥杜邦在路易斯维尔开百货商店期间，于 1810 年与后来被誉为“美国鸟类学之父”的苏格兰裔诗人、博物学家亚历山大·威尔逊相遇。威尔逊当时正在为他那部已经进入出版流程的《美国鸟类学》寻找订购客户。奥杜邦校阅了威尔逊已经完成的两卷，威尔逊则观摩了奥杜邦亲手绘制的鸟类水彩画。这次不期而遇对奥杜邦来说是一个催化剂，让他看到了出版《美洲鸟类》的可能性。当时的奥杜邦正以自由肖像画家为职业来维持生计。1819 年搬到俄亥俄州（Ohio）的辛辛那提（Cincinnati）后，奥杜邦开办了一所绘画学校，招收了 25 个小学生。他还在辛辛那提学院西部博物馆（Western Museum of Cincinnati College）兼职，负责剥制标本和绘制标本展示幕布。在那段日子里，奥杜邦继续制作鸟类水彩画作品集，那时他的作品集已达到可以出版的规模。亚历山大·威尔逊于 1813 年去世，10 年后奥杜邦才联系上了威尔逊在费城科学俱乐部（Scientific Community of

这只美洲红鹳（*Phoenicopterus ruber*）是奥杜邦极具艺术愉悦感的作品之一。美洲红鹳妖娆美丽的粉红色羽毛以及背部、颈部和腿部的和谐曲线完全忠实于自然。

在这幅令人震撼的作品中，一只优雅的雪鹭（*Egretta thula*，左图）被阴暗的天空映衬得极为突出。一个人影作为细微细节在背景中出现，我们还是能感觉到奥杜邦为人类对自然的负面影响有所担忧。

这幅横斑林鸮（*Strix varia*，对页图）捕捉到了一个自然画面，给人带来了强烈的视觉冲击。同时，奥杜邦也传递了这种鸟类的行为、栖息地以及饮食习惯的信息。

Philadelphia）的同事和支持者。奥杜邦犯了严重的错误，他当着自然科学研究院的面对威尔逊的插图提出了批评。鸟类学家、威尔逊的传记作者乔治·奥德（George Ord）坚决反对奥杜邦，并带头联合费城雕版技师和印刷师抵制与奥杜邦的项目合作。

虽然奥杜邦对反对深感失望，但并没有为之气馁，下决心去英国实现他的出版目标。1826 年夏天，他从新奥尔良启航前往英国利物浦（Liverpool）。奥杜邦一抵达就得到了妻子露西的亲戚以及贵格会（Quaker Community）会员的大力协助。当奥杜邦开始宣传《美洲鸟类》时，他的美国樵夫身份和外形——高大的身材，配以飘逸的长发和流苏皮革夹克的装扮——立即令人眼前一亮。奥杜邦的丰富田野经验替代了学历，吸引了他在英格兰北部及爱丁堡（Edinburgh）遇到的精英团体。随着不断地参加筹款招待宴会，奥杜邦拓展出一个资金渠道（以分辑定期出版的方式）来启动《美洲鸟类》的出版工作。

Barred Owl. Male, adult
STRIX NEBULOSA.
Grey Squirrel.
Scurius Cinereus.

Carolina Parrot. Males 1. F. 2. Young 3.

PSITACUS CAROLINENSIS.

Plant Vulgo. Cuckle Burr.

Drawn from Nature & Published by John J. Audubon. F.R.S.E. M.W.S.

Engraved, Printed, & Coloured by R. Havell

雕刻和印刷工作起初被委托给爱丁堡的威廉·利扎斯（William Lizars）负责，前10张图版问世后，着色师们发起了罢工。1827年夏天，奥杜邦将后续的出版工作移交给在伦敦的罗伯特·哈弗尔（Robert Havell）父子。凹版腐蚀刻法（奥杜邦的水彩画所采用的印刷方式）是由整个18世纪印刷业通用的铜版雕刻发展而来的技术，分别应用于发行印刷（例如用于设计和展示）和插图图书印刷。印出的图由一队着色师进行手工着色，同时奥杜邦还与哈弗尔家族中飞尘腐蚀技艺最为精湛者签订了合约。凹版印刷在加强色调方面成效甚好，因而非常适合用于表达奥杜邦所画的辽阔水域或广阔天空的各种色彩。如果我们细致观察某些《美洲鸟类》中的图版，就会对此有更清晰的认识。这也揭示了哈弗尔父子在某种程度上可以被称为奥杜邦的合作者。

那幅雪鹭（P194图）是《美洲鸟类》中为数不多的鸟儿背后配有全景背景的图画之一。画中风景是奥杜邦的最爱——仿佛从一个藏身于隐蔽之处、心怀恭敬的赏鸟人视角在观察，一只雪鹭拂晓时分在其领地内昂首阔步。画中还有一个农家院落，由奥杜邦的助手乔治·莱曼（George Lehman）所画。奥杜邦还敏锐地捕捉到了修长的冠毛（婚羽）。19世纪，雪鹭的羽毛确实成为女士帽子上的流行配饰，雪鹭也因被用于满足这种市场需求而被大肆捕杀，其数量急剧减少。

描绘鸟类独特行为的场景让奥杜邦创作出许多优秀的图画作品，有的充满戏剧性或破坏性，例如有关猛禽的作品，横斑林鸮的插图（P195图）就是一个实例。画中横斑林鸮正在张牙舞爪地逼近一只松鼠，我们能感受到捕食者和猎物之间相遇前那惊心动魄的静止瞬间。卡罗来纳鹦哥是一种常见的对农业有害的鸟类，奥杜邦描绘道："谷物堆……被这些鸟糟蹋，它们通常站在谷物上面……好像一个漂亮的毯子铺在谷物堆上。"奥杜邦在一幅画中描绘了一群这种鹦鹉在宾州苍耳上忙碌而喧闹进食的场景，它们在树上雀跃时，羽毛闪闪发亮。20世纪初，卡罗来纳鹦哥

这幅卡罗来纳鹦哥（*Conuropsis carolinensis*）是《美洲鸟类》中极受欣赏的一幅图。奥杜邦画了7只正在进食的鹦鹉，成功地全方位展示了这种鹦鹉的各种姿态。

已被捕杀殆尽。尽管奥杜邦为绘制自己的作品集也曾毫不犹豫地猎杀过相当数量的鸟，他还是指出 19 世纪的发展令人沮丧，人类的活动致使多种鸟类数量下降。我们对这一事实的了解以及在奥杜邦有生之年便已觉察到的生物栖息地的丧失，让我们在观赏奥杜邦的图版时平添了一分心酸。1905 年，一个在美国发起的野生动物保护运动组织被命名为国家奥杜邦学会（National Audubon Society），此命名非常合适。

从 1827 年到 1838 年，奥杜邦在《美洲鸟类》出版的整个过程中，多次往返于英国和美国之间。他返回美国是为了画下以前没有画过的物种或者重画不满意的画。比如，1832 年奥杜邦行至佛罗里达州（Florida），在那看到了美洲红鹳（P193 图）。他写道："啊！读者，你可否体会那份令我内心澎湃的激动之情！我不远万里来到佛罗里达，就为了在这座有鸟儿栖居的美丽小岛上研究这些可爱的鸟儿，现在我如愿以偿了。"美洲红鹳是美国体型最大的鸟类代表，奥杜邦的画一气呵成，画面优美，画中鸟儿尺寸真实、形态自然。

时间紧迫导致奥杜邦最终没能在野外画下所有的鸟类。举个例子，他没能亲自前往西部的加利福尼亚州（California），《美洲鸟类》最后一批图版中的安氏蜂鸟（*Calypte anna*）正是加利福尼亚当地种。奥杜邦为应对这种情况，从在伦敦力所能及之地临时借来雄鸟和雌鸟标本以及一个鸟巢。这张图版正中间的芙蓉由奥杜邦助手玛丽亚·马丁（Maria Martin）所画。最终成图由罗伯特·哈弗尔将奥杜邦画的蜂鸟与芙蓉拼贴而成，以这幅成图为基础制成的铜版被用于印刷成书。

奥杜邦在出版《美洲鸟类》的同时，还出版了《鸟类传记》（*Ornithological Biography*），该书又名《美洲鸟类习性报告（1831—1839）》[*An account of the habits of the birds of the United States of America（1831—1839）*]。这部著作收录了《美洲鸟类》中所绘各种鸟类的文字描述以及奥杜邦多年在美国各地观察描绘鸟类的报告。在一篇发表在著名英国博物期刊《博物年鉴与杂志》（*Annals and Magazine of Natural History*）上的评论中，作者赞许地提到了《美洲鸟类》，不过也指出"一些图版可能会受到批评"。这是一个提醒，因为在科学作品中应该如何描绘鸟类的问题上，奥杜邦并没有遵循已经成熟的惯例。已有的标准方法是只管描绘栖息在树桩上的填充标本，不管整体的美感。奥杜邦创新地在图版中构造出一个生态环境，展现鸟儿行为的同时也将优秀艺术家的品质融入作品。如果这不能被同行们快速接受，那么也许奥杜邦的经历就和其他具有特别天赋和创造性并因此变得与众不同的杰出成就者十分类似了。奥杜邦和《美洲鸟类》在美国文化领域和博物绘画领域渐渐获得了真正的标志性地位。评论家萨谢弗雷尔·西特韦尔（Sacheverell Sitwell）将奥杜邦置于全面的、名副其实的语境中：“奥杜邦本人就是画家；他因一部著作一举成名；他是世界浪漫主义运动的一分子；还有……大概是最为杰出的美国早期艺术家。”

这幅令人喜悦的画描绘的是一种体型较小的鸟——安氏蜂鸟。奥杜邦指出，蜂鸟可以表演惊人的空中特技，就像画中那几只绕着芙蓉瀑布般悬浮的蜂鸟那样。

爱德华·利尔是一位天才画家，他的鹦鹉惟妙惟肖，给人们带来一场精彩的视觉盛宴。

撰文/保罗·M. 库珀

爱德华·利尔《鹦鹉家族图录》

爱德华·利尔的博物艺术家生涯令人瞩目。在为约翰·古尔德（John Gould）和第三代德比伯爵（Earl of Derby）作画之余，他还出版了精美华丽的《鹦鹉家族图录》（*Family of Parrots of Psittacidae, or Parrots*），整个职业生涯却仅占其少年时期和成年早期的短短几年。尽管时间短暂，鸟类却一直启迪着利尔的灵感与激情，尤其体现在其诗歌和文学创作之中。

1812 年 5 月 12 日，爱德华·利尔出生在伦敦北部村庄霍洛威（Holloway），是伦敦股票经纪人耶利米·利尔（Jeremiah Lear）和妻子安·利尔（Ann Lear）的第二十个孩子。之后，家中又添新子，23 口人组成了完整的大家庭。他们在自己精致豪华的家——鲍曼小屋（Bowman's Lodge）中度过了一段快乐舒适的日子。利尔晚年讲述了许多有关童年和家庭教育的故事，但原因至今不明。他特别提到，父亲曾在恶名昭著的国王债务人监狱里待了很久。事实上，耶利米在另一个监狱里待了很短一阵，但这导致了这个大家庭四分五裂。爱德华日渐向大姐安（和母亲同名）

这只金属蓝色金刚鹦鹉在 1978 年被认定为独立种时，以爱德华·利尔的名字被命名为青蓝金刚鹦鹉（*Anodorhynchus leari*）。这一命名为纪念利尔为鸟类学做出的重大贡献。

MACROCERCUS HYACINTHINUS.
Hyacinthine Maccaw
3/4 Nat. Size

这只祖籍印度的深绿色亚历山大鹦鹉（*Psittacula eupatria*），几个世纪以来，一直都是深受欢迎的笼中之鸟。同利尔所画绝大多数鹦鹉一样，这只鸟被画成与实物等大。

寻求依靠，把她当作母亲。利尔近视且患有轻度癫痫，也没有受过多少正规教育。安是一名技艺精湛的艺术家，正是她教了利尔画花、鸟和蝴蝶。1822 年，利尔的另一个姐姐莎拉婚后搬往萨塞克斯郡的阿伦德尔（Arundel）。利尔常去探望她，在享受英格兰南部丘陵乡土风情的同时观察和描绘大自然。尽管利尔当时只是十几岁的少年，他被引荐给佩特沃思公园（Petworth Park）的第三代埃格雷蒙特伯爵（Earl of Egremont）。埃格雷蒙特是画家威廉·透纳（Joseph Mallord William Turner）的老主顾，也是英格兰早期绘画大师精美作品的收藏者之一。利尔还结识了透纳的另一个老主顾——沃尔特·拉姆斯登·福克斯（Walter Ramsden Fawkes）和他的女儿安·温特沃斯女士（Anne Wentworth）。这些在萨塞克斯的朋友圈成为利尔实现职业画家理想的贵人。

利尔的下一步计划是进入艺术学校深造，随后家庭变故导致的经济状况恶化让他的计划彻底泡汤了。1828 年，利尔 16 岁，他的父母决定退休、搬往格雷夫森德（Gravesend）。他和大姐安在伦敦灰色旅店路租了几间能负担得起的房子。他把自己在这段艰难时期不得不接的工作描述为“奇葩店铺货，售价 9 便士到 4 先令不等，出售水彩画、屏风和扇子；有段时间还给医院和医生绘制疾病图谱。”随着绘画技能的不断提高，他渐渐将鸟类绘画定为自己工作的方向。但在那几年，利尔的首要任务依旧是尽可能承接各种类型的绘画和插画工作，以维持生计。从 1828 年开始，他为普利多·约翰·塞尔比（Prideaux John Selby）和威廉·贾丁爵士(Sir William Jardine)绘制图画，以作《不列颠鸟类学图录》(*Illustrations of British Ornithology*）的插图出版。1829 年以前，利尔就开始以自由职业者的身份为刚成立的伦敦动物学会（Zoological Society of London）绘制鸟类图画。1829 年，《动物学会的植物园》（*The Gardens of the Zoological Society Delineated*）出版问世。虽然爱德华·利尔没有被列入有贡献画家名单，但蓝黄色金刚鹦鹉的插图旁边出现了他的姓名缩写。

《鹦鹉家族图录》的制作和出版有两个重要方面，对一个 18 岁的年轻人而言已相当了不起。在我们介绍其艺术成就之前，有必要考证一下利尔的 124 位赞助商名单以及此书被获准献给英王威廉四世（William IV）的配偶——阿德莱德王后（Queen Adelaide）之事。阿德莱德王后是奥杜邦的《美洲鸟类》的赞助商，该书于 1827 年和 1838 年分别在苏格兰和英格兰出版，由此可以看出阿德莱德王后对鸟类学兴趣浓厚。利尔在晚年将一直保存的自己早期生涯的文档付之一炬，所以很多事件的历史细节我们也只能是推测。尽管如此，温特沃斯女士极有可能就是帮助利尔找到赞助商，以及促成他与阿德莱德王后接触并献书的关键推动者。确实，有 7 名温特沃斯女士的家族成员出现在书的赞助商名单之中。

温特沃斯女士能为利尔提供赞助的原因正是她所拥有的特殊社会地位。作为英国上层阶级的成员之一，她属于那个以家庭、社会和经济关系为纽带并互相分享知识和艺术兴趣的精英圈。温特沃斯女士已经意识到了年轻的利尔是拥有非凡艺术天赋之人，为了鼓励他、帮助他发展，同时也出于她的仁慈善良，她促成圈内伙伴一同订购《鹦鹉家族图录》。随着这部著作的图版组套发行，温特沃斯女士四处拉赞助帮利尔获得稳定的经济收入，同时订购客户的声望也让这部著作声名鹊起。此外，利尔还有选择性地绘制了那个对温特沃斯夫人和其社交圈有着特殊吸引力的鸟类家族。他所画的动物和植物可被归入“异域物种”，长久以来一直吸引着英格兰的博物学爱好者。不仅因为它们来自外国，还因为其外貌非同寻常、颜色栩栩如生。事实上，一些18世纪贵族肖像画中会有鹦鹉出现，它们被当作贵宠养在家中。人们对鹦鹉的痴迷在19世纪持续发酵，鹦鹉有时还会出现在瓷器或其他装饰物上。重要的是，一些当时的领军博物学家就是《鹦鹉家族图录》的订购客户，这说明了利尔已经得到学术圈的尊重。这些博物学家中有鸟类学家查尔斯·波拿巴（Charles Bonaparte）和后来成为大英博物馆动物部负责人的约翰·爱德华·格雷（John Edward Gray）。

伦敦动物学会1826年的成立为利尔在伦敦绘制系列活的动物提供了便利。起初利尔在学会位于伦敦梅费尔区（Mayfair）布鲁顿街（Bruton Street）的办公室进行鹦鹉图画创作，1828年开始在摄政公园（Regent's Park）花园作画。即便是奥杜邦，也没法经常画活的鸟类，只能详细研究用已死鸟类制成的标本。人称戈瑟先生（Mr Gosse）的动物园管理员担任了利尔的助手，他负责测量鹦鹉的翅展长度。利尔带着绘画工具坐进养着鹦鹉的大鸟笼，日复一日，把动物园内饲养的鹦鹉画了个遍。这部著作的科学用途在书名中已阐述清楚，很多利尔画的鹦鹉此前从未有人画过。

画着金刚鹦鹉和橙冠凤头鹦鹉的早期画作保存至今，笔绘图画配有文字注释以及尝试性的润色修饰。在完整版印刷作品中，像金刚鹦鹉和橙冠凤头鹦鹉这样的大型鹦鹉图画很好地展示利尔对鸟类折叠翅膀的羽毛结构、平滑度和优雅性的处理方式。

利尔选择了新兴的石版印刷术来制作《鹦鹉家族图录》的插图。他没有受过正规的艺术训练，缺乏雕刻的知识。石版印刷术则提供了一个相对简单的工艺，可以在将原画换成印刷图像的同时保留原画的自由风格。在查尔斯·惠曼德（Charles Hullmandel，曾是风景画家，后转行

这幅金刚鹦鹉（*Ara macao*）是利尔的精致鸟类画作之一。利尔着重刻画了金刚鹦鹉的狭长翅膀和艳丽羽毛。他近距离监督助手给印好的石版画手工着色。

为石版画技师）的指导下，利尔掌握了这种将画复制到印版石上的技术。印出的图版再用水彩和蛋清手工着色，以增添光泽。这些图版在知名出版商鲁道夫·阿克曼（Rudolf Ackermann）的帮助下，由利尔自行出版（所以扉页出现了利尔的地址：摄政公园奥尔巴尼街 61 号）。书一出版，就立刻获得巨大成功。书中前 7 张图版

PLYCTOLOPHUS GALERITUS.

Greater Sulphur-crested Cockatoo

E. Lear del. et lithog.

Printed by C. Hullmandel.

出版于 1830 年 11 月 1 日，第二天利尔就被推荐为林奈学会的准会员。1831 年末，博物学家威廉·斯温森写信给利尔："利尔先生，很荣幸昨天收到了您的系列精美作品……其中两张图版——新荷兰鹦鹉和金刚鹦鹉特别赞。在我看来，后者设计优雅、视角独特、结构准确，可以与任何一幅雅克·巴拉邦 (Jacques Barraband) 或奥杜邦的作品相媲美。"

利尔原本打算把鹦鹉所有的已知种都描绘下来，但他完成 42 张图版后就"金盆洗手"了。他提到了自己打退堂鼓的主要原因：这部著作带来的经济回报让人大失所望。此后，他为约翰·古尔德的代表作《鵎鵼科专著》[（*A Monograph of the Ramphastidae*），又名《咬鹃家族》（*Family of Trogons*）] 和德比伯爵后来出版的《诺斯利厅的动物园和鸟舍拾遗》（*Gleanings from the Menagerie and Aviary at Knowsley Hall*）创作了精美的博物绘画。《鹦鹉家族图录》则成了利尔名下唯一一部出版的博物学著作。

利尔饱受视力不佳之苦，必须为此调整工作，于是他开启了第二职业生涯——成为一名风景画家、诗人和旅行作家。利尔的博物绘画的倾慕者可能会琢磨：如果利尔的人生际遇有所不同，那么他的诸多作品会怎样呢？也许挖掘鸟儿的魅力真会成为利尔之后工作的永恒主题。

凭借细致的观察和超凡的绘画技能，利尔惟妙惟肖地捕获到了葵花鹦鹉（*Cacatua galerita*）的天生好奇与聪颖。利尔画的鸟类简直犹如活物，给人们带来了强烈的视觉冲击。

《印度动物学图录》

约翰·爱德华·格雷

撰文／安·达塔

格雷提出，作为编辑和出版这些图版的回报，哈德威克的图画和标本要捐赠给大英博物馆。

《印度动物学图录》由约翰·爱德华·格雷精选哈德威克少将的藏品编纂而成。尽管全书没有任何文字，对于动物学家而言此书却是极为重要的科学著作之一，书中含有大量首次公开发表的亚洲动物名称。这部著作是印度士兵、博物学家托马斯·哈德威克少将（Major General Thomas Hardwicke），任职于伦敦大英博物馆的动物学家约翰·爱德华·格雷以及天才艺术家、石版画技师本杰明·沃特豪斯·霍金斯（Benjamin Waterhouse Hawkins）合作的成果。虽然他们对创作这部著作兴趣十足，但出版过程却极具挑战性。这部于1830—1835年间出版的著作内含202张手工着色图版，这正是他们决心的证明。此书内容专业，成本昂贵，仅按订购印刷了101册，因此非常稀有。

1756年，托马斯·哈德威克出生在英国。1778年，他来到加尔各答（Calcutta，现叫Kolkata），以公派学员的身份加入英国东印度公司的孟加拉炮兵部队。此后，他不断晋升，1819年成为少将。哈德威克在那片南亚次大陆上度过的45年一直在军队

格雷力图通过画出两种羽毛来说明，用哈德威克名字命名的哈德威克孔雀雉（*Polyplectron hardwickii*）是一个新种。后来发现，它其实是灰孔雀雉（*Polyplectron bicalcaratum*）。雄性灰孔雀雉长有冠，翅膀和尾巴长有与众不同的蓝－绿眼孔斑。雌性灰孔雀雉与雄性的相似，但个头较矮、羽毛偏暗偏深。

HARDWICKES POLYPLECTRON — POLYPLECTRON HARDWICKII Gray.

India . ¾ . nat size.

1. Dorsal feather of P. Hardwickii

2 . D° D° P. Bicalcaratum

Printed by Engelmann & Co.

冠豪猪（*Hystrix indica*）属于啮齿类动物，它的毛发已变成锋利的刺。遭到袭击时，那些刺就会竖立起来，豪猪还会飞速倒退移动以刺伤敌人。豪猪夜间活动，以植物为食。

服役。他所接受的任务让他有机会骑马横穿印度，驰骋数千英里。哈德威克初到印度时对当地的博物学知之甚少；随后，他半路出家，一发不可收拾。

1796 年，哈德威克发表了一篇由他带队从哈德沃（Hardwar）前往斯利那加（Srinagar）的探险报告，报告列出了他遇到的植物。此后，英国的博物学家开始关注他。那次探险标志着博物学成为哈德威克终生兴趣的开端。从那时起，只要有机会，他就会鼓动当地人给他从丛林、市场、江河、大海带回植物和动物。他教会当地人如何保存标本，并雇佣艺术家画下那些标本。

根据哈德威克图画的时间和地点判断，1797—1803 年间驻扎在坎普尔（Cawnpore，现叫 Kanpur）以及

椰子狸（*Paradoxurus hermaphroditus*）在印度随处可见，通常与人亲近。霍金斯的这幅画是以一只弗朗西斯·布坎南·汉密尔顿（Francis Buchanan Hamilton）送给伦敦动物学会的活椰子狸为模特画出的。格雷注意到，那只椰子狸没有尾巴尖。

1815—1823 年间住在达姆达姆（Dum Dum，离加尔各答约 12 英里）的时光是其人生最得意的时光。他在那里有自己的花园，还能在花园中研究野生物种。这两段时期相对和平，哈德威克有更多的机会去发现和记录当地博物学。尽管哈德威克在日常生活中面临重重困难——酷热的天气、讨厌的害虫以及致命的热带疾病，但他在离开印度之前还是发表了 9 篇动物学论文，返回英国后又发表了 11 篇。

哈德威克的开创性工作让他得以结识那些英国最杰出的博物学家，其中就有正渴望了解亚洲外来动物的英国皇家学会主席约瑟夫·班克斯爵士。1813 年，哈德威克当选英国皇家学会会员，这是可授予个人的最高科学荣誉称号。

1823年，哈德威克退休返回英国，他带回4400多幅动物图画、几百幅植物图画以及成百上千的动物标本。这是个人收集中规模最大的印度博物藏品。他计划用自己的藏品出版一部对开本插图版印度动物大全。哈德威克以伦敦为根据地，轮流居住在他那大量藏品的多个寄存地。不过，在别人房屋的有限空间里来管理他的海量藏品并非易事。

1830年，哈德威克已是75岁高龄，他收藏的一些标本和图画也30多岁了。这些标本最初被收集时还是新奇事物，之后同样的动物被他人再次发现、重新命名和描述，这让哈德威克的标本失去了一些市场价值。就在这关键时刻，一名大英博物馆的初级员工拯救了哈德威克的出版志向。约翰·爱德华·格雷当时是动物部的助理，1840年成为动物部的负责人，并在这个岗位上工作至1875年去世。

哈德威克和格雷在何时、以何种方式初次见面，没有官方记载。他们可能共同参加了伦敦动物学会的一个学术会议，他们也应该很了解对方发表的作品。两人接触博物学的途径极为不同：哈德威克人生的大部分时光都是在印度度过的，作为野外博物学家，他主要对动物和植物的生活和用途感兴趣；格雷则是个书呆子，习惯在博物馆工作，周围都是动物的剥皮标本。第三个对《印度动物学图录》有着重要贡献的人是雕塑家、博物艺术家以及石版画技师本杰明·沃特豪斯·霍金斯。他负责202张哺乳动物、鸟类、爬行动物、两栖动物、鱼类和鹦鹉螺图版的绘制工作，并且圆满地完成了这项任务。这是霍金斯承接的第一份工作，他后来还为查尔斯·达尔文的《贝格尔号航海动物学》(*The Zoology of the Voyage of H. M. S. Beagle*)以及约翰·爱德华·格雷《诺斯利厅的动物园和鸟舍拾遗》贡献了插图，后者是格雷尝试撰写的最后一部对开本著作。

《印度动物学图录》的出版显然集哈德威克和格雷二人之所长。这些画和充足的资金支持让哈德威克的夙愿得以实现。同时，格雷提出，哈德威克的图画和标本要捐赠给大英博物馆，作为编辑和出版这些图版的回报。《印度动物学图录》向那些对此痴迷的博物学家传播了令人兴奋的动物学新知识，在此引用一个书评人的话：“对于十分熟悉那位印度动物学耕耘者所

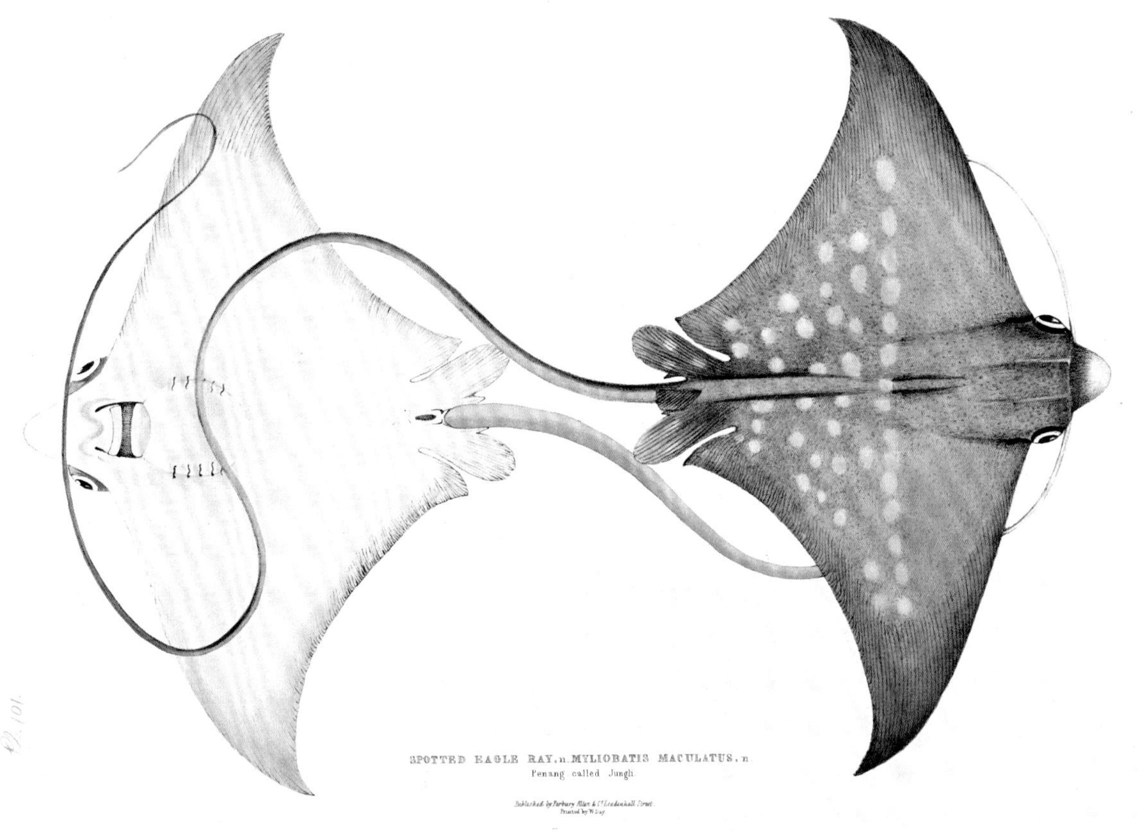

Pl. 101.
SPOTTED EAGLE RAY. n. MYLIOBATIS MACULATUS. n
Penang called Jungh.
Published by Parbury Allen & Co Leadenhall Street.
Printed by W. Day.

这只硕大的花点无刺鲼（*Aetomylaeus maculatus*）身上长有与众不同的色彩图案和极长的尾巴。格雷的这件标本来自槟城附近的海域，该地区当时是英国东印度公司控制的贸易站。这幅图展示了鲼经艺术美化后的背面和腹面，创作该画的艺术家和石版画技师却并无记载。

拥有的海量图画和标本的粉丝们来说，《印度动物学图录》的出版完全满足了他们的期待。”书中有 202 张图版，包括 37 种哺乳动物、90 种鸟类、41 种爬行动物、2 种两栖动物、31 种鱼和 1 种鹦鹉螺。一些图版由于成本压力而单幅画有多个动物，因此全书收录的动物种类数多于图版的总数 202。

《印度动物学图录》中的图像源自多种渠道。大量图像直接复制于哈德威克在印度绘制的原画，少数图像根据摄政公园动物园和萨里动物园（Surrey Zoological

CICONIA (MYCTERIA) AUSTRALIS. Lath. TETAAR JABIRU. Lath.
FUTTEHGUHR. INDIA

London. Published Sept.r 1829, by Parbury, Allen & Co Leadenhall St.

Gardens）中的动物所绘制，剩余的则源于弗朗西斯·布坎南·汉密尔顿的印度绘画收藏、约翰·里维斯（John Reeves）的中国绘画收藏以及大英博物馆的标本。《印度动物学图录》这个名字并不完全准确，因为这部出版物还收录了来自亚洲其他地区包括槟城、中国和新加坡在内的动物。鸟类和哺乳动物图版的复制采用了霍金斯十分擅长的全新的石印技术。尽管如此，格雷还是决定使用雕版重制许多鱼类和爬行动物的图版，以获得更加清晰准确的鱼鳞图案。这项工作需要雇佣3个雕版技师来完成，这导致格雷付出更多精力来监督管理。毕竟，所有图版之后都要手工着色。

虽然书中不含文字，但每张图版的标题都含有科学的拉丁文名称。描述新物种是19世纪动物学研究的主要活动，科学家们争先恐后地要成为第一个为新物种命名的人。《印度动物学图录》没有令人失望，许多新名字被创造并沿用至今。猎隼就是书中创造的新名字之一。1834年，格雷命名了猎隼（*Falco cherrug*）这个种。同一种动物被不断重新发现并被重新命名的情况并不罕见。1846年，猎隼被另一个动物学家再次发现并被命名为*Falco cyanopus*。因为格雷的*Falco cherrug*较早，所以它优先于其他名称，*Falco cyanopus*也就成了同义词。

1830年，《印度动物学图录》正式开始出版，以3个月为出版周期，每期出版10张图版。每一期的出版过程都极为漫长，这让年迈的哈德威克感到绝望，1832年后还整整中断了一年。人们普遍猜测，格雷在答应出版这本书的同时还兼顾着大英博物馆馆长这一公职，他承担的工作太多了。1831年，格雷发表了46篇论文（这相当不简单）。他没有足够的时间用于图录的出版准备工作，毕竟这只是兼职工作，与大英博物馆的本职工作没有任何关系。1834年，格雷放下其他工作，回归图录的出版工作，开始第十三至第十四部分的

这只高大的黑颈鹳（*Ephippiorhynchus asiaticus*）栖息在亚洲的湿地，以鱼类和其他动物为食。格雷给出的其具体栖息地点为富特谷（Futtehguhr）。黑颈鹳通常在季风季节繁育，在高大的孤树上用枝条筑巢。除了眼睛颜色不同，这种鹳没有其他明显性别特征：雌性的眼睛是黄色的，雄性的眼睛是棕色的。

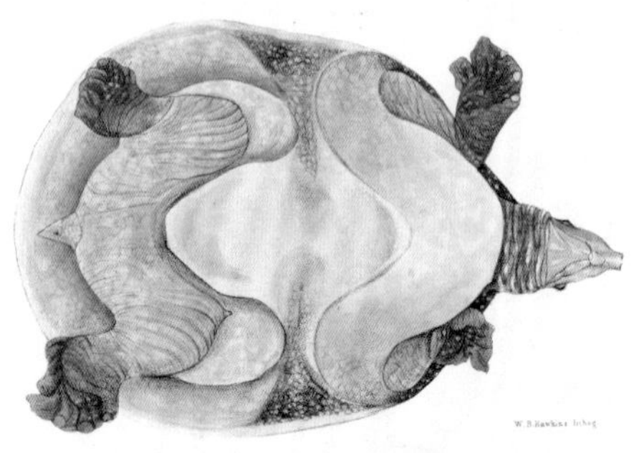

格雷在《印度动物学图录》中将新种孔雀鳖（*Nilssonia hurum*）描述为软壳龟。这幅图源自于弗朗西斯·布坎南·汉密尔顿的绘画藏品。引人注目的斑点只出现在未成年鳖的身上，斑点在鳖成年后就会消失。

内容（每部分都分为两期出版，每部分各含 20 张图版）。尽管如此，在哈德威克看来，格雷显然无法按时有效地完成这项任务。

有证据表明，格雷曾奋力控制该书的出版。出版一本相对较薄的书，他却雇用 4 位制版技师和 4 位印刷师，这极为反常。结果，成书风格不一致，远不及更少人做出的书。格雷在细节上也颇为疏忽，在图书出版之前没有发现图版的印刷错误；他在参考文献上也同样犯了粗心的错误。格雷未让印刷师在封面印上出版日期。在封面印上出版日期是常规做法，这对于确定署名的优先权至关重要。人们后来花了九牛二虎之力去查找档案记录，才补上了这个漏洞。

格雷在外面兼职出书的传言飘到了极具学术权威的大英博物馆特别委员会的耳朵里。1836 年，格雷和动物部负责人 J. G. 丘纯（J. G. Children）受到了质疑，格雷被指责在博物馆工作期间不务正业，把时间花在出版《印度动物学图录》上。二人对此极力否认。格雷故意将大英博物馆的名号印在第二卷图版目录的末尾，给人造成图录已获得博物馆批准的印象。

1835 年，哈德威克去世。第十九部分和第二十部分是最后一批出版的画，22 张图版于 1835 年 2 月出版。哈德威克此前已同意将《印度动物学图录》献给他曾经效力并为支持此书出版慷慨订购了 40 册的英国东印度公司。哈德威克在去世之前亲眼看到部分巨大的手工着色图版被装订进两卷对开本。他的图画终于得以出版，他可以含笑九泉了。之前大力宣传过的文字注释却没有在书中出现。哈德威克的遗愿令人肃然起敬，他的绘画收藏和标本连同他的图书馆被一起赠给了大英博物馆。哈德威克给格雷留下了一笔资金，用于他去世后《印度动物学图录》剩余部分的出版工作，但他的家人对此抱有异议。1836 年，格雷告诉大英博物馆特别委员会：“哈德威克上将的案子已经递交给大法官法院，很难说什么时候审理。”这个证言也许可以证明，格雷没有自掏腰包继续出版此书而需面临重重困难以及承受巨大压力。

这张 J. 斯温（J. Swaine）制作的版画展示了 4 种不同的海龙。这 4 种海龙的雄鱼都将卵放在鱼尾下边的育儿袋内。印度腹囊海龙（*Microphis deocata*，左下）是在印度和孟加拉发现的淡水物种。哈氏刀海龙（*Solegnathus hardwickii*，中间）是来自印度 - 太平洋地区的新种。

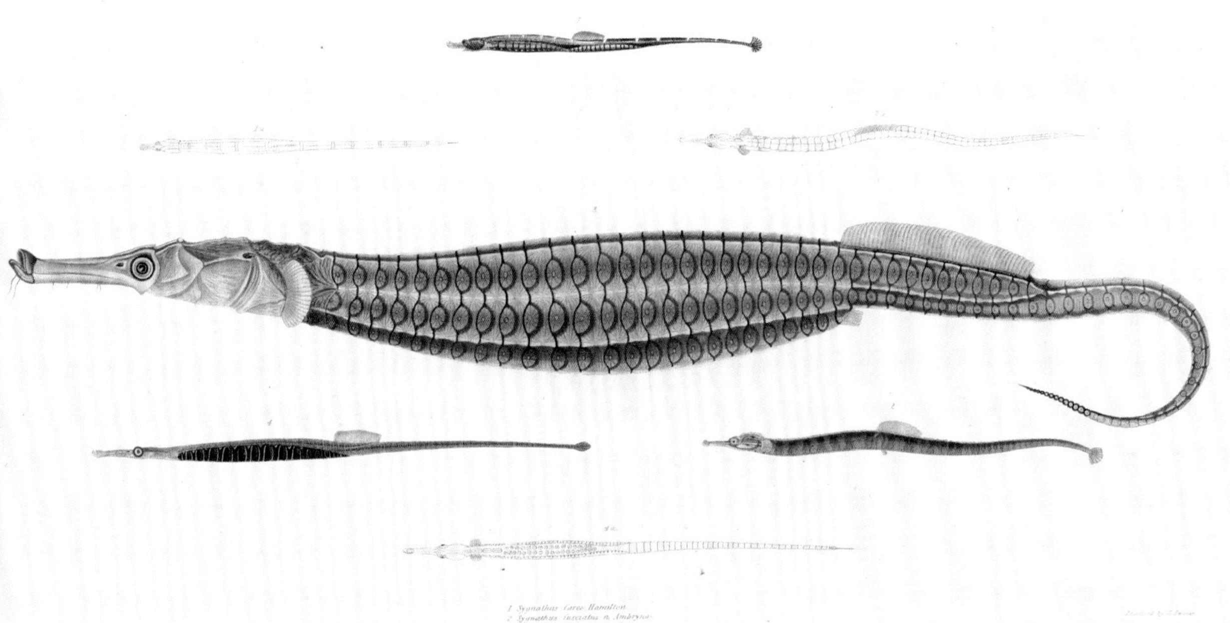

《鹦鹉螺回忆录》

理查德·欧文

撰文 / 大卫·威廉姆斯

《鹦鹉螺回忆录》的文字与插图相得益彰，它是二者在比较解剖学案例中均不可或缺的模型范例。

毫无疑问，理查德·欧文的首部专著《包含珍珠鹦鹉螺外部形貌和内部结构图解的回忆录》（*Memoir on the Pearly Nautilus with Illustrations of its External Form and Internal Structure*，简称《鹦鹉螺回忆录》）史上首次煞费苦心地对珍珠鹦鹉螺（*Nautilis pompilius* L.，也叫腔鹦鹉螺）进行详尽描述，它是一部极具科学与艺术价值的杰作。虽然这部出版于 1832 年的专著不是欧文细致描述动物的处女作（欧文已于 1830—1831 年间出版了一系列红毛猩猩的观察资料），但它却令他一举成名、从此跻身英国顶尖比较解剖学家之列。欧文曾把书的预印本寄给神学家、地质学家威廉·巴克兰（William Buckland）。巴克兰称欧文为“英国居维叶”，这可是个不小的恭维，因为乔治·居维叶是公认的比较解剖学的领军人物。恰巧就在 1832 年，欧文的这部专著出版之前，居维叶去世了。《鹦鹉螺回忆录》曾经闻名遐迩，且现在依旧。作为比较解剖学中出类拔萃的综合研究范例，它为未来的学生专注于描述和理解任何特定动物或动物种群的构造机理提供了模型。该书是文字（不得不指出，书中文字现在

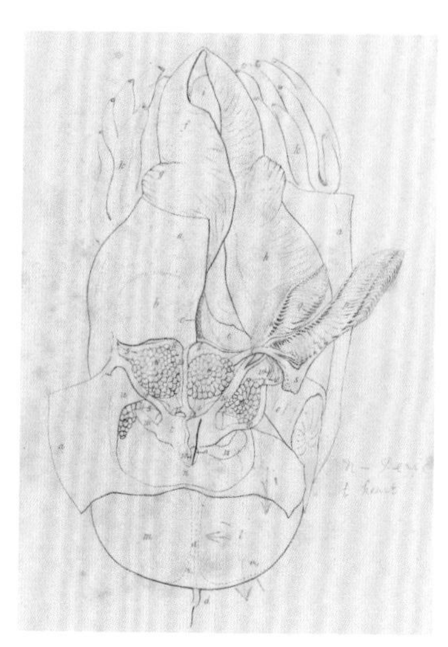

欧文想要尽量展示出鹦鹉螺这种动物的体内细节，所以他在书中加入 8 幅解剖图。上图是一幅线条图，图中每个部分都有清晰的编号。

对页图是与线条图相对应的真实解剖图，“……膜已被揭开，从而使一侧的鳃以及心脏和大血管露了出来”。

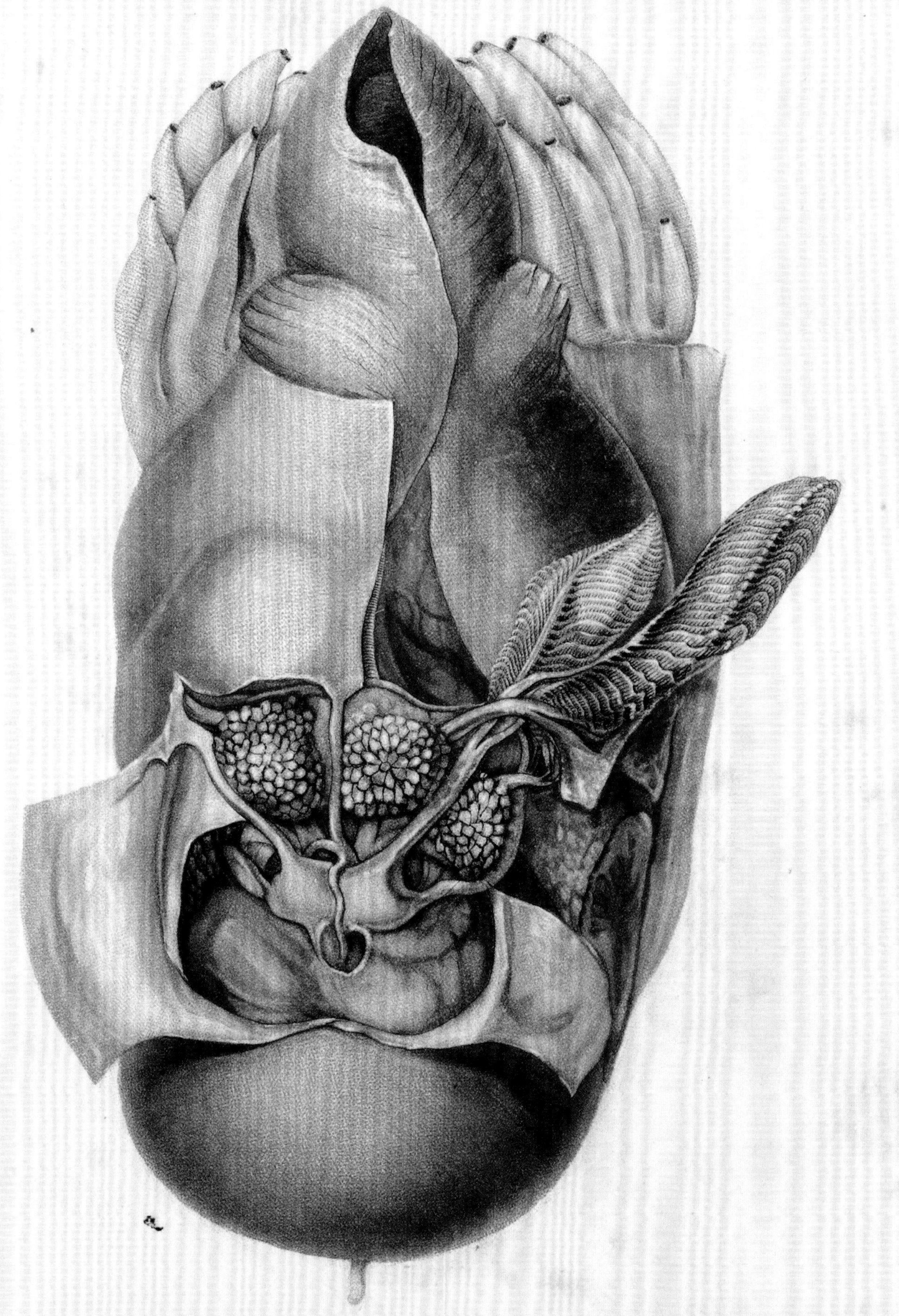

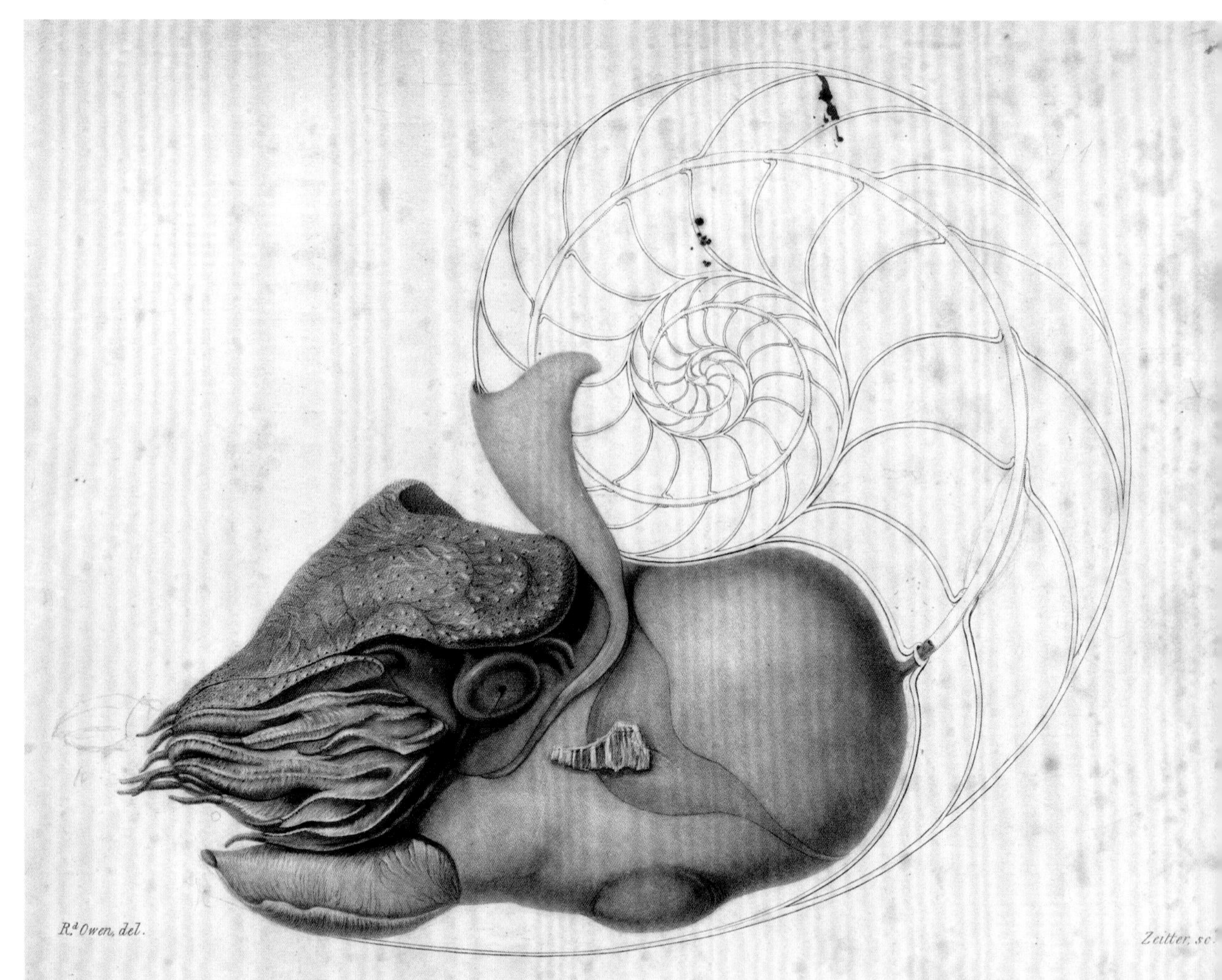

这幅图是 8 幅插图的第一幅，“通过画出部分轮廓的图”来展示整个动物“与外壳之间的自然连接”。

看来有些过时和夸张）与插图相得益彰且二者在比较解剖学案例中均不可或缺的模型范例。这部著作篇幅较短，正文只有 57 页，附加 11 页解释插图的文字，插图只有 8 幅。为数不多的几页文字和精美图画数据翔实、逻辑清晰。事后看来，欧文的这项研究正处于生物学领域即将发生巨大变革的拂晓之际。

理查德·欧文1804年7月20日出生在英国的兰卡斯特（Lancaster），是家里6个孩子中的老二，也是最大的男孩。他在兰卡斯特皇家文法学校（Lancaster Royal Grammar School）开始接受教育，就读时间为1810—1820年。之后，他开始了行医生涯，在兰卡斯特外科医生、药剂师莱纳德·迪克森（Leonard Dickson）手下做学徒。1824年，欧文进入爱丁堡大学医学院，在那待了6个月。1825年的春天，他转入伦敦的圣巴塞洛缪医院（St. Bartholomew's Hospital），在那遇见了外科医生约翰·阿伯内西（John Abernethy）并与之共事。在阿伯内西帮助下，时年22岁的欧文在皇家外科医学院（Royal College of Surgeons）就职——担任威廉·克利夫特（William Clift）的助手，他的职位是博物馆管理员。克利夫特当时在亨特博物馆（Hunterian Museum）担任藏品部主任，欧文于1835年迎娶了克利夫特的唯一千金卡洛琳·阿米莉娅（Caroline Amelia Clift）。

欧文工作能力极强：他1830年完成亨特博物馆馆藏目录的编纂工作，1836年成为皇家外科医学院亨特比较解剖学和生理学教授，一年后开设自己的第一个系列亨特讲座。对于那些讲座，曾在剑桥大学接受教育的学者约翰·威利斯·克拉克（John Willis Clark）评论道："这些讲座比任何一部欧文的著作都更让他出名，为他提供了进入上流社会的通行证。"实际上，那些讲座把比较解剖学介绍给了全世界。

1827—1856年，欧文在皇家外科医学院工作。克利夫特1849年去世后，欧文接替他担任亨特博物馆管理员，直到1856年5月辞职转投大英博物馆，成为大英博物馆博物藏品的首任主管。欧文此后一直在大英博物馆工作，直到那些博物藏品在他的领导下被转移到伦敦南肯辛顿的新址（也就是现址），成为大英博物馆（博物部）的藏品，并在1881年复活节的星期一向公众开放。1824年，欧文描述了第一只恐龙，将整个种群命名为"恐龙"。他描述了许多新脊椎动物，结交了查尔斯·狄更斯（Charles Dickens）和阿尔弗雷德·丁尼生勋爵（Lord Alfred Tennyson）。他几乎和所有科学同僚都反目成仇，其中最惹人注意的就是查理斯·达尔文和托马斯·亨利·赫胥黎（Thomas Henry Huxley），赫胥黎会抓住一切机会攻击欧文。不管怎样，正是珍珠鹦鹉螺确定了欧文的职业生涯轨迹。

19 世纪初，珍珠鹦鹉螺的外壳形貌已尽人皆知（关于首个见到珍珠鹦鹉螺的外壳的人，欧文一直追溯到了博物学之父亚里士多德），这种动物壳内结构却鲜为人知。1829 年 8 月 24 日傍晚，外科医生乔治·本纳特（George Bennett）发现一个"珍珠鹦鹉螺……漂在马雷基尼海湾（Marekini Bay）小岛［瓦努阿图（Vanuatu）的烈士岛（Martyr's Island）］西南侧的水面上……疑似……一具玳瑁猫尸体漂在水中"。这个动物被用船钩捞了上来，它的外壳在打捞过程中被钩破了。打捞上船之后，本纳特剥掉了这个动物的残余外壳，将之放入烈酒，并画了一幅草图。这幅图现在依旧能够见得到的原因是，本纳特把自己捕捉这个动物的过程发表在《伦敦医学报》（*London Medical Gazette*）1831 年 1 月刊上，并用这幅草图做文章的结尾。这件动物标本最终被运回英国并交到欧文手上，1831 年 7 月又被献给皇家外科医学院。

珍珠鹦鹉螺（现已被分成多个亚种）是鹦鹉螺属（*Nautilis*）的 6 个种之一（6 个种中的两个已经灭绝）。鹦鹉螺目动物是生活在海洋里的头足类动物，一群几乎全部灭绝的软体动物。在现生动物区系中，只剩鹦鹉螺（*Nautilus*）和异鹦鹉螺（*Allonautilis*）这两个属做代表了。异鹦鹉螺也只剩下两个种，直到 1997 年才得以描述。欧文在自己的著作中写道："我们得到的这个种与现生的头足类动物之间有着密切关系，这点尤为令人满意。此外，它还是同时代活着的或许是唯一活着的庞大的有序群体的原型。这种生物的遗体化石证明，它们在那个遥远的时期曾属于另一个目。""活化石"这个词今天已很少被人使用或许也不应被使用，因为它意味着某种特别的生物是万古不变的。经过了更为仔细的观察，这个例子被认定为世所罕见。欧文被这种动物迷住了，毕竟它已在世上活了千百年。这一点并不是激发欧文兴趣的全部因素。1830 年，巴黎爆发了一场可能会改变生物学关注焦点或者至少为这种可能性开了头的辩论，珍珠鹦鹉螺则在这场辩论中扮演了重要角色。

这场巴黎科学院（Paris Academy）内的著名辩论最初发生在两个朋友——乔治·居维叶和艾蒂安·若弗鲁瓦·圣伊莱尔之间，他们很快就反目成仇。他们的分歧很大程度上源自一些棘手的问题，例如如何对动物进行分类、动物种群之间如何

这幅图是 8 幅插图的第四幅，涉及鹦鹉螺的内部器官，“下颌唇和触须、下颌骨以及消化器官……”；图的第二部分是一幅对器官进行编号的示意图，它没放在书中。

彼此相联系以及根据什么原理对动物进行分类。居维叶将所有动物细分为被他称为“分支”或“总体规划”的 4 个种群：脊椎动物（有脊柱的动物）、关节动物（节肢动物和分节蠕虫）、软体动物（蜗牛、蛤、章鱼）和无脊椎动物（腔肠动物、棘皮动物）。在居维叶看来，这些种群是互不相同、相互独立的。它们之间不交叉，也不存在等级关系。事实上，这些分支之间存在一些明显的相似之处，居维叶视之为功能的产物：有机体结构如此是因其功能的完整性。圣伊莱尔却看法不同，他认为居维叶的 4 个分支之间可能存在着联系。通过圣伊莱尔的相似性理论可以发现组织上的一致性。根据该理论，生物体的器官（也就是它们的“相似物”）会以升级改良版本的形式出现在其所属分支以外的各种群之中。因而，当 1830 年 2 月 15 日圣伊莱尔向巴黎科学院报告两位法国解剖学家皮埃尔 · 斯坦尼斯拉斯 · 米安克瑟（Pierre Stanislas Meyranx）和洛朗塞亲王（Monsieur Laurencet）的工作（他们将头足类软体动物的结构与脊椎动物联系起来）时，这超出了居维叶所能承受的底线，口水战一触即发。这个辩题的复杂性可以被简化为是否将功能解剖学置于首要地位。居维叶认为，结论应该是肯定的；与之相对的是将哲学解剖学置于首要地位，这也是圣伊莱尔的观点。

这幅理查德·欧文的画像现在挂在伦敦英国国家肖像馆，由皮克斯吉尔画于 1845 年左右。欧文左手拿着一个鹦鹉螺壳；桌上放着一个罐子，罐中泡着鹦鹉螺的残余物。

很明显，圣伊莱尔提供了一种进化方法，他认为生物体的器官可以转变，居维叶则认为绝对不可能。

第一次辩论的硝烟战火弥漫了一阵子。之后不久，居维叶便离开了法国，前往英国访问。在伦敦时，他在年轻的欧文的陪同下参观了亨特博物馆的藏品。作为回报，居维叶邀请欧文访问巴黎，欧文欣然接受并于 1831 年夏天到访巴黎。毫无疑问，欧文受到了巴黎辩论的影响，那座被他访问的城市让他收获良多，帮助他启动了他最为宏大的项目——构建大英博物馆（博物部）。也许，值得回顾的正是那一刻：1831 年 7 月的某个时候，本纳特的珍珠鹦鹉螺被送到了欧文手中。

意识到了 1830 年那场辩论的重要意义以及珍珠鹦鹉螺毫无疑问会扮演的角色之后，欧文立即开始工作，并在 1832 年年底完成了专著。此时，居维叶已经去世了。欧文在这部著作序言中写道：“（鹦鹉螺）这个非同寻常的群体，它的器官配置的独有特征已经，的的确确，被认为在某种程度上和更高级的动物相匹配。这个学说的倡导者圣伊莱尔努力试图在头足纲动物和脊椎动物门动物之间找到表面上的一致性。另一方面，居维叶男爵始终坚持应将乌贼从脊椎动物中分离出来这种有明显漏洞的观点，似乎不愿承认头足纲动物和软体动物门内的次级种群在组织结构上的一致性；在总结真蛸（章鱼）的解剖史时，他毫不犹豫地宣布：‘它们与任何其他种群都不相通，并非源自于其他动物的演化发展，其自身的演化发展也没有衍生出高于自身的新种’”。欧文没有倾向任何一方，显然他已踏上自己的道路，小心谨慎地朝着自己的方向前进——尝试将居维叶的各个分支联系起来。

结果，欧文采纳了圣伊莱尔的相似性理论并使之更易理解。他把有机体器官的比较变成同源性研究（欧文所使用的“同源”一词或多或少地等于若弗鲁瓦·圣伊莱尔的“相似”）。同源性是结构上的比较；相比之下，相似性则是功能上的比较。这成了欧文的成就之一。欧文通过同源性的概念展示了各分支之间的关系，非常巧妙地为结构－功能这一居维叶－圣伊莱尔争论的核心问题提供了一条出路。当然，查尔斯·达尔文和其追随者之后轻松提出共同祖先概念来解释同源性。今天，对于任何一个从事比较生物学研究的人来说，无论数据是来自骨骼还是来自基因，同源性都依旧是一个至关重要的概念。

1883 年的最后一天，欧文从大英博物馆退休，之后在里士满的希恩小屋（Sheen Lodge）度过了余生，于 1892 年年底去世。许多人批评欧文难以相处，大部分批评来于继承了欧文同源解剖学事业的新生达尔文派生物学家。人们见到的绝大多数欧文的肖像都是一个面容枯槁、饱经风霜的老头。这个形象是对“老朽”一词的完美诠释，仿佛就应是欧文的专属。但有幅肖像值得关注，它挂在伦敦英国国家肖像馆（National Portrait Gallery），由亨利·威廉斯·皮克斯吉尔（Henry William Pickersgill）1845 年左右所画，画中正是满脸自信、青春年少的欧文。画中的欧文有着英俊的面庞，如同任何一个心满意足或有自知之明的人，恬静安详。他左手托着一个珍珠鹦鹉螺壳；右手自然垂在身侧，手指微微弯曲、静置于桌上，手后是一个装着珍珠鹦鹉螺残余物的瓶子。在正确的时间、用正确的方法，一个动物（甚至只是半个动物）就可以揭示很多我们所生存的世界的信息，或者至少可以为我们想要了解的部分提供许多线索。

《鱼类化石研究》

路易斯·阿加西

撰文／泽琳娜·约翰逊

这部作品的影响流传至今，主要原因就是书中插图画工精美且不乏科学严谨，对今天的研究人员仍有重要作用。

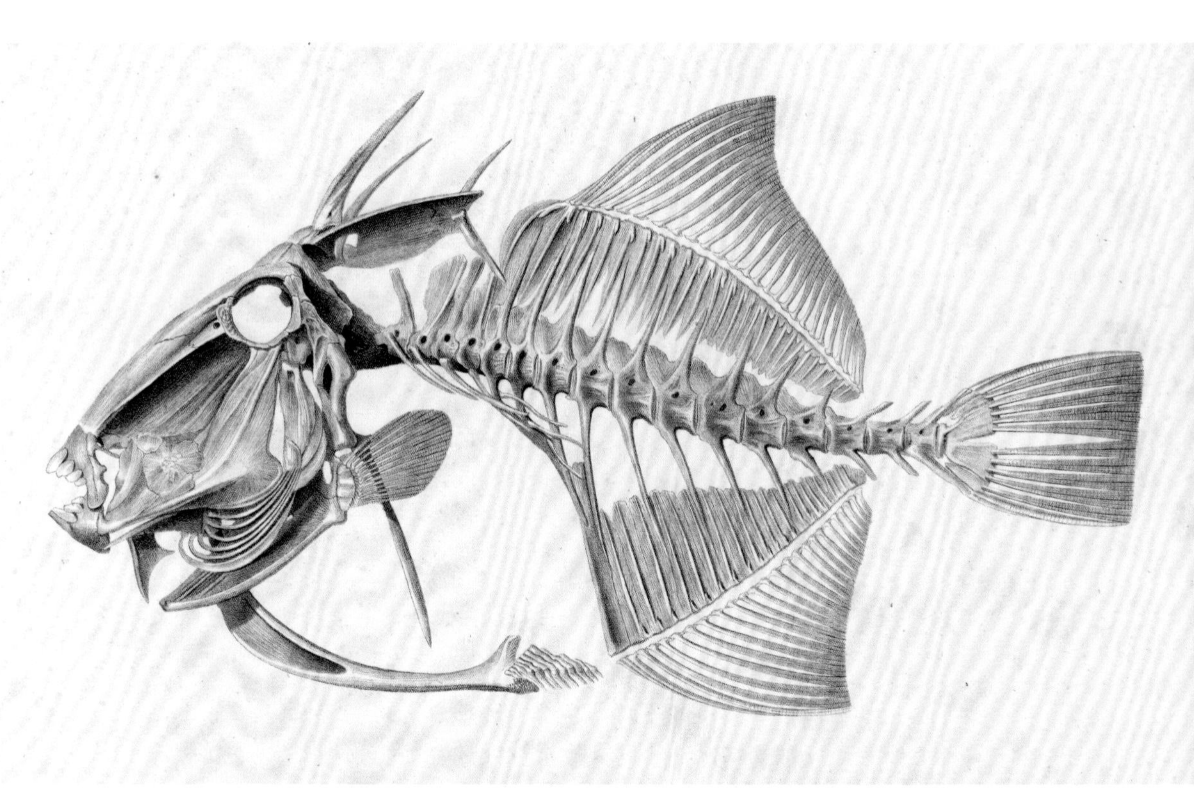

图为炮弹鱼（*Balistes*）的骨架。炮弹鱼是河豚的亲戚，有能被锁定在防御位置的可移动鱼脊。

科学家总会遇到改变职业生涯的关键时刻。对于伟大的瑞士古生物学家、鱼类学家、地质学家、冰川学家、哈佛大学比较动物学博物馆（Museum of Comparative Zoology）的创立者路易斯·阿加西来说，正是几件偶然事件促使他在1833—1844年间出版了鱼类化石领域最重要系列著作——《鱼类化石研究》（*Recherches sur les Poissons Fossiles*）。阿加西的鱼类学研究生涯起步很早。被瑞士纳沙泰尔大学（University of Neuchâtel）聘为教授后不久，他便于1829年应邀去描述一组神奇的鱼（我们猜测是巴西鱼）。还有一件改变阿加西人生轨迹的事：他于1831年与乔治·居维叶在巴黎相遇。居维叶是当时最为杰出的比较解剖学家，年轻的阿加西给居维叶留下了非常深刻的印象，以至于居维叶安排阿加西来接手完成自己的鱼类化石著作。值得一提的是，阿加西当时只有24岁。

1830年左右，阿加西计划出版一部有关欧洲淡水鱼的博物学著作。他在英国和欧洲大陆四处考察，和主画师约瑟夫·丁克尔（Joseph Dinkel）一起研究描绘各种各样的鱼类，准备用在书中。还有一件有关金钱并对《鱼类化石研究》的出版产生直接影响的幸运之事——阿加西与两位富有的英国鱼类化石爱好者威廉·威洛比·科尔勋爵［Lord William Willoughby Cole，也就是后来的第三代恩尼斯基林伯爵（Earl of Enniskillen）］以及菲利普·德·莫尔珀斯·格雷·埃杰顿爵士（Sir Philip de Malpas Grey Egerton）成了朋友。这两位维多利亚时代的绅士收集的鱼类化石构成了现在伦敦自然博物馆鱼类化石藏品的基础。他们不但向阿加西和丁克尔尽皆开放自己的藏品，还为书中插图的制作提供了财政资助。

这部著作最终化身为5卷（包含文字和插图）的《鱼类化石研究》。这部作品的影响流传至今，主要原因就是书中插图画工精美且不乏科学严谨，对今天的研究人员来说仍有重要作用。

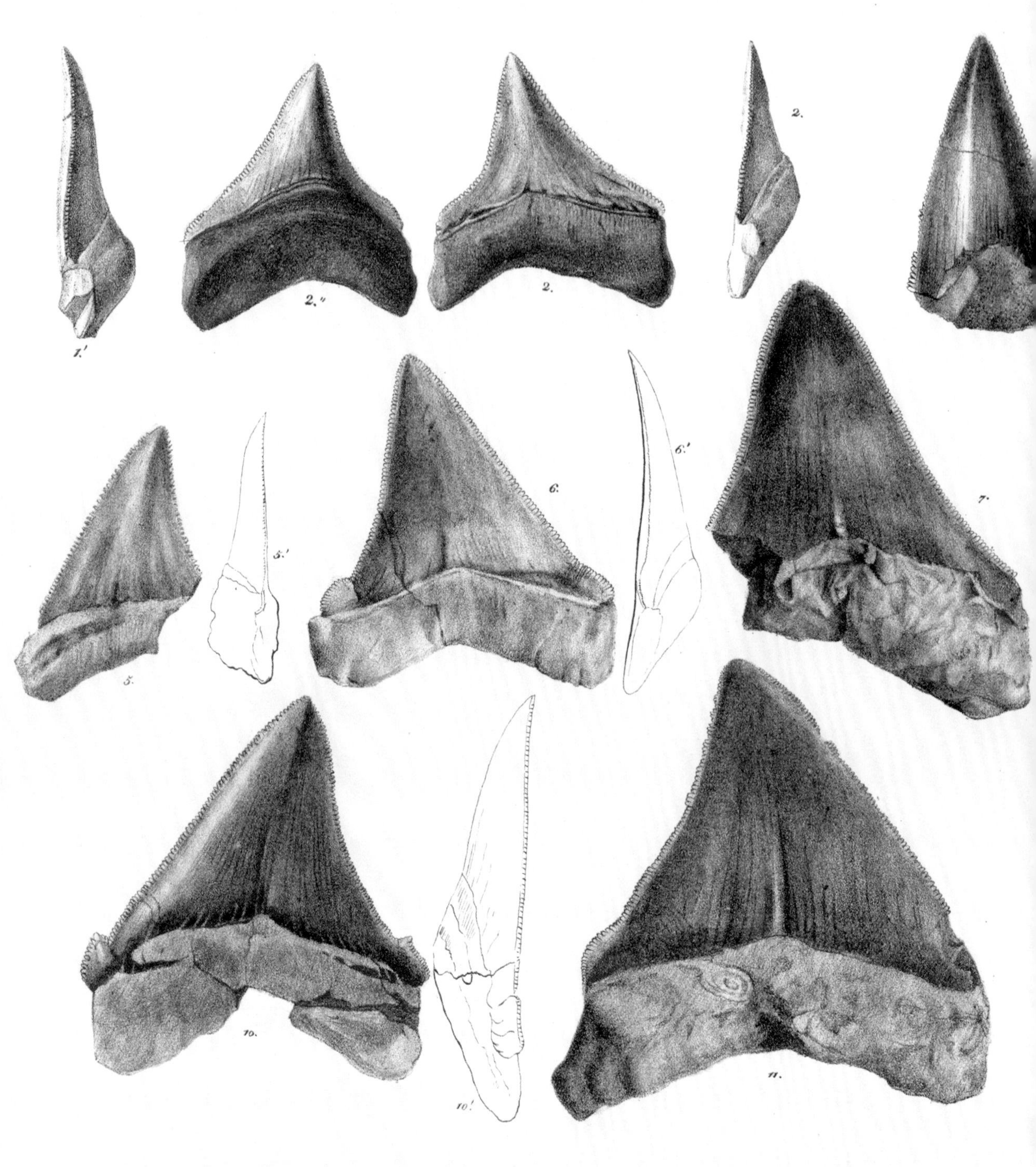

1.'
2."
2.
2.
5.
5.'
6.
6.'
7.
10.
10.'
11.

出土于瑞士格拉鲁斯州（Glarus）渐新世页岩的鱼类化石对阿加西来说，应该很熟悉了。伦敦自然博物馆收藏了不少这种优质鱼类化石，那些化石完美保存在像房顶瓦片一样、有着细密纹理的黑色页岩之中。这种有着细密纹理的黑色页岩告诉我们，那些鱼葬身于海底深处、极少被波浪或水流所波及。例如，像马林鱼的亲戚——古喙鱼（*Palaeorhynchus*）化石这样的分类群，从长嘴上的细小鱼骨到放射状的尾鳍或鱼尾，都保存得完好无损。在这种情况下，这些化石可以很方便地被拿来与现生种进行对比，并且在确定像鱼嘴这样的特性如何随地质时期进行演化，以及化石与现生种之间的进化关系方面，有着极为重要的意义。在《鱼类化石研究》中，阿加西和他的画师将古喙鱼的头骨及全身骨骼都描绘得细致入微，甚至精确到尾部的每一根细骨。当然，变成化石就意味着鱼死后骨骼可能会发生一些扭曲变形，阿加西也在他的古喙鱼的图画中记录下了这一点。这种对科学准确度的执着确保了《鱼类化石研究》中没有阿加西或艺术家的主观解读，读者看到的画是竭力接近真正化石的。

完美保存鱼身所有细节的沉积化石还有出土于意大利蒙特·博尔卡的创新世沉积化石。这件鳗鱼（*Enchelyopus tigrinus*，如今其学名为*Paranguilla tigrina*）化石是个很好的例子。从修长骨架上的精细骨骼到遍布全身的暗斑，画中展示的每个细节都栩栩如生，令人叹为观止。研究人员目前在关注与鳗鱼所在地域、所吃食物密切相关的鱼身色彩图案的生态含义。类似这种鱼身图案的斑点数据很易于获取并用于研究，例如阿加西画中鳗鱼化石身上的图案。

阿加西很关心鱼化石分类群与现生鱼之间的对比。鉴于他所掌握的鱼类知识，这不足为奇。正如上文所提到的，这种对

图为已经灭绝的耳齿鲨（*Otodus*）的牙齿，展示了牙锯齿状边缘的精细结构。牙齿的侧面也有给出，用于展示牙齿形状。

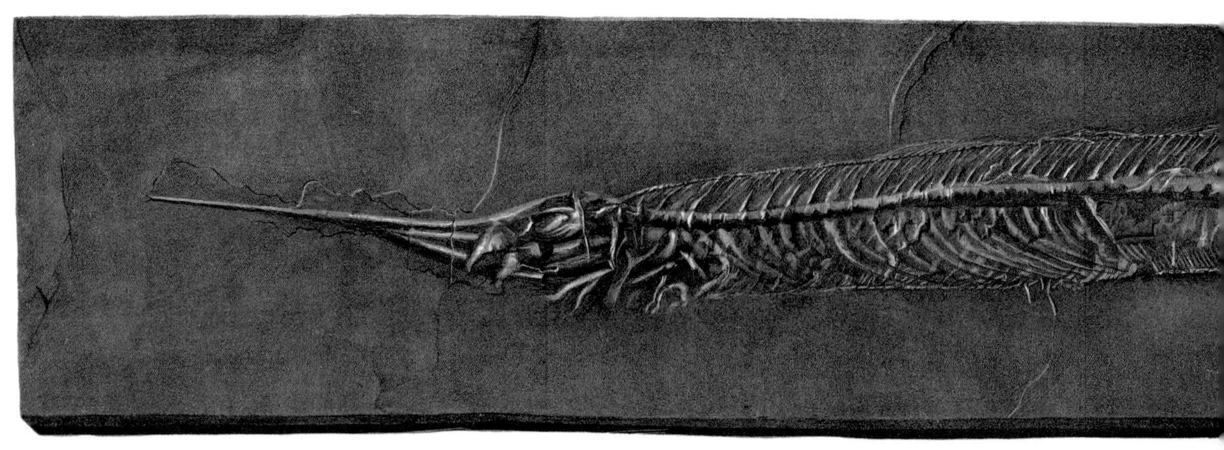

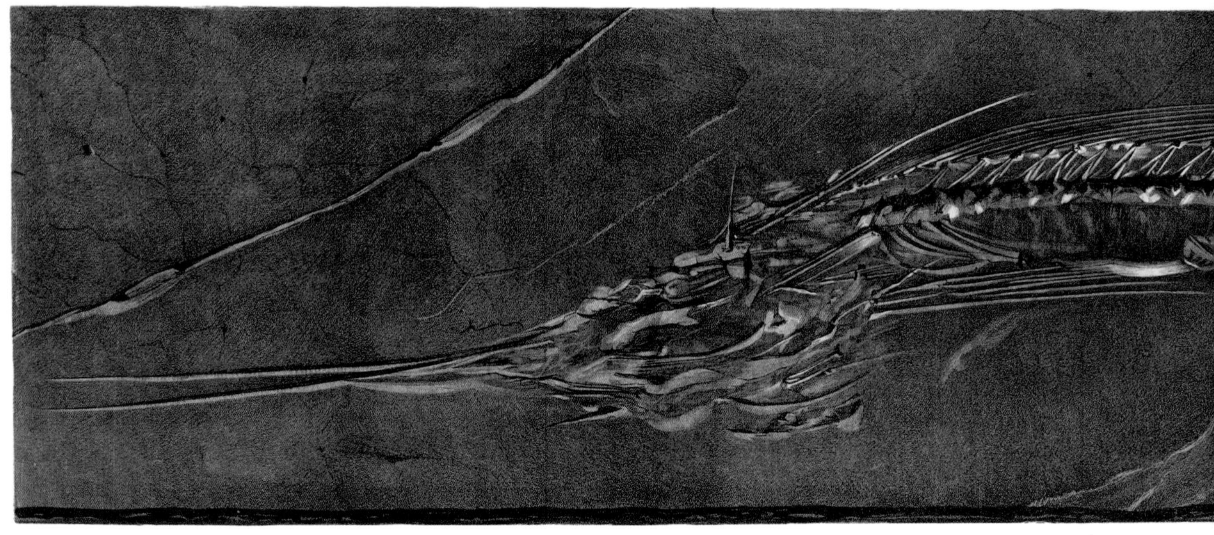

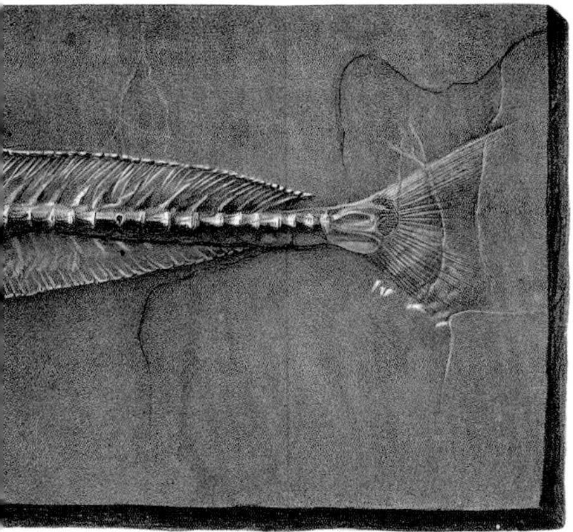

这是古喙鱼的插图，化石来自瑞士格拉鲁斯州的渐新世页岩。有着细密纹理的页岩保存下了鱼骨架和鱼嘴的精致细节。

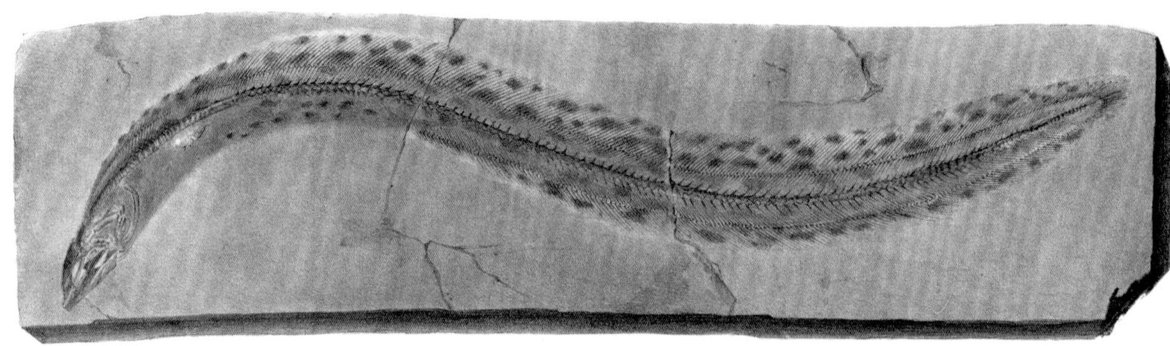

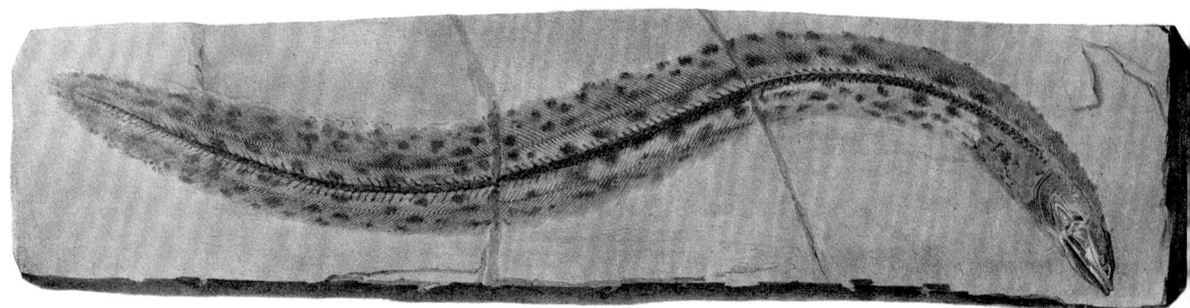

图中的创新世鳗鱼化石来自意大利维罗纳附近的蒙特·博尔卡，它保存下了鱼骨架和鱼身色彩的细节。

比让人们能在细节上理解鱼类的演化历史，只研究现生种做不到这一点。阿加西还特意在《鱼类化石研究》的插图中加入化石分类群的现生种代表，例如扳机鲀——炮弹鱼（P226 图）的骨架。炮弹鱼属于鲀形目（河豚家族），该种群的化石记录可以追溯到 19 万年前。虽然鲀形目鱼类的现代研究可使用如 X 射线计算机断层（CT）扫描等技术，但获得《鱼类化石研究》插图所展示的那种骨骼细节仍然很困难。《鱼类化石研究》插图的细节包含了与背鳍相连的鱼脊特有的复杂性，这种复杂性包括第二根小鳍脊将第一根大鱼脊锁定在一个垂直位置的结构。这根鳍脊可以垂直立起，构建防御结构，因此这种鱼有其俗名“扳机鲀”。

鲨鱼的章节还有化石与现生分类群之间的对比。鲨鱼牙齿在化石中随处可见，它们对辨识鲨鱼的特定种至关重要。一旦种得以确认，鲨鱼便可被追溯至各个地质时期，以确定其多样性如何随时间变化，时间则和气候变迁以及物种灭绝等重大事件有关。研究人员感兴趣的还有鲨鱼牙齿的内部结构。《鱼类化石研究》呈现了各种各样的鲨鱼牙齿化石，例如耳齿鲨（*Carcharodon*，如今它的学名为 *Otodus*，P228 图）。与之相伴的还有现生鲨鱼的牙齿截面，例如扁鲨（*Squatina angelus*，如今它的学名为 *Squatina squatina*）。这些牙齿截面展示了牙冠和牙根的细节，包括向齿髓腔内部生长的牙本质小管，它们是构成牙齿的主要结构。人类的牙齿也有这样的排布，可以用于比较。这样的牙齿截面如今很难做出，毫无疑问在阿加西那个年代更难。今天的研究人员还能使用现代显微镜，对阿加西来说，这简直是白日做梦。尽管如此，《鱼类化石研究》的插图所捕获的细节令人赞叹并仍在被今天的研究人员广为使用。

尽管许多分类在阿加西的时代就在发生巨大变化，化石也在不断被赋予新的名称，但《鱼类化石研究》的插图依旧是传世佳作，从问世至今日。伦敦自然博物馆图书馆收藏的那套《鱼类化石研究》的内封上贴着一张带有恩尼斯基林伯爵纹章的藏书票。恩尼斯基林伯爵是一位维多利亚时代的绅士，曾对阿加西《鱼类化石研究》的工作给予了协助。试想一下：伯爵坐在这套刚送到的书前，第一次打开书，慢慢翻页，惊奇地展开那折叠着的插图。这个场景一定激动人心。凭借其鱼类化石藏品的涵盖范围、插图质量、科学准确性以及历史意义，《鱼类化石研究》绝对称得上是举世无双之作。

《动物界》

乔治·居维叶

撰文／大卫·威廉姆斯

居维叶构建了比较解剖学的『解剖学原则』——器官相关原则以及性状从属原则，这两个观点在今天仍掷地有声。

图中画有多种天牛（甲虫），图中所画标本全是实物尺寸。

让·利奥波德·尼古拉斯·弗雷德里希·居维叶（Jean Leopold Nicolas Fredric Cuvier）是比较解剖学的开创者，还是古脊椎动物学的开创者，毕生致力于动物的综合分类工作。他更为人所熟知的名字是乔治·居维叶，因为他在1819年之后成为居维叶男爵。居维叶一生建树颇多，尤其是他创建立了生物灭绝的现实学说、协助朋友兼同事亚历山大·布龙尼亚（Alexandre Brongniart）创立生物地层学（将地质学与动物学相结合的学科）以及提出对所有动物（成为化石的和现生的都包括在内）进行分类的合理方案。他是灾变论的主要提倡者。灾变论认为，导致地球发生根本性变化进而让栖居在地球之上的物种发生变化的是偶然发生的重大灾难性事件，而非缓慢渐变的过程。居维叶深受法国启蒙思想的影响，没有在灾变论中加入任何宗教色彩。尽管如此，他日后却反对进化论，诸如让-巴蒂斯特·拉马克（Jean-Baptiste Lamarck）和稍后艾蒂安·若弗鲁瓦·圣伊莱尔提出的学说。1830年，居维叶在一场著名的辩论中驳斥了圣伊莱尔的学说，不久就去世了。

居维叶出生在瑞士边境附近的蒙贝利亚尔（Montbéliard），后在斯图加特接受启蒙教育，得到了卡尔·弗里德里希·基尔迈耶（Carl Friedrich Kielmeyer）的真传。基尔迈耶是一名生物学家，他领导的德国自然哲学运动旨在全面理解大自然的运转机制。1788年，居维叶在诺曼底教导赫利希伯爵（comte d'Héricy）之子的同时，开启了自学模式。在卡昂（Caen）海岸附近生活的居维叶拥有充足的闲暇时光，这让他能够全身心地投入对当地博物学的研究。那段美好时光因应艾蒂安·若弗鲁瓦·圣伊莱尔的邀请奔赴巴黎而终结。这多少有些讽刺：居维叶和圣伊莱尔起初是莫逆之交，后来却反目成仇。1796年，居维叶成为让-克劳德·梅尔特吕（Jean-Claude Mertrud）的副手，年迈的梅尔特吕当时是巴黎法国国家自然博物馆的动物解剖学教授。梅尔特吕去世后，居维叶于1802年成为梅尔特吕的继

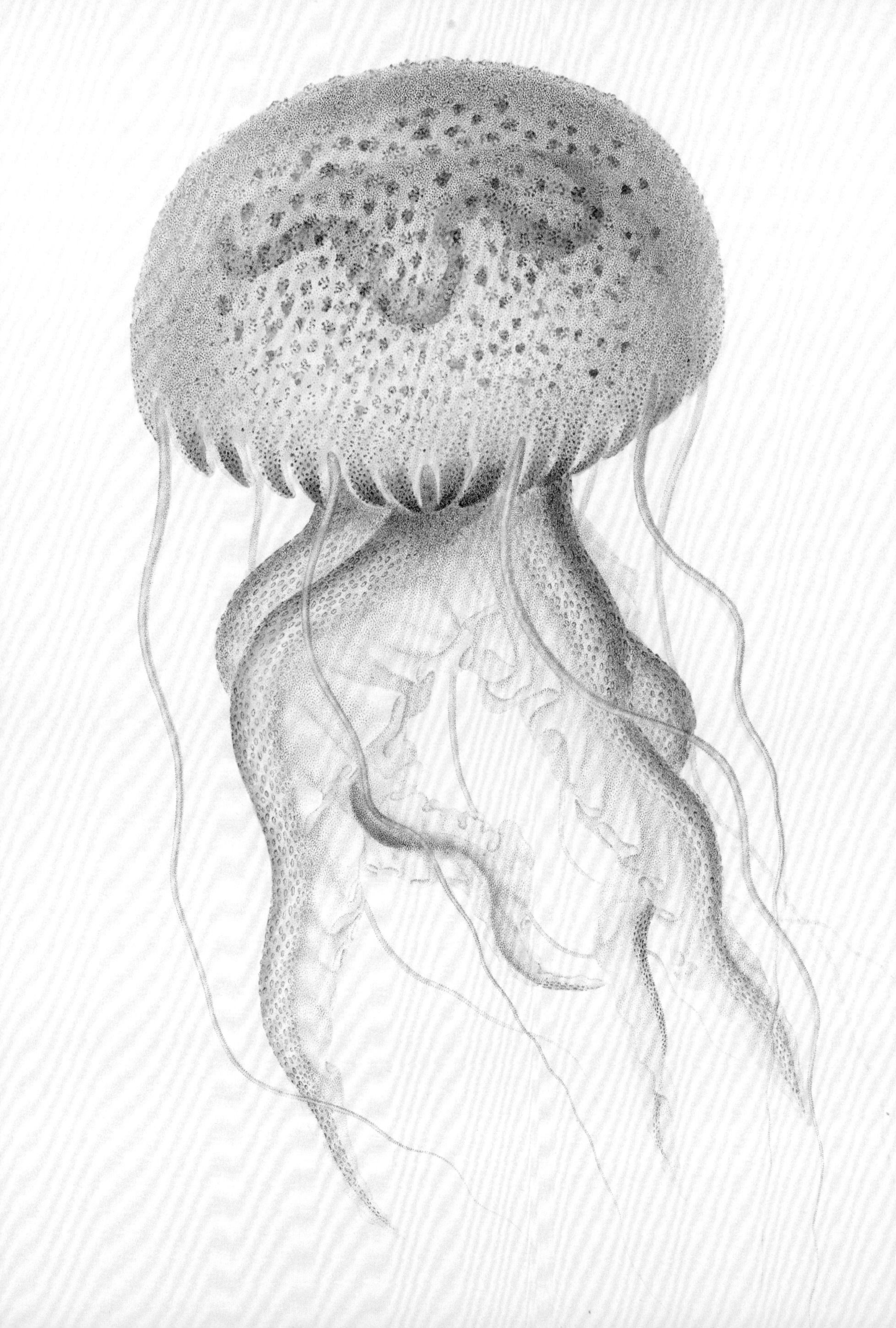

任，该职位更名为比较解剖学教授。居维叶之后一直在这座博物馆工作，直至退休。

居维叶萌生动物分类的念头可以在其著作《动物志基础图绘》（*Tableau Élémentaire de l'Histoire Naturelle des Animaux*）中找到蛛丝马迹。《动物志基础图绘》是一部以居维叶在万神庙学校的演讲精选集为基础编写而成的700页专著。该书1798年出版时，居维叶当时只有30岁。此后，居维叶又出版了《比较解剖学讲义》（*Leçons d'Anatomie Compare*）。该书有5卷，前两卷由安德烈·玛丽·康斯坦特·杜马里（André Marie Constant Duméril）编辑，后3卷由乔治·路易斯·迪韦努瓦（Georges Louis Duvernoy）编辑。二人都是法国的动物学家，迪韦努瓦还是居维叶的远房表弟。居维叶在《各种器官系统之间的变化关系报告图绘》（*Tableau des Rapports qui Existent entre les Variations des Divers Systèmes des Organs*）那一卷开始构建自己的理论立场。他对单纯提出一种新的动物分类学不感兴趣，而是想要理解和阐述动物分类的过程以及如何发现这些关系。当他落脚于解释每个生命体的各部分功能时，终于得到了答案。他由此出发构建了两个核心观点，并将其列为比较解剖学的“解剖学原则”。这两个观点在今天仍掷地有声：器官相关原则以及性状从属原则。第一个原则的意思是，器官之间存在着极为重要的功能对应。这是因为所有器官都有一部分与维持生命机能密切相关。第二个原则的意思是，每个器官的每种性状的分类学价值能够决定动物的整体结构以及这种动物的分类结构。这两个原则共同构成比较生物学这门新兴理性学科的基础，并由此成为分类学的基础。居维叶的这个主张发表在法国国家自然博物馆的题为《动物界分类新方法》（*Sur un Noveau Rapprochement à Éstablir entre les Classes qui Composent le Régne Animal*）的简短报告中。直到1812年，居维叶才提出了构成其动物分类学基础的四个“分支”：脊椎动物、软体动物、关节动物和无脊椎动物。

这是一幅水母（*Pelagia noctiluca*）插图，根据一只在尼斯附近发现的中等大小的活水母绘制而成。这幅插图描绘了这种动物的全貌，此后系列插图还描绘了更多水母的局部细节。

图中两只鬣蜥的原型是巴黎法国国家自然博物馆的标本。

据美国鸟类学家约翰·詹姆斯·奥杜邦1828年9月4日的日记记载，他拜访了居维叶，并直言不讳地描述了居维叶："……45岁上下；体型发福，五尺五，以英尺为衡量单位；脑袋很大；面呈褐色且满脸皱纹；眼睛灰色，眼神明亮，目光炯炯；鹰钩鼻子，又大又红；大嘴好唇；牙齿颇少，年老牙钝，唯下颚独剩一颗完好，目测约四分之三英寸见方。如此这般，我的露西，我所描述的居维叶像不像一个全新的人种？"全新人种暂且不提，居维叶倒是的的确确带动了一股探求"新物种"的风潮，他的比较生物学方法激发了相当规模的研究工作以及一场旷世惊人的学术争论。争论双方正是他和他的老朋友艾蒂安·若弗鲁瓦·圣伊莱尔，这场争论让他们反目成仇。他们的分歧在巴黎公开化，焦点是居维叶的四个"分支"能否相互关

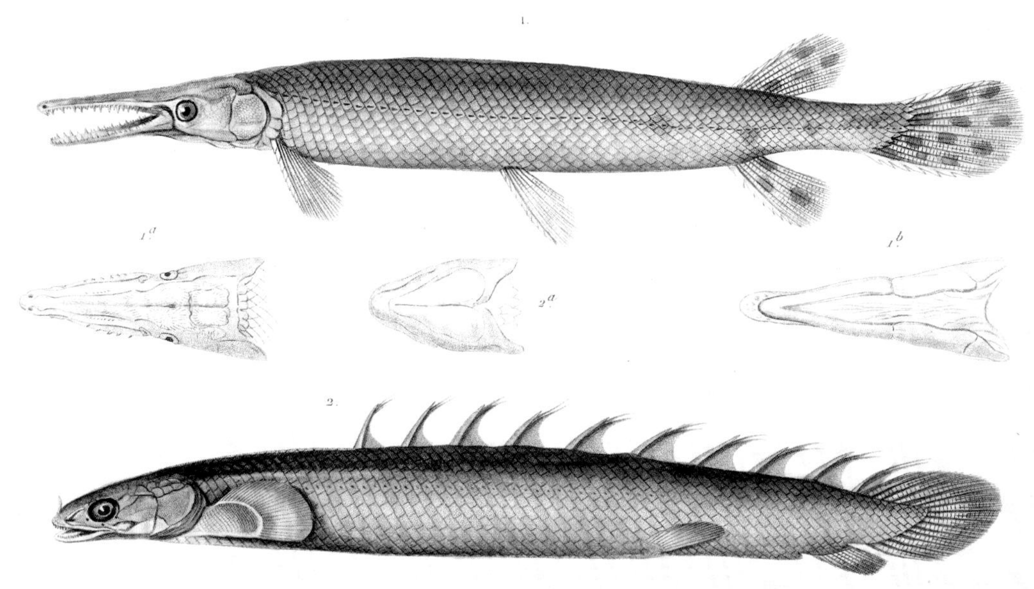

联。居维叶认为不可能；圣伊莱尔则笃信统一性，所有动物都有内在统一结构，存在相互关联在他看来理所当然。这场辩论始于 1830 年，争论的核心内容早已有之，这种大统一的观点出自法国医生、解剖学家菲力克斯·维克-达吉尔（Félix Vicq-d'Azyr）。两年后，居维叶在一场爆发于巴黎的霍乱中暴毙，那场辩论也因此戛然而止。当然，事实最终变得明了：居维叶的四个“分支”的确可以相互关联，器官之间存在着统一性，一个器官结构转变成另一个器官结构也的确是可能的。正是如此种种可能以及对分类学背后深意的极度欣赏启发了查尔斯·达尔文，他从动植物拥有共同祖先的观点中提炼出了结构相似性的一般性解释。达尔文认为，每一种动物（和植物）都血脉相连。

图中的雀鳝（*Lepisosteus*）和多鳍鱼（*Polypterus*）都是写生所画。画中还配有详细的鱼骨图。

1812年以后，居维叶几乎没有从事解剖学的工作，而是专心于《依其组成分类的动物界介绍，以作为了解动物的博物学基础与解剖学入门》（*Le Règne Animal Distribué d'après son Organisation, pour Servir de Base à l'Histoire Naturelle des Animaux et d' Introduction à l'Anatomie Compare*，简称《动物界》）这部伟大著作的编写工作。赫赫有名的鱼类学家大卫·斯塔尔·乔丹（David Starr Jordan）宣称，居维叶的工作开启了动物分类学自然系统的新纪元，或者至少居维叶的尝试已被学术界认可。随后，乔丹又评价这项学术贡献："《动物界》在鱼类学学科史上的重要性不亚于（林奈的）《自然系统》……"同期，居

下图中的圆轴蟹（*Cardisoma*）是一群大型陆地蟹。画中1只完整的蟹以及9只蟹的局部完全写生所画。

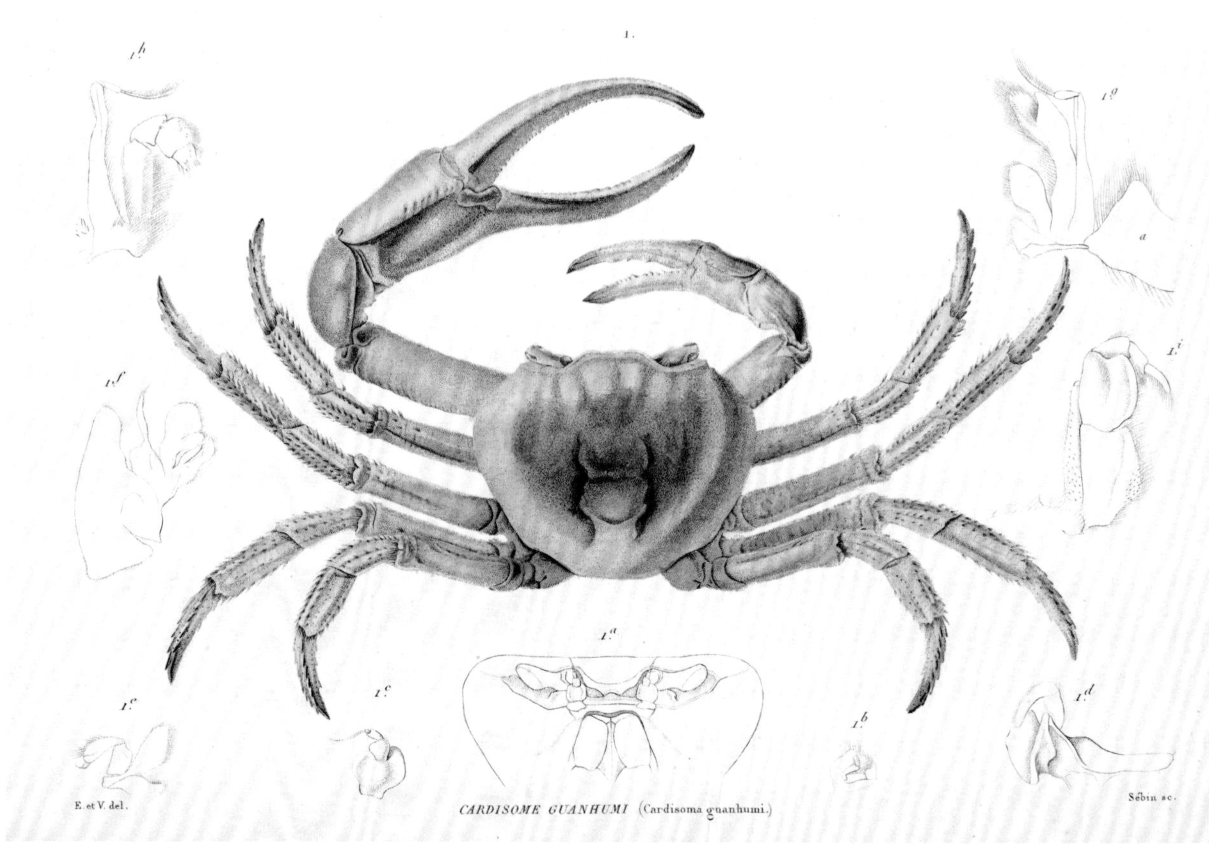

维叶还与同事动物学家阿希尔·瓦朗谢讷（Achille Valenciennes）投身于另一宏大项目——22 卷的《鱼类志》（*Histoire Naturelle des Poissons*）。可惜他离世前未能看到这部著作的完成，《鱼类志》在 1828—1849 年间分辑出版。

《动物界》被认为是居维叶最知名的作品，1816 年 12 月出版（不过书卷上的日期是 1817 年），首版为 4 卷、8 开。第一卷、第二卷、第四卷由居维叶撰写，包含甲壳动物、蜘蛛和昆虫的第三卷由法国国家自然博物馆的昆虫学家皮埃尔·安德烈·拉特雷尔（Pierre André Latreille）负责。《动物界》的第二版很快就于 1829—1830 年间问世，此版为 5 卷：第一至第三卷由居维叶撰写，第四、第五卷由拉特雷尔撰写。前两个版本都没有插图。随后，多个英译版问世，其中最著名的是爱德华·格里菲思（Edward Griffith）的《器官协调安排下的动物界》（*The Animal Kingdom Arranged in Conformity with its Organization...*）。该译版为 16 卷，于 1824—1835 年间陆续出版，出版周期长达 11 年。居维叶于 1832 年去世以及拉特雷尔于 1833 年去世，正值第一版译作和第二版译作出版的中间，这令格里菲思颇为苦恼。

1836 年，《动物界》第三版被列入出版计划，起初由 9 名居维叶的学生负责，他们自称“居维叶学生会”。随着另外 3 人的加入，这个作者群体更名为“门徒会”。最终第三版扉上的署名为“居维叶门徒会”，第三版因此被称为《动物界》门徒版。门徒版忠实保留了居维叶的原文，对绝大部分文字都不做修改。尽管如此，这个版本还是比前两个版本细致得多，全书成书时为 22 卷、262 册，内含图版不到 1000 张。门徒版的主要目标是出版 8 开版本，为文中出现的每个物种都配上一幅插图。门徒版于 1836 年开始出版，最终一部分于 1849 年问世。门徒版作者众多（一些作者在全书完成之前已离世）；一些作者自行制作图版，其中不少作者把这项工作外包给从事科学创作的艺术家，因而各种各样的插图贯穿全书 22 卷。无论怎样，《动物界》门徒版是居维叶所处时代的杰出插图著作，是居维叶终身成就的永久纪念，同时也是当时人们对已知动物界的完美记录。

扉页漫画标题是一句希腊语，大意为『巨书，巨难』。贝特曼的意思大概是，此书只有下定决心之人方可一阅。

詹姆斯·贝特曼《墨西哥和危地马拉的兰科植物》

撰文/桑德拉·克纳普

兰花使人神魂颠倒。奇特的花形、持续贡献梦幻形态的杂交能力和奇特的生活方式，让兰花成为长久以来一直被狂热追捧的植物。兰花的花部形状与众不同，种类的绝对数量意味着种类变化无穷。兰花的许多俗名都与其形态变化有关，如“人形兰花”或者“猴形兰花”因花形似原始灵长类动物而得名。兰花易于描绘，有关兰花的图书在植物学文献中随处可见，许多书还配有插图。有着如此奇特形状的兰花，谁能忍住不去画下或拍摄它呢？

詹姆斯·贝特曼的《墨西哥和危地马拉的兰科植物》在兰花图书中独占鳌头。它不仅在所有出版的植物学著作中开本最大，还从植物学和诗歌角度褒美了这些神奇的植物。书籍本身尺寸超大、插图华丽——几乎1米（71厘米或28英寸）高，得有点力气才能把它从书架上取下来。很显然，贝特曼想把开本当作这部著作形象的一部分。扉页是一幅乔治·克鲁克香克（George Cruikshank）的漫画：一大群利立浦特人（小人国中的人）正

某些兰花的花朵是相互分离的。吸引注意的不是那明亮的色彩或者奇特的花形，而是飘散的芬芳。香花树兰（*Epidendrum aromaticum*）被认为是“这种兰花的甜香之最”。

EPIDENDRUM AROMATICUM.

这些花朵呈伸展状的底轮花瓣带有皱褶，修长的花梗令整团花可在微风中摇曳。贝特曼将其命名为艳苞莓状文心兰（*Oncidium cavendishianum*），以纪念一位兰花信徒——第六代德文郡公爵（Duke of Devonshire）。

在试图用那种类似鲁布·戈德堡（Rube Goldberg）机械漫画中的滑轮和绳索把书立起。不管他们多么努力，书仍纹丝不动地悬在半空中。标题是一句深不可测的希腊文“Μεγα βιβλιον μεγα κακον”，大意是“巨书，巨难”。贝特曼的意思大概是，此书只有下定决心之人方可一阅。

尺寸并不是《墨西哥和危地马拉的兰科植物》的唯一诡异之处。在向订购客户承诺多年之后，这部著作于 1843 年正式出版，仅印了 125 册。书中有 40 幅石版画的满版图版，石版画由当时的大师马克西姆·戈西（Maxim Gauci）亲自操刀。戈西的手绘技艺精湛，他制作的每幅版画都与原画如出一辙。将颜色填入黑白轮廓时，手工着色图书的手工痕迹通常能被看出，但这本书却是个例外。书中手工涂的颜色丝毫没有超出轮廓线！尽管贝特曼是一位地主乡绅且颇有钱资（他时不时派人到美洲搜寻野生兰花），但这种规模、如此豪华程度的图书所面临的出版风险还是需要通过那些看好此书并愿意投资的客户订购来承担。订购客户的名单读起来就像是19世纪中叶欧洲达官贵人的排行榜。榜首是几个大写的字“最仁慈的先王遗孀”“比利时国王陛下”以及“托斯卡纳大公殿下”，后面是用小写字体书写的公爵和伯爵、贵族小姐和子爵、大公的家族成员，排在最后的是书商。列出的订购客户有上百人，其中还有数位女士。这证明，植物学作为维多利亚时代英格兰女士们的时尚追求已被广为接受。事实上，这些图版中的绝大多数以一群才华横溢的女性植物艺术家的画为基础制成。这部著作旨在“通过插图展示部分在原产国被推崇为奉献精神的象征并被选为皇家饰品的植物家族成员”，以献给维多利亚女王的伯母——先王遗孀萨格森－迈宁根的阿德莱德（Adelaide of Saxe-Meiningen）。该书的定位绝不是摆在街上书店里销售的普通货色，而是为兰花爱好者“兰花癖”量身定制，“兰花癖”已惊人地遍及各个（尤其是上层）阶层。

和服装款式一样，植物会流行，也会过时。如同服装，园艺也可以展示个性。贝特曼还是一个富有激情的园艺家。位于斯塔福德郡（Staffordshire）斯托克市（Stoke-on-Trent）的比道夫山庄（Biddulph Grange）是贝特曼乡间房产，山庄里的花园由其友艺术家爱德华·库克（Edward Cooke）设计，花园本身已是一件艺术品。贝特曼很小就对热带植物产生了兴趣，20多岁时还专门雇人去南美洲寻找用于栽培的兰花。许多寄回的兰花都是科学上的新种；其中之一被当时的伟大兰花分类学家约翰·林德利（John Lindley）命名为贝特曼属（*Batemania*）。对竭尽所能派人带回兰花用于栽培和驯化开花的贝特曼来说，这绝对是莫大的鼓舞。让“被囚禁的”热带兰花开花在当时并非易事。兰花今天在超市里被大量成批出售，但是在19世纪必备的兰花栽培技术还没有被人掌握。兰花是热带植物，但最迷人的兰花却来自较高海拔地区，它们在炎热、潮湿的气候环境下并不生长。针对这些种，贝特曼发明了“冷凉”栽培方法——许多维多利亚时期博物学家描述的兰花并非来自人们在美洲南部和中部森林中见到的植物，而是来自像贝特曼这样的园艺师在温室中培育、驯化开花的植物替代品。高海拔附生兰花怕热不怕冷，这似乎有悖于直觉，贝特曼却对此一清二楚。他指出，自己与当时许多爱好者酷爱的兰花品种其实

“在纬度更高和空气更纯净地区比在炎热而疾病肆虐的海岸丛林中更为丰富”。所以，这些热带植物是与众不同的。贝特曼在前言中用了大量的华丽辞藻来介绍自己的栽培技术，还用了一个兰花种植温室的方案收尾。（温室的）规则很简单：“第一，植物不能接受太多灯光或者太阳光照射；第二，照顾根系；第三，谨防有害昆虫；第四，给植物一个假期；第五，注意空气状况；第六，不要过度浇水。”

《墨西哥和危地马拉的兰科植物》很大程度上依赖于贝特曼“妙手开花”的个人能力，同样也依赖于偶然的机缘。人们之前知晓兰花来自巴拿马和墨西哥，但是“对兰科植物爱好者而言，广阔的危地马拉仍是十分神秘的区域。无论如何，他们都已做好准备，把这个地区当作他们所钟爱的植物的丰富宝库”。在曼彻斯特偶然瞥见一些昆虫（可能是正在销售的）将“危地马拉的地产大亨以及当地一家生意兴隆的贸易企业的合作伙伴”英国人乔治·尤尔·斯金纳（George Ure Skinner）带入贝特曼的视野。贝特曼说服斯金纳给他寄送植物，当然酬金也很丰厚。书中配插图的种，即便不是绝大部分，也有相当一部分是斯金纳收集的。贝特曼并不知晓，斯金纳愿意为一个纯粹的陌生人收集植物很可能是因为他自己同样也是个“兰花癖”。显然，斯金纳在野外过得很开心。那封描述了发现名为斯坦佛树兰（*Epidendrum stamfordianum*）的植物的信件就能说明，斯金纳是一个真正的热爱者：“因霍乱爆发被困在伊萨堡（Isabal）时，我悄然乘上一艘独木舟，沿着湖畔游玩了几里格（1 里格相当于 3 海里），找寻着我们的挚爱——兰科植物。回到家时，我全身都已湿透，却感到无比喜悦。因为我发现了一种漂亮至极的植物，一种我敢断定对所有人而言都是全新的植物……噢，它跟你在一起会很安全！”植物安然无恙地被送抵贝特曼手中。贝特曼让它在一年之内开了花，并打算将其描述为一个新属，但他遭到了林德利的劝阻。贝特曼为纪念斯金纳，用斯金纳的名字命名了今天哥斯达黎加的国花哥丽兰（P247

“舞会之兰”哥丽兰（*Cattleya skinneri*）是典型兰花——蓬乱、明亮和硕大。其颜色为“最为灿烂和热烈的玫瑰色”，还会随着花朵发育成熟而渐渐变深。

Pl. 13

Mrs. Withers, delt.

CATTLEYA SKINNERI.

图）以及今天危地马拉的国花斯氏颚唇兰［*Maxillaria skinneri*，现在叫白花捧心兰（*Lycaste skinneri*）］。

许多兰花是附生植物，显而易见地从高大且覆盖着苔藓的树枝上悬挂式长出。兰花曾被许多人认为是寄生植物，但贝特曼在其著作前言中坚决摈弃了这种观念。这种在天地间飘摇、两边摇摆不定的生长习性不是兰花的唯一奇特之处，它们的花才是诡异所在。在贝特曼看来，兰花显示出了“永无休止的创造力”，它让动物与植物的界限变得模糊、展现出模仿自然与艺术的形态。蝴蝶兰被贝特曼命名为艳苞莓状文心兰（P244 图）。如此命名在某种程度上是为了奉承一位订购客户（“他是一个贵族，对植物学和园艺的贡献远超众人的了解，我们有必要在这里进一步阐述”）。蝴蝶兰那修长柔性的花梗上长着百褶裙般的花朵，每个花朵在风中都像飞舞的昆虫一样摇曳着。贝特曼引用萨缪尔·柯尔律治（Samel Coleridge）的《思维之助》（*Coleridge's Aids to Reflection*）来抒发胸怀：兰花“身上那自由的翅膀摇摆着，似乎对这种根据花形来进行辨别的‘以貌取花’心理有些不耐烦”。随后，贝特曼还指出，柯尔律治写下这些诗句时，蝴蝶兰还尚未在英国的土地上盛开，以此彰显这种类比的格调。贝特曼恣意地引用浪漫主义诗人的作品，珀西·比希·雪莱（Percy Bysshe Shelley）的诗歌《亚拉斯特》（*Alastor*）中的句子还出现在了扉页上。兰花的花朵集中体现了类别的模糊性和生命本身的不确定性，刻画出了对启蒙运动确定性的浪漫拒绝。

兰花的花形在一定程度上取决于该种植物与传粉者之间的亲密关系；许多兰花长成了只允许特定身材蜜蜂进入的花形，比如螳臂兰属（*Stanhopea*，别名奇唇兰属）。在这种情况下，蜜蜂会沿着花桶滑下并蹭上花粉，花粉之后会附着在蜜蜂身上，做好进入另一朵花正确位置的准备。我们通常认为传粉者要找的是花蜜，但奇唇兰的回报却是一种被雄蜂用于吸引雌蜂的化学物质。这种花的习性确实诡异。维多利亚时代的园艺师在温室里种植这些奇特的植物、促使它们开花并让它们远离所有自然传粉者，他们这样做一定是认为这些花形态很美妙。园艺师们为此着迷，贝特曼将兰花描述为“太随便”实指它们无拘无束、想变成什么样就变成什么样，这实在不足为奇。《墨西哥和危地马拉的兰科

贝特曼对虎斑蝗臂兰（*Stanhopea tigrina*）的桶形底部花瓣印象深刻，说道："……与其说它是蔬菜界的真实产物，不如说它更像用象牙雕刻而成或用蜡塑型而成。"

植物》赞颂了这种花形转变。书中最后一幅画描绘是埃氏天鹅兰（*Cycnoches egertonianum*），这种植物也是斯金纳收集的。贝特曼对它的描述如下："这种奇怪的东西（画中物和实物一样奇怪）已被归入兰科植物，画中实例令这个变化多端的种群此前所有的欢娱都变得黯然失色。"这种植物令贝特曼深感疑惑：刚被寄给他时，它被描述为一个新种；第一次在贝特曼的温室开花时，它看上去却很像一个已知种——这令贝特曼大失所望。新长出的花梗与之前的花梗完全不同，反而与收集者的描述相符！贝特曼想不出这种奇怪现象的合理解释，他猜测这些形态也许类似于"其他族群的雄花和雌花"。果真被他猜中了。埃氏天鹅兰确实是雌雄同株植物，但它并非一个结构内同时具有雄性器官和雌性器官，而是一个花梗上只有雌花（这些硕大的黄色花朵很像一个已知种，这令贝特曼颇为懊恼）、同株植物的另一个花梗上只有雄花（它正是斯金纳所描述的在危地马拉见到的植物开的红色花朵）。

书中收录的绝大部分种在科学上都是全新的。除了是一本植物学学术著作，《墨西哥和危地马拉的兰科植物》也是一场贯穿维多利亚时代情感的蜿蜒之旅。整本书都配有绝妙的全彩石版画插图，每种植物的文字描述都包含有关收集、栽培或美妙之处的逸闻轶事，每段文字都以黑白小插图结尾。其中一幅画了一只大蟑螂，它正在尽情享用斯金纳寄回的植物，植物已被它吃光，只剩下前面段落描述的这株。一些插图介绍并展示了当地风俗，这多少有想象的成分在里面，因为贝特曼从未去过危地马拉或者墨西哥！格鲁比的格雷女士（Lady Grey of Groby）所画的最后一幅插图，把兰花当成动物、天鹅、蜂鸟、昆虫、蜥蜴；它们“柔中带刚，在画家的引导下表现出画中所呈现的姿态……”“呈现”一词被留给诗人约翰·弥尔顿（John Milton）完美总结：

自然所孕育，
…Nature breeds

诡异反常，妖魔鬼怪，不可思议之物。
Perverse, all monstrous, all prodigious things

可怖至极，难以言表，更甚之于。
Abominable, unutterable, and worse

虚构之寓言，幻想之恐惧。
Than fables yet have feigned, or fear conceived

蛇女之妖，九头之怪，恐怖之兽。
Gorgons, hydras and chimeras dire

《墨西哥和危地马拉的兰科植物》问世16年后，查理斯·达尔文在《物种起源》（*On the Origin of Species*）中给出了对这些妖魔鬼怪般形态变化的解释，并揭示了其形成机制。达尔文也迷恋兰花，这并不是巧合。事实上，达尔文从贝特曼处得到了兰花，在唐屋的温室中进行栽培。兰花癖是天选之人，《墨西哥和危地马拉的兰科植物》则恰如其分地体现了其最高境界。正如贝特曼所褒美的植物，他的书是不断变换的风景、万事万物的缩影，它已超越图书的范畴、成为史上浓重的一笔。

埃氏天鹅兰是兰花中的奇葩之一。同株植物长有样貌完全不同的花枝，难怪它会令贝特曼这样的种植者和爱好者大惑不解、如痴如醉。

Miss Drake, del. M. Gauci lith.

CYCNOCHES EGERTONIANUM.

Pub.d by J. Ridgway & Sons 169 Piccadilly July 1844

Printed by P. Gauci

《蜂鸟科专著》

约翰·古尔德

撰文 / 安·达塔

古尔德对鸟类和其他动物有着非凡的观察能力，他能够准确地发现这些动物在解剖上的微小差别。

1849 年，约翰·古尔德在自己首部对开手绘鸟类图版集《喜马拉雅山百年鸟类集》（*A Century of Birds Hither to Unfigured from the Himalaya Mountains*）正式启动 20 年之后，开始撰写他的第八部鸟类专题著作《蜂鸟科专著》（*A Monograph of the Trochilidae*），或叫《蜂鸟家族》（*Family of Humming-birds*）。约翰·古尔德当时深深迷上了蜂鸟家族，该书也就成了他最想写的。《蜂鸟科专著》是他的最佳作品，也是他的代表作。虽然他之后又出版了四部新的鸟类著作且每一部都受到高度赞誉，但是没有一部能像《蜂鸟科专著》这样在辉煌和豪华上达到如此高度。

约翰·古尔德是一位在温莎城堡（Windsor Castle）工作的皇家园丁的儿子。他的第一份工作是动物标本制作师，这份工作他干得相当成功，以至于干了一辈子。他首次崭露头角缘于被召去给乔治四世的长颈鹿裱皮，那只长颈鹿 1829 年死在温莎城堡。凭着动物标本制作师的扎实技能，古尔德 1827 年被任命为位于布鲁顿街的伦敦动物学会（Zoological Society of London）的博物馆馆长及维护人。

这是一只雄性剪尾蜂鸟（*Hylonympha macrocerca*）的标本，是 1873 年救下的那批运往伦敦的蜂鸟皮流行商品中的一件。为了得到一只雌鸟，古尔德足足等了 7 年。雄鸟有着长长的深叉状尾巴，雌鸟则有较短的尾巴。

红喉北蜂鸟（*Archilochus colubris*，左图）是一个迁徙物种。它们夏季在美国孕育繁殖（古尔德就是在那里见到了它），冬季从墨西哥迁徙到巴拿马。左图描绘的是一只雄鸟（喉咙处是彩虹色）和一只雌鸟（喉咙处带斑点）。

叉扇尾蜂鸟（*Loddigesia mirabilis*，右图）只在秘鲁被发现过。雄鸟长有长长的、改良过的尾部羽毛。

动物学会的雇主很快就发现，古尔德对鸟类和其他动物有着非凡的观察能力，他能够准确地发现这些动物在解剖上的微小差别。当他在对这些动物进行命名、分类以及把它们安置在学会博物馆里时，这个能力就显得至关重要了。查尔斯·达尔文 1837 年造访博物馆就是一个很好的例子，他刚结束贝格尔号远航归来，带回一些在加拉帕戈斯群岛（Galapagos Lslands）收集的小鸟。这些小鸟的身世之谜困扰着达尔文，古尔德轻而易举地就鉴定出它们属于雀类，还辨别出它们是近亲。此后，古尔德的名字就和这些现在被称为达尔文雀的小鸟联系在了一起。作为一名成功的动物标本制作师，古尔德着眼于根据客户需求设计视觉惊艳、引人注目、栩栩如生的动物填充标本。这种自然艺术天赋在古尔德1829年和家庭教师兼艺术家伊丽莎白·克森（Elizabeth Coxen）结婚后发挥到了极致。

古尔德看到爱德华·利尔出版《鹦鹉家族图录》时使用了石版印刷术来复制图版并深受赞扬，他便试图效仿利尔使用石版印刷术。他还萌生了一个大胆的想法：与妻子合作，以刚刚得到的罕见的喜马拉雅鸟类为基础，出版一部豪华昂贵的对开手绘鸟类插图著作。古尔德甚至亲自示范，指导伊丽莎白完善石版制作技能，让她能将水彩画转印到厚重的印版石上。古尔德的鸟和利尔的鹦鹉不同之处在于：利尔看到的许多鹦鹉都是在摄政公园动物园里叽喳乱叫的活物，而古尔德收到的所有印度鸟类都是经过干燥、平整、加工的毛皮。考虑到这一点，古尔德只能运用他所掌握的鸟类知识画出草图，以向伊丽莎白展示鸟活着时的身影，确保她能在水彩画上表现皮毛的细节。当时没有出版商敢冒险出版古尔德的这部印度鸟类图画，于是他自费出版发行。在《百年鸟类集》（*Century of Birds*）反响热烈的鼓舞下，古尔德启动了其他更具野心的出版项目。伊丽莎白一直都是古尔德的主创艺术家和石版画技师，直到1841去世。

蜂鸟科是鸟类藏家的挚爱。这些鸟只有在美洲才能被找到。虽然它们身材娇小，但展示了多种多样的形态，它们所表现出的飞行灵巧让那些在有生之年亲眼见到了蜂鸟的少数人叹为观止，它们在山间林地神出鬼没则更令藏家对其垂涎三尺。蜂鸟最引人瞩目之处是其彩虹般的绚丽色彩。古尔德正是蜂鸟的众多痴迷者之一。多年来，他默默收集蜂鸟，在《伦敦动物学会文集》（*Proceedings of the Zoological Society of London*）上发表新的蜂鸟命名。

与之前创作其他作品相比，标本的稀缺让古尔德创作这部《蜂鸟科专著》变得更为困难。为了重现蜂鸟那有着金属色泽的绚丽羽毛，他还要对艺术家的材料进行试验。最后，着色师们的解决办法是把漆涂在金色叶子上，以捕捉蜂鸟的绚丽颜色。负责《蜂鸟科专著》的艺术家是亨利·康斯坦丁·里克特（Henry Constantine Richter）。里克特出生于艺术世家，1841年开始为古尔德工作。当时，古尔德的妻子去世了，所以他必须要另雇佣一

这个新种——皇辉蜂鸟（*Heliodoxa imperatrix*）由威廉·詹姆森（William Jameson）采集于厄瓜多尔安第斯山脉（Ecuadorian Andes）。1856年，古尔德将其命名为欧也妮蜂鸟（*Eugenia imperatrix*），以纪念拿破仑三世的妻子欧也妮皇后（Queen Eugénie）。图中所画是两只雄鸟和一只雌鸟。

个艺术家。里克特是一位一丝不苟的绘图师，也是一位训练有素的石版画技师。蜂鸟被送到邮局时已变成扁平的毛皮，因此古尔德要画出初步草图作引导，就像以前给妻子画草图一样。里克特还参考了古尔德陈列的鸟类填充标本。未着色的石版画会被寄给在加百利·贝菲尔德（Gabriel Bayfield）的着色师，他们会根据给定图案的彩色样板手工着色。

这些蜂鸟图版的背景中满是花草，这种布景是其独特的吸引人之处。古尔德煞费苦心地试图把蜂鸟与其自然栖息地的植被联系起来。他同美洲南部的采集者建立了联系网，那些采集者给他寄鸟类标本，其中就有植物学家威廉·詹姆森。为填补古尔德的知识欠缺，詹姆森试着给出蜂鸟栖息地的描述，偶尔还会描述一些植物样品。古尔德通过前去英国皇家植物园邱园实地研究植物以及利用《柯蒂斯植物杂志》（*Curtis's Botanical Magazine*）中的精美手工着色图版来弥补自己的知识短板。后人发现，许多古尔德书中所画的植物与蜂鸟并非是真实的自然搭配。不过，古尔德的初衷是好的，当时蜂鸟和鲜花的确切关系也还不为人所知。

和古尔德的其他对开图书一样，《蜂鸟科专著》以分辑出版的形式与订购客户见面，整个出版周期超过 12 年。图书刚开始出版，古尔德就抓住了 1851 年伦敦世界博览会开幕的机会。他兴冲冲地在动物学会的花园里搭建了临时展台，以用于摆放他的蜂鸟。7.5 万人参观了古尔德的展览，其中包括维多利亚女王，女王对这种被放在特制的六角玻璃盒内并悬挂于干树叶间的鸟儿感到惊奇。这种宣传对提升《蜂鸟科专著》的销量十分有益，最终吸引了 314 个客户参与预订。

1857 年，古尔德前往美国为他的书招揽订购客户，同时也推销一下他的博物贸易，这使他有机会亲眼见到野生的蜂鸟。他在费城见到了一只红喉北蜂鸟，几天后又在华盛顿见到了五六十只，“30 年来梦寐以求”的夙愿终于得以实现。古尔德将两只蜂鸟带回英国，但蜂鸟很快就死掉了。

《蜂鸟科专著》共有 25 册、360 张图版。每张图版都配有古尔德收集到的该物种的全部信息。他经常引用、致谢给他提供信息的人，这拉近了读者与美国南部森林世界的距离。某些鸟类的俗名描述出了它们的独有特征，例如髯蜂鸟、毛腿蜂鸟和紫耳蜂鸟。1861 年，《蜂鸟科专著》全部出版。书中包含许多新内容，尤为重要的是，许多种在科学上是全新的，例如 1856 年在哥伦比亚和厄瓜多尔被发现的皇辉蜂鸟（*Heliodoxa imperatrix* Gould）。古尔德意识到了，科学家和科研机构无力购买原版专著，于是他出版了一本小手册（无图版）来填补市场空白。

蜂鸟的新种被源源不断地送抵古尔德处。1880 年，他收集到了足够多的新种标本，于是开始着手制作《蜂鸟科专著》

的补编。里克特当时已经离职，出生于爱尔兰艺术世家的威廉·马修·哈特(William Matthew Hart）接任绘图师和石版画技师的工作。从1851年起，哈特开始以蜂鸟图版着色师的身份为古尔德工作。他和里克特一样工作勤恳，按照古尔德的指示复制草图。古尔德1851年去世后，理查德·鲍德勒·夏普（Richard Bowdler Sharpe）继承了古尔德未竟的事业。哈特开始独立工作，他在绘制蜂鸟图版方面放开了手脚，加深了着色。年轻的夏普在英国库克姆（Cookham）一条乡村小路上捕鸟时偶遇了古尔德，此后他们一直保持着联系。夏普有图书编目的背景，曾为高档书店老板伯纳德·夸里奇（Bernard Quaritch）工作，后在动物学会担任图书馆员，随后成为大英博物馆鸟类部的主管，他一直对古尔德的学术成就赞赏有加。这部补编于1887年收尾，包含58张图版，这使得《蜂鸟科专著》的图版总数达到了418。

古尔德的遗物包括两类鸟类藏品：一类是常规的鸟类藏品，另一类是珍贵的蜂鸟藏品，后者包括一套蜂鸟皮收藏和62箱装裱好的蜂鸟标本。大英博物馆出价3000英镑收购了这些藏品。1881年，南肯辛顿的自然博物馆刚开放，正需标本来填充公共画廊。对古尔德的蜂鸟箱来说，填补装饰这种空旷空间正是大显身手的好机会，它们被悬挂在画廊和楼梯柱子的顶部进行展示。一本与之配套的指南也在匆忙中问世。遗憾的是，古尔德的蜂鸟箱最后只有6个留存下来，它们现被安置在伦敦自然博物馆的稀有图书室内。其他大部分蜂鸟箱被混入位于特林的自然博物馆的鸟类藏品，尽管没有具体数据能够证明那些标本就是古尔德的。

可以看出，《蜂鸟科专著》是古尔德最伟大的作品。古尔德的成功秘诀在于：他能找到极具天赋的艺术家一心一意为他工作。他对自己的人生目标非常坚定，毫不犹豫地坚持追求完美。他对购订客户的喜好有着清晰的认识，这让他出版的著作得以热销。他的蜂鸟图版画下一对或者更多只蜂鸟在书页中盘旋飞过，有时还画鸟窝和窝中雏鸟。古尔德的418张图版所描绘的正是他鉴定出的418种蜂鸟。虽然其中大约有350种现已被重新分类，但《蜂鸟科专著》仍是科学合理的。写作专业、描述准确，让这部著作备受科学家和书籍藏家的追捧。

这只蓝尾蜂鸟（*Saucerottia cyanura*，左图）是爱德华·贝尔彻爵士（Sir Edward Belcher）在尼加拉瓜（Nicaragua）收集的。1839 年，贝尔彻爵士把它赠送给了伦敦动物学会。古尔德从动物学会得到了它，并将其命名为新种——*Amazilia cyanura*。

古尔德从另一厄瓜多尔藏家朱勒·布尔西耶（Jules Bourcier）处得到了这只厄瓜多尔斑尾蜂鸟（*Ecuadorian piedtail*，右图）。古尔德认为此标本有太多独有的特征，于是在 1860 年特意命名了一个新属和新种——厄瓜多尔斑尾蜂鸟（*Phlogophilus hemileucurus*）。

『艾略特似乎身心都永不疲倦，任何目标都会坚持到底。』

撰文 / 罗伯特·普瑞斯-琼斯

丹尼尔·吉罗·艾略特《天堂鸟专著》

《天堂鸟专著》（*A Monograph of the Paradisedae*）又名《天堂鸟》（*Birds of Paradise*），是业内公认的19世纪晚期鸟类学杰出代表美国生物学家丹尼尔·吉罗·艾略特（Daniel Giraud Elliot）和在英国度过了职业生涯的德国艺术家、当代最为优秀的鸟类艺术家约瑟夫·马蒂亚斯·沃夫(Joseph Mathias Wolf) 密切合作的结晶。

艾略特出生于纽约富有家庭，青少年时就开始对鸟类研究兴趣浓厚。身体孱弱让他放弃了进入大学的想法，这也促使他启动了长达数年的范围广阔的旅行。旅行主要集中在气候温润的加勒比海区域、南美以及与中部和东部地中海地区接壤的国家，旅行为他提供了参观位于巴黎和伦敦的自然博物馆的机会。在那里，他结识了欧洲鸟类学家的领军人物，之后一直保持密切的联系。1859 年，新成立的不列颠鸟类学家联盟（British Ornithologists'Union，简称 BOU）的刊物《鹮》（*Ibis*）正式出版发行时，他正在英国。他的鸟类论文处女作就发表在这个期刊上，论文描述了他在巴黎大经销商麦森·维罗（Maison Verreaux）处碰到的 6 个新种的标本。之后，艾略特于 1870 年成为第一位入选不列颠鸟类学家联盟的美国人，同时也是于 1883 年成立的美国鸟类学家联盟（American Ornithologists' Union）的创始人之一。

艾略特与妻子安·伊莉莎（Ann Eliza）于 1858 年完婚，此后不久便返回美国定居，并开始投身于《天堂鸟专著》的撰写工作。八色鸫科分卷于 1861—1863 年间以分辑形式最先问世，并在 1867 年重印。选择这个科最先出版，貌似因其娇小、美丽且鲜为人知。根据艾略特的一贯风格，这部著作以大开本的形式出版，配有详细的文字介绍，总结了该种群的所有知识以及包含的所有种。由于受雇画家实在令人失望，因此书中实物大小的彩色图版大多由艾略特所画，他完全可以自己搞定，并在细节上精益求精。古尔德一生都痴迷这群鸟类，这在他数年后为这部专著第二版（1893—1895 年）所撰写的序言中可以看出："时隔多年，再次与初恋相遇，却发现她比以前更加美丽，这种情况并不经常发生……"

19 世纪 60 年代出版的几卷《松鸡亚科》(*Tetraoninae*) 和《全新前所未有的北美鸟类插图》（*The New and Heretofore Unillustrated Species of the Birds of North America*）引发 19 世纪 70 年代和 80 年代早期的海外研究热潮，并成为欧洲各大博物馆和动物园的主要藏品。艾略特不愿在外出旅行期间把自己的鸟类藏品留在仓库，于是他在 1869 年把它们交给了新建成的位于纽约的美国自然博物馆。这是该博物馆获得的首批鸟类标本材料。此后，这个机构与艾略特建立了密切的长期联系。受博物馆颇具远见的嘱托，艾略特在欧洲期间运用自己的广博知识，代表博物馆挑选鸟类和哺乳动物的标本材料，这让标本商人

J Smit, lith

M & N H

PARADISEA MINOR

和私人藏家手中数以千计的标本得以进入博物馆。

19 世纪 70 年代早期见证了艾略特鸟类专著品质的新高峰。因为意识到了自己作为艺术家的局限性，所以艾略特和朋友沃夫合作出版了两卷《雉科专著》[*A Monograph of the Phasianidae*，又名《雉科家族》（*A Family of the Pheasants*）] 和《天堂鸟专著》。这两部著作的杰出出版团队成员还有负责制作石版的 J. 施密特（J. Smit）、负责图版印刷的 M. 汉哈特（M. Hahrart）与 N. 汉哈特（N. Hanhart）以及负责着色的 J.D. 怀特（J.D. White）。这几卷著作着实令人惊叹，鸟类艺术权威克里斯汀 · 杰克逊（Christine Jackson）认为天堂鸟图卷"是有史以来正式出版的手工着色石版画鸟类插图著作中最棒的作品"。艾略特对沃夫工作能力的看法在这部著作序言的致谢部分清晰可见，他写道："……沃夫先生是唯一一位能够将鸟类和哺乳动物插图在艺术方面表达得恰如其分之人。"《雉科专著》第二卷中有美妙的、最新被描述的白颈长尾雉（*Phasianus ellioti*，属名 *Phasianus* 后变更为 *Syrmaticus*）。这种长尾雉于 1872 年由罗伯特 · 史温侯（Robert Swinhoe）命名，他描述道："这种动物拥有诸多引人注目的特征，给它起个合适的名字应该很容易。瞥了一眼雉鸡科的命名列表，却发现没有一个是以艾略特命名的。这提醒了我他为这个种群做出的伟大贡献，如果这个种群中没有任何一只鸟被用于纪念他且就此作罢，那么这将是一个错误。"

沃夫出色地展示了小天堂鸟（*Paradisaea minor*）。它是个个性张扬的种，雄鸟会聚集在一起展现自己的雄姿，但只有少数胜出者才能得到与到访雌性交配的机会。

艾略特将园丁鸟收进他的《天堂鸟专著》。沃夫在此通过斑大亭鸟（*Chlamydera maculata*）的生活场景来传达栩栩如生的概念，当然他从未曾亲眼见到这种鸟。

天堂鸟引起艾略特关注的原因与八色鸫科的一样：它是一个魅力惊人、行为令人如痴如醉的种群。直到最近，这个种群的科学知识基本还是来自从当地居民手中购买的残缺不全的鸟皮标本。有了沃夫精美绝伦的插图，艾略特终于有机会能够补充展示田野博物学家的系列新研究成果，其中就有最近 3 年内描述的 5 个分类群以及这部专著独家描述的 1 个分类群。艾略特在他那部涵盖了 36 个天堂鸟分类群的专著中收录了园丁鸟。即便在当时，这也是有争议的：园丁鸟曾经被明确归入另一独立的科——园丁鸟科，甚至人们现在也不认为它与天堂鸟存在关联。在 19 世纪的最后 25 年，天堂鸟和园丁鸟的知识增长迅速，其主要贡献来自学术权威约翰·古尔德、托马索·萨尔瓦多里（Tommaso Salvadori）、沃尔特·罗斯柴尔德和亨利·莱纳德·梅耶（Henry Leonard Meyer），并在大型鸟类博物馆馆长理查德·鲍德勒·夏普 1898 年完成的新著作中达到顶峰。这些全都基于艾略特的著作，这部著作是之后所有天堂鸟回顾文章的奠基之作。

《天堂鸟专著》出版那年，一个天堂鸟的新种以艾略特命名，这与《雉科专著》的故事版本惊人一致。它就是艾略特镰嘴风鸟（*Epimachus ellioti*），由埃德温·沃德（Edwin Ward）根据来自新几内亚的单件标本（现藏于特林的自然博物馆内）进行的描述，并被沃夫出色地画进《天堂鸟专著》，随后便成了鸟类学家的一块心病。之后，只有一件相似的标本被发现。现在，它被公认是一个杂交种，有可能由黑镰嘴风鸟（*Epimachus fastuosus*）与黑蓝长尾风鸟（*Astrapia nigra*）杂交而来，有可能涉及更复杂的遗传，很可能还与长尾肉垂风鸟（*Paradigalla carunculata*）有关。毫无疑问，分子生物学的研究进展会让这个问题水落石出，但在此之前其身世将仍然是个谜。

随后，在埃略特重新定居纽约（1883—1894 年）之前，诸如犀鸟科和蜂鸟科以及第一部哺乳科动物——猫科的专著相继问世。他在纽约继续写书，特别出版了北美水鸟、野鸟和野禽的系列著作。作为一个敏捷的冒险家，他还借用浓重的笔墨将丰富的个人野外经验融入著作。当艾略特这辈子头一次获得了一份发工资的职位——1894 年成为新成立的芝加哥田野博物馆（Field Museum in Chicago）动物馆的主管时，他的人生发生了重大转折。他在那里的主要工作成果是组织并参加主要收集鸟类及哺乳类动物标本的非洲探险以及制作系列特殊标本材料。他当时的研究兴趣主要集中在哺乳动物，并在这个领域出版了系列聚焦新大陆动物区系的名录和清单。1906 年，70 多岁的艾略特退休回到了纽约。他辞去不列颠鸟类学家联盟会员的职务，展开针对哺乳动物的大量的全新研究，希望出版灵长类动物的专著。

在大多数人都会享受退休时光的时候，艾略特的研究工作驱使他继续长途跋涉：起先较长时间逗留在欧洲，研究各大博物馆中的灵长类动物，随后启动一系列非同寻常的旅行，足迹遍布北非、南亚和印度尼西亚，接着穿越中国，访问日本。回到美国后，艾略特定居在美国自然博物馆，且不乏前往欧洲进行学术访问，以完成他那部备受称赞的三卷巨著《灵长类动物综述》(*A Review of the Primates*)。该书在 1912—1913 年间出版，那时他已 78 岁。美国自然博物馆鸟类部主管弗兰克 · M. 查普曼（Frank M. Chapman）结识了晚年的艾略特，回忆起那段时光，他说：“艾略特似乎身心都永不疲倦，任何目标都会坚持到底。”这种勤奋工作的能力、出众而威严的个人形象与淡定友好的态度相得益彰。不列颠鸟类学家联盟在其讣告中称他为“美国博物学元老”，这是对艾略特最恰当的纪念。

沃夫的华丽插图展示的是艾略特镰嘴风鸟。它根据一件收集来的标本进行的描述，用艾略特名字来命名，但后来被发现是个杂交种。

Wolf & J Smit del et lith. M & N Hanhart imp.

EPIMACHUS ELLIOTI.

恩斯特·海克尔《自然界的艺术形态》

撰文/罗纳德·詹纳

海克尔的艺术作品曾试图同时捕捉蕴含于自然产物中的整体性和多样性，反映共同的起源和个体的适应性。

1864年2月16日对于恩斯特·海克尔来说，应该是喜气洋洋的一天。这天是他的30岁生日，还有什么能比得知自己将被授予著名的科特尼乌斯（Cothenius）奖章更让人欣喜呢？该奖章由德国自然科学家利奥波德－卡洛琳研究院颁发，以嘉奖海克尔在名为放射虫的鲜为人知的单细胞生物种群上所做的工作。一年的显微镜观察以及随后一年半的认真写作和研究，成就了这部两卷著作《放射虫（根足虫）专著》[*Die Radiolarien*（*Rhizopoda Radiaria*）: *eine Monographie*]。这部著作于1862年出版，并收到了科学界极高的赞誉。查尔斯·达尔文曾对海克尔说，这部专著是他见过的极为出色的科学作品之一。毫无疑问，海克尔的专著颇受欢迎在很大程度上得益于那35幅配有科学文字的光彩夺目的放射虫石版画。海克尔的画细致得惊人，那些微小海洋生物的柔软器官和错综复杂的硅质骨骼都被画了下来，其中相当一部分在科学领域是全新的。

大自然母亲把她那最复杂精细的肖像画在了非常小的画布之上。微观放射虫的矿化骨骼有着天外来客般的几何形状，一个多世纪里不断点燃科学家、艺术家和建筑师的想象力。它正是通过恩斯特·海克尔的科学巨著才为众人所知的。

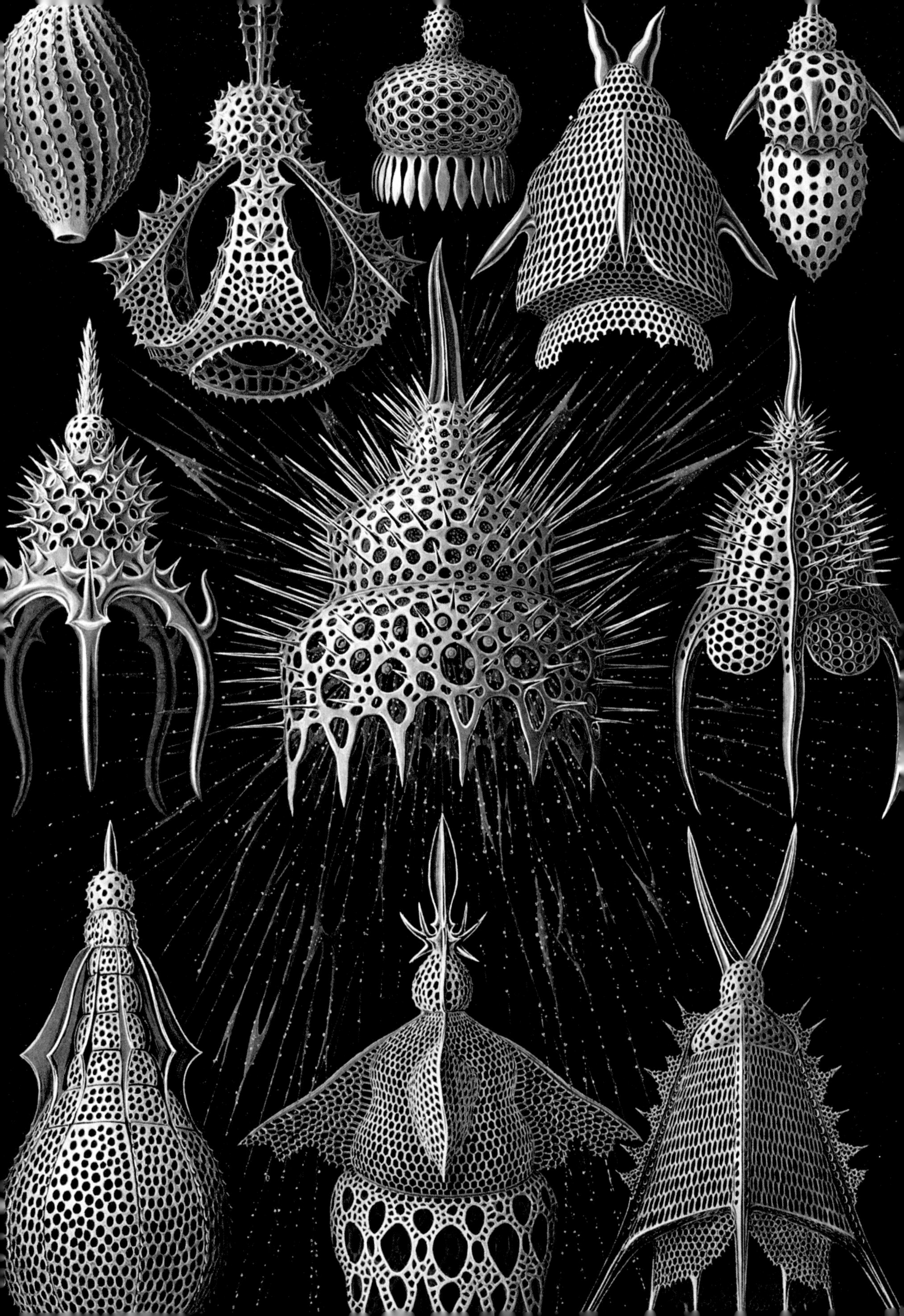

1862年，放射虫专著为海克尔赢得了德国耶拿大学杰出教授职位以及耶拿动物博物馆（Zoological Museum, Jena）馆长一职。这满足了海克尔开始职业研究生涯的蓬勃野心，随着这些头衔而来的稳定经济收入让他终于得以迎娶心爱的表妹安娜·赛丝（Anna Sethe），他们早在1858年就已订婚。不过，他们的幸福婚姻并没有持续太久。

1864年1月，安娜感染了胸膜炎。虽然她看似已康复，2月15日却因腹部剧痛而倒下。她在海克尔生日那天下午去世，海克尔因此一蹶不振。海克尔悲痛万分，瘫倒在床，躺了8天。他重新出现在众人面前时，人已变得无精打采、郁郁寡欢，对亲朋好友的慰藉充耳不闻，对人生、自然、科学提不起丝毫兴趣。尽管悲痛欲绝，海克尔并没有消沉太久，旅行分散了他的注意力。在瑞士徒步登山锻炼了他的身体，与学生（后来创立那不勒斯动物研究所）安东·多恩（Anton Dohrn）前往黑尔戈兰（Helgdand）群岛的旅行让他的精神振作了起来。

1865年，海克尔化悲恸为力量，开始了艰苦的智力马拉松。仅耗时1年，一部两卷1000页的著作《形态学大纲》（*Generelle Morphologie der Organismen*）就诞生了，此书为海克尔以后的著作奠定了理论基石。《形态学大纲》为比较形态学的旧传统提供了一种基础的形而上的改造。它在达尔文进化论的体系下将形态学数据和理论统一起来，建立了19世纪晚期生物科学的核心——系统发育学。这个学科旨在追溯生物之间的进化关系，重建躯体进化图。与人称“达尔文的斗牛犬”的能言善辩的托马斯·亨利·赫胥黎相比，海克尔的狂热简直有过之而无不及，这让海克尔战胜了科学界、哲学界和宗教界的权威。

历史学家罗伯特·理查兹（Robert Richards）曾经出版了一部有关海克尔的权威著作《人生的悲剧意义》（*The Tragic Sense of Life*）。理查兹认为，如果海克尔不是在悲痛的阴霾中写成《形态学大纲》，那么普通形态学甚至海克尔之后的科学生涯就会有着戏剧性的不同——他肯定会少很多麻烦。不过，全身心投入工作和钻研大自然细节也磨平了海克尔哀怒的棱角。他慢慢地再度沉浸于自然界的多样性所带来的欢愉，并从中得到慰藉。大自然就这样悄悄地为海

花里胡哨的颜色和多种多样的形态使蜥蜴成为引人注目并能直观有效展示自然选择力量的橱窗。从变色龙的长舌到飞蜥的皮翼，这些动物看上去像披着随机应变的外衣。

克尔开出一剂良药。海克尔沿法国尼斯（Nice）附近的比利亚弗兰卡湾（Bay of Villafranca）海岸散步时，在一个潮水坑里发现了一只水母。他满怀喜悦地花了几个小时来观察这个生物的细微动作。后来，他将它描述为一个水母的新种，为了纪念他心爱的安娜而将它命名为安娜水母（*Mitrocoma annae*）。7 年后，他遇到一只更漂亮的水母，将它命名为安娜赛丝水母（*Desmonema annasethe*）。他把

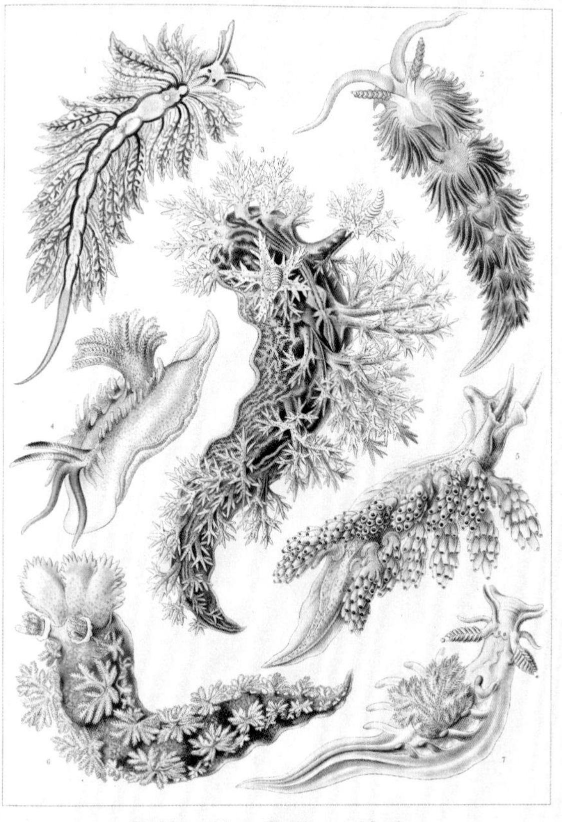

Nudibranchia. — Nacktkiemen-Schnecken.

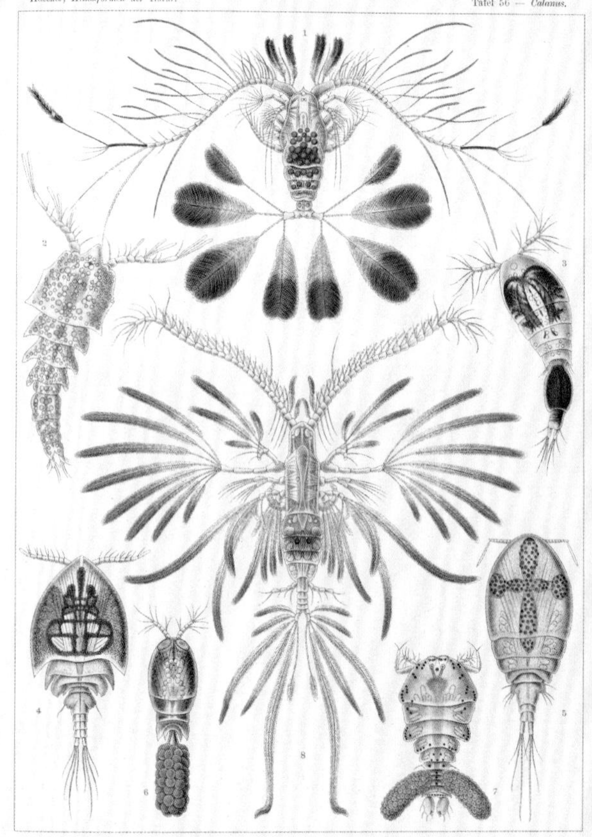

Copepoda. — Ruderkrebse.

尽管有着一个很土气的名字，海蛞蝓其实是一种美得令人窒息的动物（左图）。但是，那色彩缤纷的外表下却潜伏着致命危险。它们的色彩其实是一种警戒色。海蛞蝓身藏多种毒素，以作抵抗天敌的化学武器。

桡足类动物（右图）——这种微小的水生甲壳类动物在海洋中随处可见，人送外号“海洋昆虫”。一些桡足类动物是已知节肢动物中最为优雅的物种。

水母的美丽形态和色彩的细节充满爱意地描绘在石版画上，并附上科学的描述。这些杰出的艺术作品是海克尔敏锐的专业洞察力和他最直接的艺术美感的完美结合。

海克尔是19世纪末生物学界的灯塔式人物。他是一位著作等身且颇具影响力的科学家兼科普作家，一位走南闯北的旅行家和冒险家，一位激情四射的教师和演说家。他可以说是达尔文的进化论观点在世界范围内最有影响力的传播者，还是颇有影响力的著名艺术家。但是，他的影响力也伴随着争议，他的某些进化论猜想似乎缺乏经验基础，他那尖刻又时而傲慢的写作风格总令他得罪人。他在作品中的一些认知错误不但被与他同时代的科学家所嘲笑，还被我们这个时代的科学家所鄙视。尽管如此，对海克尔而言，一种审美和对生物形态的艺术渲染构成了对自然界的正确认识。对他来说，审美判断与科学研究对理解真实而言是不可或缺、互为补充的。这个观点背叛了老一辈浪漫主义者对海克尔的影响，例如约翰·沃尔夫冈·冯·歌德（Johann Wolfgang von Goethe）和亚历山大·冯·洪堡（Alexander von Humboldt），他们的作品曾深受海克尔的喜爱。

海克尔的艺术作品曾试图同时捕捉蕴含于自然产物中的整体性和多样性，反映共同的起源和个体的适应性。他试图在其艺术作品中将只能在脑海中变得清晰的生物体的本质刻画出来。尽管一张照片就能精确展现生物体的外表，但这只是肤浅的表面准确。只有将客观的观察和睿智的演绎结合，才能让一幅精心绘制的图画揭示出更深刻的现实。海克尔认为，对于坚持不懈地洞察大自然奥秘来说，绘画行为是必需的。对他来说，艺术行为会揭示大自然，产出的图画则远远胜过单纯的文字说明。海克尔的艺术作品所蕴含的信息难以言表。因此，1904 年的初版《自然界的艺术形态》（简称《艺术形态》）中的精美石版画（书中 100 张图版最初 10 个为一组，1899 年起陆续出版）只配有少量文字说明。这些文字说明作为补充为图版提供了背景介绍，一些现代版本则完全摈弃了文字介绍和图例。

在海克尔眼里，人造艺术作品逊色于自然产物，《艺术形态》的主要出版目的就是要证明这一点。相当一部分图版所画生物都鲜为人知，要么因其身形渺小、生活在人们不触及之地，要么因其没有被人注意到。他选择了一些自己认为最漂亮的生物。这些生物来自世界各地且习惯迥异，其中相当一部分在 19 世纪才被发现。海克尔在《艺术形态》前言中表示，希望这本书能激发艺术家的灵感。确实，这部著作产生了巨大的积极作用。《艺术形态》中的石版画由与海克尔长期合作的印刷师阿道夫·格里奇（Adolf Giltsch）制成，这些作品有着优雅起伏的形式以及引人注目的对称图案，是新艺术主义（Art

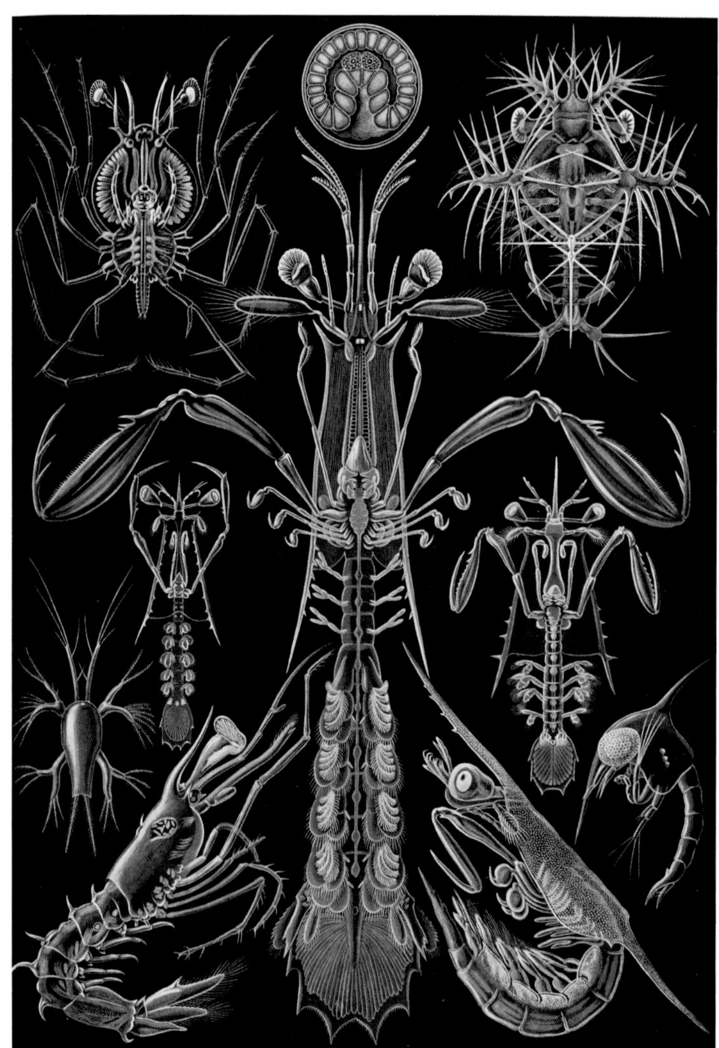

从黑色背景中“跳”出的是甲壳动物的各个发育时期。作为海洋的浮游生物，它们在其自然栖息处看起来却很不显眼，因为其中相当一部分几乎是透明的。

Nouveau，也被称为 Jugendstil）的典范。受海克尔的艺术作品感染的艺术家就有著名的利奥波德·布拉施考（Leopold Blaschka）和鲁道夫·布拉施考（Rudolf Blaschka）父子，他们制作过各种各样生物的精致玻璃模型，其中有海克尔的放射虫。《艺术形式》也启发了建筑师，比如亨德里克·贝尔拉格（Hendrik Berlage，他设计了阿姆斯特丹商品交易所）和雷内·比奈（René Binet，他以放射虫骨骼为模型构筑了 1900 年巴黎展览会的雄伟大门）。

本书6张复制于《艺术形态》的图版，展示出这类生物的美丽截面以及海克尔的插图风格。P268图版展示的就是海克尔心爱的放射虫，主要展现它们的骨骼结构。中间的图画展示了这种生物的柔软身体向外辐射出的精细线状原生质。海克尔不仅以研究放射虫为基础开启了自己的科学生涯，还针对挑战者号科学考察期间（1872—1876年）收集的放射虫准备过综述报告。那份报告以这些材料为基础，描述了4000多个物种，其中相当一部分显微切片现收藏于伦敦自然博物馆。

数张图版相当出色地描绘出生物体因共同祖先而具有的一致性以及独特的适应性导致的形式多样性。P271图版展示的是8只来自全世界不同地域的蜥蜴。每只都展示了与众不同的特化性，8只合在一起则揭示出其种群内发生的变化。

P272右侧图版展示了桡足类动物这群小型水生甲壳动物的形态多样性。海克尔在附文中解释：虽然这些生物都貌不出众，但它们在水生食物链中却发挥了核心作用，海水会因这种浮游动物的数目巨大而变成和桡足类动物一样的颜色。桡足类动物在画中被类比为昆虫——桡足类动物学家通常称这些动物为“海洋中的昆虫”。海克尔指出，尽管桡足类动物有不同的特化性，但是它们的身体结构却没有太大变化：身体分节数目相等，各分节以相似的方式组成身体的不同部分。海克尔描述的第七种桡足动物被命名为达氏叶剑水蚤（*Sapphirina darwinii*），以纪念他的学术偶像查理斯·达尔文。他认为，这种动物的金属色泽是桡足类动物种群中最漂亮的。

P272左侧图版展示的是多彩的裸鳃亚目动物（海蛞蝓）的7个种。海克尔解释，这些生物由长有外壳的祖先进化而来，但这些软体动物已丢弃了外壳。他说，丢弃外壳是一种对它们所栖息的密集藻类地带的适应，外壳在这种环境中会成为累赘。它们的颜色有保护色的作用，可提供伪装。不过，海克尔并未提及海蛞蝓专以各种腔肠动物为食，可能这在当时并不为人所知。它们能吃掉腔肠动物且不触发其刺丝，并在自己的背部长出的指头状体壁突起中储存腔肠动物的刺细胞，受到攻击时就用这些已被武装的突起来保卫自己。

P274图版描绘了另一种甲壳动物，不过画的仅是其幼虫和早期胚胎。这让读者能欣赏到动物生命周期中的形态多样性。例如，虽然大多数人都认识成年蟹，却很少有人见过图版右下角其驼背状幼虫形态。这张图版中最重要的图形却是最不显眼的：顶部的圆形小物体是一个早期胚胎，它被称为原肠胚。它代表了胚胎形成内陷的阶段，这个内陷起初很隐蔽，是消化系统的雏形。这样的原肠胚被发现于从水母到海胆这些八竿子打不着的动物种群之中，海克尔却从这个简单的形态中看到了所有动物的进化起源。海克尔认为，这一阶段或多或少忠实地保留下了所有动物祖先的样子，并将其命名为原肠动物。他设想，这种生物在形成五花八门的身体躯干前一直浮游在海洋中。根据胚胎发育阶段的序列来推断进化路径是海克尔进化研究中最重要的手段。尽管这一观点曾经引起争论，由此出版的著作也已压得图书馆里的书架喘不过气，但当前一些动物进化理论仍为古老的原肠动物留有一席之地。

对页图版展示了海克尔心中动物优雅到极致的样子，同时也是其个人生活中最重要的记忆——安娜赛丝水母。海克尔写道：“美丽动人的迪斯科水母——水母中艳冠群芳的佼佼者的名字被用于纪念安娜·赛丝。这位才华横溢、娇柔精致的女子（生于1835年，故于1864年）让本书作者拥有了其一生中最幸福的时光。”悲剧的是，在科学上没有什么是永恒不变的，这个物种之后被重新命名为安娜赛丝霞水母（*Cyanea annasethe*）。更不幸的是，安娜赛丝霞水母是一个有争议的学名，现在在分类学上被划入“疑难学名”。海克尔在这只美丽的狮鬃水母身上真切地看到了安娜的影子。但是，此种群的分类学进展让这个记忆纽带彻底破灭。或许，我们可以以这个事实为慰藉：海克尔的艺术作品是一座永恒的纪念碑，用以祭奠他的人生以及其科学生涯中最重要的人。

水母在海克尔眼中就是动物优雅姿态的化身。它那娇媚的漂浮形态、多彩的颜色和柔弱的特性同样激起了更深层次的情感。在图版底部可以看到，正中所画水母正是海克尔以挚爱的妻子安娜·赛丝来命名的。安娜在28岁离世，给他留下了一生的悲痛。

Discomedusae. — Scheibenquallen.

索引

INDEX

献

老普林尼 / 《博物志》

Pliny, The Elder (23–79), 1469. *Libros Naturalis Historiæ Nouitiu Camenis Qritiu Tuo Opus Natu Apud Me Proxima Fetura Licentore Epistola Narrare Constitui TibiIocundissimi Imperator*. Johann Speyer, Venice.
Beagon, Mary, 1992. *Roman Nature: the Thought of Pliny the Elder*. Clarendon Press, Oxford.
Dennis, Jerry, 1995. *Pliny's World: All the Facts: and Then Some*. Smithsonian, 26(8): 152–162.
Downs, Robert B., 1982. *Landmarks in Science: Hippocratesto Carson*. Libraries Unlimited Inc., Colorado.
Ford, Brian J., 1992. *Images of Science: a History of Scientific Illustration*. British Library, London.
Jenkins, Ian and Sloan, Kim, 1996. *Vases & Volcanoes*: *Sir William Hamilton and His Collection*. British Museum Press,London.
Kolb, Arianne Faber, 2005. *Jan Brueghel the Elder*: *the Entry of the Animals into Noah's Ark*. J. Paul Getty Trust, Los Angeles.
Steinberg, S. H., 1979. *Five Hundred Years of Printing*. Penguin, London.
Sutton, David, 2007. Pliny the Elder, Collector of Knowledge, in: Robert Huxley (ed.), *The Great Naturalists*. Thames &Hudson, London.

雅各布·梅登巴赫 / 《健康之源》

Meydenbach, Jacobus, 1491. *Ortus Sanitatis*. Jacobus Meydenbach, Moguntia (Mainz).
Arber, Agnes, 1986. *Herbals their Origin and Evolution: a Chapter in the History of Botany 1470–1670*. Cambridge University Press, Cambridge, 3rd edn.

巴西利厄斯·贝斯莱尔 / 《艾希施泰特花园》

Besler, Basilius, 1613. *Hortus Eystettensis*. Nuremberg.
Barker, Nicolas, 1994. *Hortus Eystettensis: The Bishop's Garden and Besler's Magnificent Book*. British Library, London.
Blunt, William and Stearn, Wilfrid, 1994. *The Art of Botanical Illustration*. Antique Collectors' Club.
Desmond, Ray, 2003. *Great Natural History Books and their Creators*. British Library, London.

约翰·杰拉德 / 《草药通志》

Gerard, John, 1636. *The Herball or Generall Historie of Plantes gathered by John Gerarde of London Master in Chirvrgerie*. London.

乌利塞·阿尔德罗万迪 / 《怪物志与动物志》

Aldrovandi, Ulisses, 1642. *Monstforum Historia Cum Paralipomensis Historiae Omnium Animalium.* Nicolai Tebaldini, Bologna.

Baucon, Andrea. Ulisses Aldrovandi (1522–1605): The study of trace fossils during the Renaissance. *Ichnos: An International Journal for Plant and Animal Traces*, 16(4):245–256.

Beagon, Mary, 1992. *Roman Nature: The Thought of Pliny the Elder*. Clarendon Press, Oxford.

Gudger, E.W., 1934. The five great naturalists of the sixteenth century: Belon, Rondelet, Salviani, Gesner and Aldrovandi: a chapter in the history of ichthyology. *Isis*, 22(1).

Kolb, Arianne Faber, 2005. *Jan Brueghel the Elder: The Entry of the Animals into Noah's Ark*. J. Paul Getty Trust, Los Angeles.

Leroi, Armand Marie, 2004. *Mutants: On the Form, Varieties and Errors of Human Body*. http://www.theguardian.com/uk.

MacGillivray, William, 1884. Mammalia 7: British quadrupeds, *Naturalist's Library*. W.H. Allen, London.

Olmi, Giuseppe, 2007. Observation at First Hand, in: Robert Huxley (ed.), *The Great Naturalists*. Thames & Hudson, London.

卜弥格 / 《中国植物志》

Boym, Michał, 1656. *Flora sinensis, fructus floresque humillime porrigens serenissimo et potentissimo Leopoldo Ignatio, Hungariae regi florentissimo, &c. Fructus saecul promittenti Augustissimos.* Typis Matthaei Rictij, Vienna.

Flaumenhaft, Eugene and Flaumenhaft, Eugene Mrs, 1982. Asian Medicinal Plants in the Seventeenth Century French Literature.*Economic Botany*, 36(2): 147–162.

Miazek, Monica, 2008. Michal Boym: Polish Jesuit in the service of the Ming Dynasty. *Chinese Cross Currents*, 5(2).

Szczesnak, Boleslaw, 2008. The writings of Michael Boym. Monum. *Ser.*, (14) 481–538.

Walravens. Hartmut, 2002. *Michael Boym und die Flora Sinensis*. Hartmut Fischer Verlag. Erlangen. http://www.haraldfischerverlag.de/hfv/Digital/walravens.pdf.

罗伯特·胡克 / 《显微图谱》

Hooke, Robert, 1665. *Micrographia or some physical descriptions of minute bodies made by magnifying glasses. With observations and enquiries thereupon.* Jo. Martyn and Ja. Allestry, Printers to the Royal Society, London.

玛丽亚·西比拉·梅里安 / 《苏里南昆虫变态图谱》

Merian, Maria Sibylla, 1705. *Metamorphosis Insectorum Surinamensium.* Gerard Valck, Amsterdam.

路易斯·里纳德 / 《多姿多彩的鱼虾蟹》

Renard, Louis, 1719. *Poissons, Écrevisses et Crabes de Diverses couleurs et figures Extraordinaires, que l'on Trouve Autour des Isles Moluques, et sur les Côtes des Terres Australes.* Amsterdam.

Pietsch, Theodore, 1993. On the three editions of Louis Renard's Poissons, écrevisses et crabs, de diverses couleurs et figures extraordinaires, que l'on trouve autour des Isles Moluques, et sur les côtes des terres australes. *Archives of Natural History*, 20(1).

Russell, Patrick, 1803. *Descriptions and Figures of Two Hundred Fishes Collected at Vizagapatam on the Coast of Coromandel*. London.

马克·凯茨比 / 《卡罗来纳、佛罗里达和巴哈马群岛博物志》

Catesby, M., 1731–43 [1729–47]. *The Natural History of Carolina, Florida, and the Bahama Islands.* Published by the author, London.

Brigham, D R, 1998. Mark Catesby and the patronage of natural history in the first half of the 18th century, in: A. R. Myers,, & M. Beck Pritchard (eds.), *Empire's Nature:Mark Catesby's New World Vision*. The University of North Carolina Press, North Carolina.

Feduccia, A., 1985. *Catesby's Birds of Colonial America*. University of North Carolina Press, Chapel Hill.

Frick, G. F. and Stearns, R. P., 1961. *Mark Catesby: the Colonial Audubon*. University of Illinois Press, Urbana.

The Gentleman's Magazine, (18): 21–23. London.

Jarvis, C. E,. in press. Carl Linnaeus and the influence of Mark Catesby's botanical work, in: Elliott & Nelson (eds.),*The Curious Mister Catesby: A "Truly Ingenious" Naturalist Explores New Worlds*.

MacGregor, A., 1994. *Sir Hans Sloane, Collector, Scientist, Antiquary, Founding Father of the British Museum*. British Museum, London.

McBurney, H., 1997. *Mark Catesby's Natural History of America: the Watercolors from the Royal Library Windsor Castle*. Merrell Holberton Publishers, London.

Miller, P., 1754. *The Gardeners Dictionary: Containing*

the Methods of Cultivating and Improving all sorts of Trees, Plants, and Flowers., London, 4th edn.
Myers, A. R., & Beck Pritchard, M. (eds.), 1998. *Empire's Nature: Mark Catesby's New World Vision*. University of North Carolina Press, Chapel Hill.
Overstreet, L. K., 2014. The dates of the parts of Mark Catesby's The Natural History of Carolina (London, 1731–1743 [1729–1747]). *Archives of Natural History*, (41): 362–364.
Philosophical Transactions of the Royal Society of London, vols. 36– 40, 41, 44. Royal Society, London.
Radcliffe Trust Manuscripts, MS C. 4. Bodleian Library,Oxford.
Ray, J., 1678. *The Ornithology of Francis Willughby of Middleton in the County of Warwick Esq*. London.
Reveal, J. L., 2012. A Nomenclatural Summary of the Plantand Animal Names Based on Images in Mark Catesby's Natural History (1729–1747). *Phytoneuron* (11):1–32.
Sloane's Correspondence, MSS 4046, 4047. British Library Manuscripts, London.

罗伯特·费伯 / 《十二月之花》

Furber, Robert, 1732. *The Twelve Months of Flowers*. R. Furber, London.
Dunthorne, Gordon, 1970. *Flower & Fruit Prints of the 18th and Early 19th Centuries*. Holland Press, London.
Harvey, John H., 1974. *Early Nurserymen with Reprints of Documents & Lists*. Phillimore, London.
Henry, Blanche, 1975. *British Botanical and Horticultural Literature before 1800*. Oxford University Press, Oxford.

阿尔贝图斯·萨巴 / 《丰富的自然宝藏》

Seba, Albertus, 1734–65. *Locupletissimi Rerum Naturalium Thesauri Accurata Descriptio, Et Iconimbus Artificiosissimis Expressio, per Universam Physices, Historiam*. Amsterdam.
Beagon, Mary, 1992. *Roman Nature: the Thought of Pliny the Elder*. Clarendon Press, Oxford.
Engl, Hendrik, 1937. The life of Albert Seba. *Svenska Linné-Sällskapets Årsskrift, Årg* (20): 75–100.
Holthuis, L. B., 1969. Albertus Seba's "Locupletissimi rerum naturalium thesauri…." (1734–1765) and the "planches de Seba " (1827–1831). *Zoologische Mededelingen*, 43(19):239–255.
Jorink, Erik, 2012. Sloane and the Dutch collection, in: Alison Walker, *From Books to Bezoars*. Sir Hans Sloane and his Collections. British Lirary, London.
Thomas, Oldfield, 1892. On the probable identity of certain specimens, formerly in the Lith de Jeude Collection, and now in the British Museum, with those figured by Albert Seba in his 'Thesaurus' of 1734. *Proceedings of the Zoological Society, London*, 3: 309–318.
Truesdale, Frank (ed.), 1993. *History of Carcinology*. Balkema, Rotterdam.

克里斯托夫·特鲁 / 《植物选集》

Trew, C. J., 1750–1773. *Plantae selectae, quarum imagines ad exemplaria naturalia Londini in hortis … &c.* Norimbergae.
Calmann, Gerta, 1977. Ehret: Flower Painter Extraordinary, an Illustrated Biography. Phaidon, Oxford.
Ehret, Georg, 1895. A Memoir of Georg Dionysius Ehret[written by himself, and translated with notes, by E. S. Barton]. *Proceedings of the Linnean Society, London*, 41–58.
Ludwig, Heidrun, 1993. Rediscovery of the original drawings of Georg Dionysius Ehret for the Plantae selectae. *Archives of Natural History*, 20(3): 381–390.
Nickelsen, Kärin, 2006. *Draughtsmen, Botanists and Nature: the Construction of Eighteenth-century Botanical Illustrations*. Springer, Berlin.

摩西·哈里斯 / 《奥里利安》

Moses, Harris, 1766. *The Aurelian or, natural history of English insects; namely, moths and butterflies*. Printed by the author, London.
ibid, p.iii.
Moses, Harris, 1986. *The Aurelian* [with an introduction by Robert Mays], p.10. Country Life Books, Twickenham.

威廉·汉密尔顿 / 《坎皮佛莱格瑞：两西西里地区火山观察》

Hamilton, William, 1776. *Campi Phlegraei. Observations on the Volcanos of the Two Sicilies as they have been communicated to the Royal Society by Sir William Hamilton K.B., F.R.S. T.* Cadell, London.
Fothergill, Brian, 1969. *Sir William Hamilton: Envoy Extraordinary*. Faber & Faber, London.
Guest, John, 1982. Sir William Hamilton – pioneer volcanologist. *Earthquake Information Bulletin*, 14(2): 48–55.
Guest, John, 2003. *Volcanoes of Southern Italy*. Geological Society, London.
Jenkins, Ian and Sloan, Kim, 1996. *Vases & Volcanoes: Sir William Hamilton and his Collection*. British Museum

Press,London.
Oxford Dictionary of National Biography. Oxford University Press. http://www.oxforddnb.com/.
Sleep, Mark, 1967. *The Geological Work of Sir William Hamilton*: Thesis (MSc). University College, London.

詹姆斯・巴布 / 《林奈昆虫属》

Barbut, James, 1781. *The Genera Insectorum of Linnaeus, Exemplified by Various Specimens of English Insects drawn from Nature*. J. Dixwell, London.

托马斯・马丁 / 《环球贝壳学家》

Martyn, Thomas, 1784–[92]. *The Universal Conchologist. London.*
Colburn, H., 1814. *A Biographical Dictionary of the Living Authors of Great Britain and Ireland and a Chronological Register of their Publications*. p.226.
Dall, W. H., 1905. Thomas Martyn and the Universal Conchologist. *Proceedings of the United States National Museum*, XXIX: 1425: 415–432.
Dall, W. H., 1907. Supplementary notes on Martyn's Universal Conchologist. *Proceedings of the United States National Museum*, XXXIII: 185–192.
Dall, W H, 1907. On the synonymic history of the genera Clava Martyn and Cerithium Bruguière, *Proceedings of the Academy of Natural Sciences of Philadelphia*, XXXIII:1565: 185–192.
Dance, S P, 1971. The Cook voyages and conchology. *Journal of Conchology*, 26(6): 354–379.
Dance, S P, 1986. *A History of Shell Collecting*. E J Brill, Leiden. Iredale, T., 1921. Unpublished plates of Thomas Martyn,conchologist. *Proceedings of the Malacological Society of London*, 14(4): 131–134.
Lyle, I F, 1969. Thomas Martyn's The Universal Conchologist: an early copy and a theory. *Journal of the Society for the Bibliography of Natural History*, 5(2): 141–143.
Martyn, Thomas to Seymer, Henry; copy of original letter. Pulteney corr., BMNH.
Melvill, J. C., 1890. British pioneers in conchological science. *Journal of Conchology*, 197.
Smith, B., 1985. *European Vision and the South Pacific*. Yale University Press, New Haven, Connecticut.
Walker, A, 2009. *The Universal Conchologist, Thomas Martyn*.
Weiss, H. B., 1938. Thomas Martyn, conchologist, entomologist and pamphleteer of the eighteenth century. *American Collector*, 3(2): 57–62.

约翰・艾伯特 / 《佐治亚鳞翅目昆虫志》

Smith, J.E., and Abbot, J., 1797. *The Natural History of the Rarer Lepidopterous Insects of Georgia*. J. Edwards, London.
Abbot, J., *Insects of Georgia*. Unpublished.
Abbot, J., c.1820. *Notes on my life*. Private correspondence.
Allen, E.G., 1951.The history of American ornithology before Audubon. *Transactions of the American Philosophical Society*, 41(3): 543–549.
Allen, E.G., 1957. John Abbot, pioneer naturalist of Georgia. *The Georgia Historical Quarterly*, XLI(2): 143–157.
Calhoun, J.V., 2006. A glimpse into a "Flora et entomologia":The natural history of the rarer lepidopterous insects of Georgia, by J.E. Smith and J. Abbot (1797). *Journal of the Lepidopterists' Society*, 60(1): 1–37.
Drury, D., 1761–69. [Letter-book of Dru Drury]. Unpublished.
Gilbert, P., 1998. *John Abbot: Birds, Butterflies and other Wonders*. Merrell Holberton/Natural History Museum,London.
Magee, J., 2009. *Art of Nature: three centuries of natural history art from around the world*. Natural History Museum, London.
Rogers-Price, V., 1983. *John Abbot in Georgia: the vision of a naturalist artist* (1751–c.1840). Madison-Morgan Cultural Center,Madison, Georgia.
Stone, W., Wilson, A., & Abbot, J., 1906. Some unpublished letters of Alexander Wilson and John Abbot. *The Auk*, 23(4): 361–368.

罗伯特・约翰・桑顿 / 《花之神殿》

Thornton, Robert, 1799–1812. *Temple of Flora: garden of the botanist, poet, painter and philosopher*. Dr. Thornton, London.

法国埃及科学和艺术委员会 / 《埃及志》

***Description de l'Égypte: ou Recueil des Observations et des Recherches qui ont été Faites en Égypte, Pendantl'Expédition de l'Armée Française*. Paris, 1809–30.**

皮埃尔 – 约瑟夫・雷杜德 / 《玫瑰圣经》

Redouté, Pierre-Joseph, 1817–1824. *Les Roses, avec le texte de Cl. Ant. Thory*. Paris.

Baas, P., van Druten, T., Heurtel, P., Pougetoux, A. et al., 2013. *Pierre-Joseph Redouté: Botanical Artist to the Court of France*.Teylers Museum, nai010 Publishers, Haarlem, Rotterdam.
Blunt, W., 2001. *The Compleat Naturalis*t. Frances Lincoln Ltd., London, 2nd edn.
Jarvis, C., 2007. Order Out of Chaos. Natural History Museum, London and Linnean Society of London.
Redouté, P. J., 1990. *Redouté's Roses*. (reproduction of the original work). Wandworth Editions & Natural History Museum, London.
Redouté, P. J., 1999. *The Roses*. (reproduction of the original work with introductory essays by P-A Hinz and B Schulz).Taschen, Cologne.

约翰·詹姆斯·奥杜邦 / 《美洲鸟类》

Audubon, John James, 1827–1838. *The Birds of America from original drawings by John James Audubon.* Published by the author, London.
Audubon, J. J., 1831. *Ornithological Biography*. 1: vi.
Audubon, J. J., 1831. *Ornithological Biography*. 1: 136.
Audubon, J. J., 1839. *Ornithological Biography*. 5: 255.
Sitwell, Sacheverell, 1949. Audubon's American Birds, p.7. B.T. Batsford, London.

爱德华·利尔 / 《鹦鹉家族图录》

Lear, Edward, 1832. *Illustrations of the Family of Psittacidae, or Parrots: the greater part of them species hitherto unfigured containing forty-two lithographic plates, drawn from life, and on stone*. E. Lear, London.
Hyman, Susan, 1980. *Edward Lear's Birds*, p.15. Weidenfeld and Nicolson, London.
Reade, Brian, 1949. *Edward Lear's Parrots*, p.16. Duckworth,London.

约翰·爱德华·格雷 / 《印度动物学图录》

Gray, J. E., 1830–1835. *Illustrations of Indian Zoology*; *chiefly selected from the collection of Major-General Hardwicke, FRS, LS, MRAS, MRIA, &c.*, Vol. 1. [Pts 1–12] 1830–1832. Treuttel, Wurtz, Jun. & Richter; also by Parbury,Allen & Co., London. Vol. 2. [Pts 13–20] 1833–1834. Adolphus Richter and Co., and Parbury, Allen & Co., London.
Anon, 1830. *Gleanings in Science*, 18: 167–168
Dawson, W. R., 1946. On the history of Gray and Hardwicke's Illustrations of Indian Zoology, and some biographical notes on General Hardwicke. *Journal of the Society for the Bibliography of Natural History*, 2: 55–69.
Great Britain, Parliament: House of Commons. Select Committee on the British Museum, 1836. *Report from the Select Committee on British Museum; together with the minutes of evidence, appendix and index*. Evidence vol. pp. 231–232. HMSO, London.
Hardwicke, T, 1799. Narrative of a journey to Sirinagur.*Asiatic Researches*, 6: 309–381.http://www.biodiversitylibrary. org/bibliography/95127#/summary; (viewed 30 Oct 2014 , Vol. 1 only); http://nypl.bibliocommons.com/item/show/14485023052907_illustrations_of_indian_zoology (viewed 18 Feb 2015); http://digitalgallery.nypl.org/nypldigital/dgkeysearchresult.cfm?parent_id=217684 (viewed 30 Oct 2014, 2 vols.)
Kinnear, N. B., 1925. The dates of publication of the plates of the birds in Gray and Hardwicke's Illustrations of Indian Zoology, with a short account of General Hardwicke. *Ibis* (12th ser.), 1: 484–489.
Royal Society of London, 1868. *Catalogue of Scientific Papers* (1800–1863), 2: 998–1012. Royal Society of London, London, .
Royal Society of London, 1869. *Catalogue of Scientific Papers* (1800–1863), 3: 175–176. Royal Society of London, London.
Sawyer, F. C., 1953. The dates of issue of J E Gray's"Illustrations of Indian zoology" (1830–1835). *Journal of the Society for the Bibliography of Natural History*, 3: 48–55.
Wheeler, A., 1998. Dates of publication of J. E. Gray's Illustrations of Indian Zoology (1830–1835). *Archives of Natural History*, 25: 345–354.

理查德·欧文 / 《鹦鹉螺回忆录》

Owen, Richard, 1832. *Memoir on the Pearly Nautilus (Nautilus pompilius, Linn.), with illustrations of its external form and internal structure*. London.
Cadbury, Deborah, 2000. *Terrible Lizard: The First Dinosaur Hunters and the Birth of a New Science*. Henry Holt, New York.
Cosans, Christopher, 2009. *Owen's Ape & Darwin's Bulldog*: *Beyond Darwinism and Creationism*. Indiana University Press, Bloomington.
Rupke, Nicolaas, 1994. *Richard Owen: Victorian Naturalist*. Yale University Press, New Haven.

路易斯·阿加西 / 《鱼类化石研究》

Agassiz, J. L. R., 1833–45. *Recherches sur les Poissons Fossiles*, Vols. 1-5. Petitpierre, Neuchatel, France, 1420 pp.

乔治·居维叶 / 《动物界》

Cuvier, G. (1836–1849) *Le Règne Animal distribué d'après son organisation, pour servir de base à l'histoire naturelle des animaux et d'introduction à l'anatomie comparée*, 3rd edn., 22 vols. Paris, France.

Coleman, W., 1962. *Georges Cuvier, Zoologist*. Harvard University Press, Cambridge.

Outram, Dorinda, 1984. *Georges Cuvier: Vocation, Science and Authority in Post-Revolutionary France*. Palgrave Macmillan.

詹姆斯·贝特曼 / 《墨西哥和危地马拉的兰科植物》

Bateman, James, 1843. *The Orchidaceae of Mexico and Guatemala*. Ridgway, London.

Kelley, T. M., 2013. *Clandestine Marriage: Botany and Romantic Culture*. The John Hopkins University Press, Baltimore.

约翰·古尔德 / 《蜂鸟科专著》

Gould, John, 1861. *An Introduction to the Trochilidae, or Family of Humming-birds*. Taylor and Francis, London.

del Hoyo, J., Elliott, A. & Sargatal, J. (eds.), 1999. Handbook of the Birds of the World, Vol. 5, *Barn-owls to* Hummingbirds.Lynx Edicions, Barcelona.

Fogden, M., Taylor, M. & Williamson, S. L., 2014. *Hummingbirds*. Ivy Press, Lewes.

Gould, John, *A monograph of the Trochilidae, or Family of Humming-birds*, 5 v. 1849–1861, The Author, London;supplement by R.B. Sharpe, 1880–1887, Henry Sotheran,London.

Gould, John, 1990. *John Gould's Hummingbirds*. Wordsworth, Ware.

Günther, A. C. L. G., 1881. *A Guide to the Gould Collection of Humming-birds in the British Museum*. British Museum (Natural History), London.

https://archive.org/details/monographTrochiSupplement-Goul

Jackson, C. E., 1975. *Bird Illustrators: some Artists in Early Lithography*. Witherby, London.

Jackson, C. E., 1978. H. C. Richter – John Gould's unknown bird artist. *Journal of the Society for the Bibliography of Natural History*, 9:10–14.

Jackson, C. E., 1987. W. Hart – John Gould's second unknown bird artist. *Archives of Natural History*, 14: 237–241.

Jackson, C. E., 2011. The painting of hand-coloured zoological illustrations. *Archives of Natural History*, 38: 36–52.

Jackson, C. E., 2011. The materials and methods of handcolouring zoological illustrations. *Archives of Natural History*,38: 53–64.

Jackson, C. E. & Lambourne, M., 1990. Bayfield – John Gould's unknown colourer. *Archives of Natural History*,17: 189–200.

Lambourne, M., 1987. *John Gould – Bird Man*. Osberton Productions Ltd., Milton Keynes.

Lambourne, M, 1994. John Gould and Curtis's Botanical Magazine. *Kew Magazine*, 11: 186–197.

Lambourne, M., 1999. John Gould, Curtis's Botanical Magazine and William Jameson. *Curtis's Botanical Magazine*,16: 33–45.

Sauer, G. C., 1982. *John Gould: The Bird Man. A Chronology and Bibliography*. Henry Sotheran, London.

Tree, I., 1991. *The Ruling Passion of John Gould. A Biography of the Bird Man*. Barrie & Jenkins, London.

www.biodiversitylibrary.org/bibliography/51056#/summary www.biodiversitylibrary.org/item/108334 (viewed 3 Nov 2014).

丹尼尔·吉罗·艾略特 / 《天堂鸟专著》

Elliot, D. G., 1873. *A Monograph of the Paradiseidae, or Birds of Paradise*. D.G. Elliot, London.

Attenborough, D. & Fuller, E., 2012. *Drawn from Paradise: the Discovery, Art & Natural History of the Birds of Paradise*. Collins, London.

Chapman, F. M., 1917. Daniel Giraud Elliot. *The Auk*, 34: 1–10.

Frith, C. B. & Beehler, B. M., 1998. *The Birds of Paradise*. Oxford University Press, Oxford.

Frith, C. B. & D. W., 2008. *Bowerbirds: Nature, Art & History*. Frith&Frith, Malanda, Queensland.

Frith, C. B. & D. W., 2010. *Birds of Paradise: Nature, Art & History*. Frith&Frith, Malanda, Queensland.

Jackson, C. E., 1999. *Dictionary of Bird Artists of the World*. Antique Collector's Club, Woodbridge, Suffolk.

恩斯特·海克尔 / 《自然界的艺术形态》

Haeckel, E., 1904. *Kunstformen der Natur*. Leipzig and Vienna. Verlag des Bibliographischen Instituts.